알기 쉬운
포토샵 교과서

AI를 활용한
알기 쉬운
포토샵 교과서

김대욱·박선명·박형주 지음

i!i
에이콘

 에이콘출판의 기틀을 마련하신 故 정완재 선생님 (1935-2004)

추천사

"인문학적 상상력을 바탕으로 새로운 것을 창조할 수 있도록 도와줄 수 있는 책, 실용적인 포토샵 커리큘럼에 반드시 포함돼야 할 교과서입니다."

— 하동환, 중앙대학교 예술공학대학 학장

"교육적 가치를 넘어, 실무와 학문을 모두 아우르는 AI 시대에 꼭 필요한 포토샵 학습의 정석입니다."

— 이인희, 경일대학교 사진학과 광고사진 교수

"리터칭의 미묘한 기술들을 저자의 깊이 있는 경험으로 풀어낸 책이며, 최상의 퀄리티를 원하는 전문가들에게 완벽한 가이드입니다. 저자의 실전 노하우를 한눈에 볼 수 있습니다. 리터처로서 한 단계 더 성장하고 싶은 이들에게 필수적인 책입니다."

— 손영호, 순천대 교수

"저자들의 경험이 풍부하게 녹아들어 있어 이론과 실무를 연결하는 훌륭한 가이드입니다. 포토샵의 핵심을 깊이 있게 다루며, 학생들이 기초부터 실전까지 쉽게 따라갈 수 있습니다."

— 주종우, 중앙대학교 사진학과 교수

"이 책은 포토샵의 본질에 충실하며, 상업 촬영 현장에서 실용적으로 바로 적용할 수 있게 구성돼 있습니다. 저자의 현장 경험이 녹아 있어 실제 작업에 필요한 모든 기술을 빠르고 효율적으로 익힐 수 있습니다."

— 김유철, 광고 사진가

"실제 리터칭 작업에 도움이 되는 저자의 경험이 가득 담긴 책으로, 모든 사진가에게 추천합니다. 효율적인 작업 흐름과 기술적 활용 방법을 이 책 한 권에서 모두 배울 수 있습니다."

— 김민관, 광고 사진가

"프로들의 시크릿 레시피를 보는 듯한 책입니다. 독자들의 비전에 깊이를 더해주는 전문가들의 좋은 사진 만드는 방법을 원하신다면 이 책을 추천합니다."

— 박광열, 캐논코리아 매니저

"전문가들은 어떤 방법으로 좋은 사진을 만드는지 이 책을 통해서 배워볼 수 있습니다. 첨단 기술을 바탕으로 하는 포토샵과 인공지능이 사진을 만들어내는 시대에 꼭 필요한 책입니다."

— 황민구, 법영상분석연구소 소장

지은이 소개

김대욱(kimdaewook@joongbu.ac.kr)

중앙대학교 사진학과에서 광고 사진을 공부했으며, 중앙대학교 광고사진 석사학위, 미국 브룩스 MFA, 중앙대학교 광고 사진학 박사학위를 취득했다. 대구예술대학교 사진영상학과 교수로 지냈으며, 중부대학교 사진영상학과에서 교수로 재직 중이다. 허바허바 사진관의 장손이며, Light of Art Studio LA 실장, 잠수함 광고 스튜디오 대표 등을 역임했으며, 현재 광고 사진을 촬영하고 교육하고 있다. 제일기획, 덴츠이노백, 에쓰오일, 동서식품, 닌텐도, 캐논, 투어스 테이지, 두산건설, 롯데백화점, 리닝 등 다수의 회사와 촬영을 진행했다.

- 홈페이지: www.kimdaewook.com

박선명(sunmyongpark@gmail.com)

패션 사진을 전공하고 2006년부터 리터칭을 업으로 삼고 있다. 미국 뉴욕과 한국에서 패션 및 뷰티 광고와 잡지의 에디토리얼을 주로 작업한다. 자연스럽고 인위적으로 손대지 않은 느낌의 사진을 좋아한다.

박형주(igotitu@gmail.com)

중앙대학교에서 영상학으로 박사학위를 받았다. 이후 홍익대학교 겸임교수, 중앙대학교 연구교수를 거쳐 강의와 함께 학술활동, 다양한 학제간 연구 프로젝트를 진행하고 있다. 인간의 눈에 가장 자연스러운 이미지를 탐구하고, 그것을 바탕으로 최상의 이미지를 보여주는 방법을 연구하고 있다.

지은이의 말

누구나 사진을 촬영할 수 있지만, 누구나 좋은 사진을 만들 수 있는 것은 아니다. 좋은 사진을 만드는 요소들은 변하지 않는다. 이 책은 독자들에게 이러한 요인들을 최대한 알기 쉽게 전달하고자 했다. 포토샵과 AI 기술은 앞으로도 계속 발전할 것이다. 이 책은 '클래식은 영원하다'라는 말처럼 기본기에 충실한 책이다.

이미지를 편집하고 수정하는 방법은 아주 다양하다. 또한, AI를 이용하게 되면서 쉽고 다양한 방법으로 이미지를 수정, 보완, 강화할 수 있다. 그러나 옵션이 너무 많을 때 오히려 선택의 어려움을 겪거나 판단이 흐려지는 경우가 있다. 그럴 때 이 책이 중심을 잡아주는 가이드가 될 수 있을 것이다.

차례

chapter **01** **포토샵** / 17

chapter **02** **포토샵을 이용한 시각 영역의 정복** / 35

chapter **11** 사진 전문가가 포토샵을 이용해 조정하는 것 / 449

들어가며

현재 다양한 기술 중심의 포토샵 책이 많이 출판되고 있지만, 툴과 신기능을 위주로 설명하는 책이 대부분이다. 즉, 실제로 필요한 사진 리터칭의 본질, 이미지의 본질을 가르쳐주는 책은 부족하다. 새로운 기능이 좋기는 하지만, 본질은 아닐 수 있다. 신기능은 보통 편의성에 중점을 두는 경우가 많기 때문이다. 따라서 이 책에서는 좋은 이미지 만들기의 본질에 충실하고자 했으며, 기본적으로 좋은 이미지를 만드는 방법에 대한 이야기를 담고 있다. 물론 이를 사용하는 포토샵 툴도 충실하게 다룰 것이다.

사진 이미지는 디자이너에게 중요한 요소로 활용되고, 사진가에게는 감성적 전달을 통해 소통하는 중요한 매체다. 이 책은 현장에서 사용할 수 있는 실무 사진 제작자를 위한 포토샵에 집중돼 있다. 사진가로, 교육자로, 프로리터처로 20년 이상의 경험을 가진 3명의 저자는 방대한 소프트웨어인 포토샵에서 사진 작업에 꼭 필요한 내용과 반드시 알아야 할 기본만을 선정하도록 고민했다. 이 책으로 사진 이미지의 기본에 대해 이해할 수 있을 것으로 기대한다.

이 책에서 다루는 내용

- 프로 사진가로 리터칭을 위한 좋은 눈을 만드는 방법

- 좋은 이미지를 바라보고 해석하는 관점 소개

- 리터칭의 본질인 사진 이미지의 해석과 이해

- 이론서와 복잡한 기술서에서 다루지 못하는 실제 사례별 수준 높은 프로 리터처들의 레시피

이 책의 대상 독자

- 포토샵 테크닉을 통해 프로 수준으로 이미지를 제작하는 사진 애호가

- 사진 전문가, 사진 리터처, 디자이너, 사진 전공 학생

문의

이 책과 관련해 질문이 있다면 이 책의 지은이나 에이콘출판사 편집 팀(editor@acornpub.co.kr)으로 문의해주길 바란다.

정오표는 에이콘출판사의 도서정보 페이지(http://www.acornpub.co.kr/book/photoshop-ai)에서 확인할 수 있다.

포토샵

어도비 포토샵^{Adobe Photoshop}은 어도비 사에서 개발한 비트맵^{bitmap} 이미지 편집 프로그램이다. 1990년에 버전 1.0으로 시작돼 지금에 이르고 있다.

그림 1.1 어도비 포토샵 버전 1.0

포토샵을 흔히 얼굴에 있는 흠을 지우거나 합성을 하는 것으로 일명 '뽀샵'이라고 생각하기 쉽지만, 포토샵의 가장 중요한 기능은 이미지의 톤^{tone}과 컬러^{color}를 조정 변형하는 소프트웨어라고 보면 된다.

사진에서 색상, 콘트라스트^{contrast}, 밝기는 사진의 분위기, 메시지를 전달하는 매우 중요한 도구^{tool}가 된다. 포토샵은 미세하고 미묘한 톤을 조정할 수 있는 다양한 방법과 도구를 제공한다. 또한, 사진의 수정, 형태의 교정, 합성 등을 레이어^{layer}와 마스크^{mask}라는 개념을 통해 세밀하게 작업할 수 있다. 이를 통해 상업 광고, 예술 작품, 과학적 시각화 등 다방면에서 활용된다. 그리고 인공지능^{AI, Artificial Intelligence}의 등장으로 인해 상상의 영역을 넓혀주는 역할을 추가하고 있다.

"포토샵의 시작은 현실 세상을 어떻게 바라보고 해석할 것인지 바라보는 것으로부터 시작한다."

"그래서 나는 무엇을 어떤 관점으로 보고 있는지, 어떤 감성으로 보는지, 그것이 작업의 시작이다."

"사진이라는 실사 이미지로 가는 방법은 사진 촬영, AI를 통한 이미지 생성,
3D로 제작한 사진이 가능하다. 다만 구분하는 것이 점점 어려워지고 있다."

그림 1.2 AI로 생성한 인테리어 이미지

그림 1.3 촬영한 인테리어 사진

그림 1.4 3D로 제작한 인테리어 이미지(출처: 중부대학교 사진영상학 전공 홈페이지)

그림 1.2, 1.3, 1.4를 자세히 보면 구분할 수 있지만, 이것은 AI, 3D로만 작업을 한 것이다. 이를 포토샵으로 갖고 와서 좀 더 정교하게 다듬는다면 사진과 구분하는 것이 쉽지 않다. 즉, 사진과 다른 이미지를 구분하는 것이 현실적으로 어려울 정도로 발전됐다.

그림 1.5 /imagin fashion film, 8k[1]

그림 1.6 포토샵을 이용해 톤과 콘트라스트를 조정한 사진

---

1   이후에 만들어진 이미지의 경우에는 /imagin 다음의 프롬프트(prompt)만 기술하겠다.

그림 1.5와 그림 1.6은 동일한 이미지이지만 톤이 달라지면 전달하는 분위기나 메시지가
미묘하게 달라지게 된다.

그림 1.7 The modern minimalist style, bookcase in a study room, the color of Morandi,
soft furnishings in the space, high-quality photos, UHD --ar 3:4 --s 50

그림 1.8 포토샵으로 컬러를 약간 강조한 사진

그림 1.9 Dusty film photo, Asian man, portrait, 85mm lens, Canon camera

그림 1.10 포토샵을 이용해 왼쪽 먼지를 제거한 사진

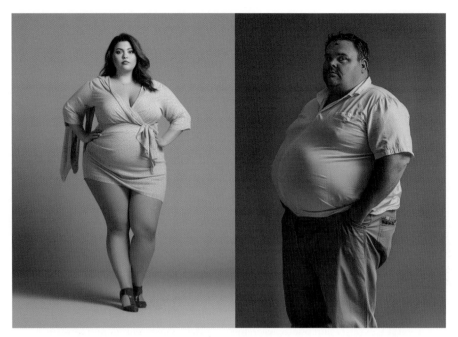

그림 1.11 Very fat woman and man, full body, simple background, 8k

그림 1.12 포토샵을 이용해 형태를 조정한 이미지

그림 1.13 왼쪽의 이미지를 이용해 의상과 배경을 변경한 오른쪽 이미지

그림 1.7~그림 1.13을 보면 포토샵이 대표적으로 무엇을 할 수 있는지 알 수 있다.

1.1 포토샵의 주요 기능

포토샵의 주요 기능은 다음과 같다.

1. 밝기, 콘트라스트, 컬러와 같은 이미지의 톤을 조정할 수 있다.

2. 이미지의 결점을 제거하거나 부족한 부분을 채워 넣을 수 있는 등 이미지를 보강할 수 있다.

3. 건축물의 수직과 수평을 교정하거나 얼굴의 크기를 줄이는 등 일정하게 형태를 교정할 수 있다.

4. 이미지를 합성하는 등 사용자가 원하는 창의적 이미지를 만들어낼 수 있다.

1장에서는 포토샵을 이용해서 할 수 있는 것들의 전체적인 모습을 보여주고 있다. 이 책을 따라가면서 어떤 도구와 방식을 이용할 수 있는가 자세히 알아보자. 비슷한 결과를 얻는 방식은 매우 다양하다. 중요한 점은 포토샵으로 가능한지 여부와 어떤 방식이 가장 효과적인지를 이해하는 것이다.

1.2 사진 vs AI 이미지?

이미지 생성형 AI의 등장은 이미지 세계에 일정한 변화를 일으킬 것으로 예상된다. 이러한 AI의 다양한 활용이 어떤 방식으로 변화할지에 대한 정확한 예측은 쉽지 않지만, 저자의 관점에서 몇 가지를 제안하고자 한다.

사진과 생성형 AI 이미지는 어떤 차이가 있을까? 기술의 발전으로 사진과 생성된 이미지를 눈으로 구분하는 것은 어렵다. 하지만 철학적 관점에서 사진은 현실에 존재하는 피사체subject of shooting를 시간과 공간 속에서 빛을 이용해 기록한 것이다. 사진은 실제 존재한 빛을 광학적 도구와 디지털 캡처 도구를 이용해 기록한 것이다. 생성형 AI의 경우 일정한 텍스트, 시각 이미지, 즉 수많은 사진을 이용해 실제 존재하지 않지만, 존재할 것으로 예상되는 최선의 이미지를 데이터로 추출해낸 것이다. 즉 현존하지 않는다.

사진은 넓은 범주에서 기록의 목적, 홍보의 목적, 과학적 목적, 예술적 목적, 소통과 전달의 목적, 문화적 기록의 목적 등 다양한 관점을 갖고 있다. 이것을 다른 관점에서 살펴보면 현실의 모습을 기반으로 의사소통 및 정보를 전달하며 미적, 혹은 감정의 발현을 돕는 것이라 할 수 있다.

그러면 사진은 진짜일까? 지금까지 쉽게 그렇다고 했을지 모르지만, 이것은 그리 간단한 문제는 아니다. 사진이 특정 시공간을 기록한 점에서 진실성의 요소를 갖긴 하지만, 촬영자의 관점에 따른 프레이밍framing, 구도, 조명lighting, 타이밍timing 등의 요소가 들어가 주관적 해석의 장면을 만들어내게 된다. 또한, 포토샵이라는 도구로 톤과 컬러의 편집과 재구성된 가공의 이미지다. 하지만 분명히 현실에 기반한다.

사진은 현실의 순간을 표현하지만 AI 이미지는 현실은 아니다. 현실을 기반으로 새로운 형태의 창조와 표현을 한다. 그러한 관점에서 살펴보면 AI 이미지는 기록의 목적이 배제된 예술의 목적에 가장 많이 활용될 것이다. 다만 사회적 문화적 기록 목적, 홍보 목적, 과학적 목적에서는 일정한 제약이 있을 수 있다. 그래서 생성형 AI로 인해 사진이 사라지는 것이 아닌가 하는 걱정은 하지 않아도 된다. 사진가는 상상력이 풍부하고 어려운 문제를 해결할 새로운 도구를 하나 더 갖게 된 것이다.

"사진의 진실성은 여전히 강한 힘을 갖고 있다."

AI 이미지는 현실에 기반하지 않지만, 일정하게 의사소통이 가능하며, 미적 혹은 감정의 발현에 도움을 줄 수 있다.

AI 생성형 이미지의 장점은 효율성이라는 부분이다. 피사체, 배경, 조명, 물리적 촬영 시간 등에서 효율성이 있다. 또한, 우리가 상상하지 못한 부분을 제안해주는 등 창의적 요소에서 도움을 줄 수 있다. 이를 적극적으로 활용할 필요가 있다. 즉, 이미지를 다루는 우리는 AI의 등장으로 인해 창의성과 효율성의 측면에서 자유를 얻게 됐다.

그림 1.14 a cool bald eagle head. powerful wearing human clothes wearing a tux and tie in black portrait Annie Leibovitz style

그림 1.15 Space station, Earth with monkey astronauts doing repairs, 8k, cinematic view

1.3 포토샵에서 알아야 할 주요 용어

1.3.1 선택 도구와 방법들

포토샵이 가장 많이 활용되는 과정은 사진에서 특정 부분을 선택하고, 이를 조정하는 과정이다. 그래서 포토샵을 잘하는 것은 선택을 잘하는 것이라는 말이 있을 정도로 선택이 중요하다. 포토샵에는 다양한 선택 도구와 방법이 존재한다. 직접 도구로 선택, 컬러 범위로 선택, 브러시brush로 선택, 물체로 선택, 채널을 이용한 선택, 포커스 영역으로 선택 등 다양한 방법이 있다. 이것은 천천히 알아보겠다.

1.3.2 레이어

레이어는 쉽게 생각하면 종이와 같은 것이다. 만약 사람을 그린 한 장의 그림이 있고, 그 위에 건물을 그린 한 장의 그림을 올리면 그림의 수는 두 장이지만, 건물 그림만 보이게 될 것이다.

이처럼 레이어는 한 장의 종이라고 생각하면 된다. 그런데 포토샵에서는 이러한 레이어를 100%로 볼 수도 있고, 그것보다 약하게 50%로 볼 수도 있다. 만약 50%로 본다면 사람 그림 위로 투명도 50%인 건물 그림이 비쳐서 보이게 된다. 이러한 것이 레이어라고 보면 된다.

그림 1.16 포토샵에서 레이어의 개념은 종이의 개념과 동일하다.

가장 아래에 종이가 있고, 그 위에 한 장의 종이를 더 올리면 아래에 있는 종이가 보이지 않게 될 것이다. 이것이 포토샵의 레이어 개념이다.

1.3.3 레이어 마스크

레이어 마스크$^{layer\ mask}$는 포토샵에서 선택과 더불어 가장 중요한 개념이며, 가장 많이 사용하게 될 내용이다. 마스크라는 말은 많이 들어봤을 것이다. 그렇다. 우리가 얼굴에 쓰는 마스크와 동일한 것이라고 생각하면 된다. 만약에 일반적인 흰색 마스크를 쓰면 코와 입은 마스크로 가려져서 보이지 않고, 눈과 마스크만 보이게 될 것이다. 그런데 만약 마스크를 가위로 오리면 어떻게 될까? 입 부분을 오려내면 마스크에 구멍이 나서 입이 보이게 될 것이다. 이것이 포토샵의 마스크 개념이다.

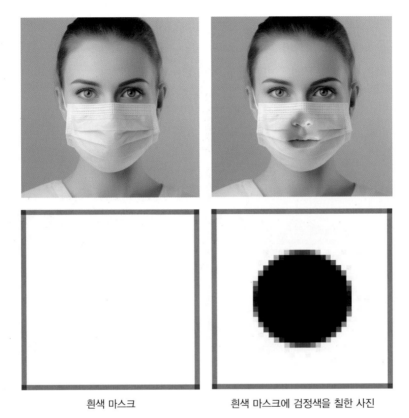

흰색 마스크   흰색 마스크에 검정색을 칠한 사진

그림 1.17 마스크의 개념

그런데 포토샵의 마스크에서는 실제 가위로 오릴 수 없기 때문에 한 가지 약속을 했다. 마스크가 흰색이면 그 레이어의 내용이 보이고, 마스크에 검정색을 칠하면 구멍이 뚫린 것으로 보자는 약속이다. 방금 설명한 내용을 마스크에 대입해 다시 말해보겠다. 만약 아래 레이어에 있는 이미지 위에 다른 사진의 레이어가 있을 경우, 거기에 레이어 마스크를 만들어서 검정색으로 칠하면 칠한 부분에 구멍이 뚫리게 되므로 그림 1.17처럼 아래에 있는 사람의 사진이 보일 수 있다.

그림 1.18 레이어 마스크의 개념

레이어 마스크를 사용하면 그림 1.18처럼 사진에 구멍이 만들어지게 된다. 그런데 마스크가 흰색이면 위의 사진이 100% 보이고, 마스크가 검은색이면 위 사진이 0% 보여서 아래 사진만 보이게 된다. 만약 마스크가 50% 검은색(회색)이면 아래 사진이 50% 정도만 보이게 된다.

1.3.4 컬러와 톤을 조정하는 조정 레이어

포토샵에는 다양한 컬러와 톤을 조정하는 레이어가 있다. 이미지에 조정하는 레이어를 올리면 사진의 밝기, 콘트라스트, 컬러 등을 바꿀 수 있다. 그런데 그림 1.19에 있는 모든 조정 레이어를 알아야 하는 것은 아니다. 대표적으로 많이 사용하는 Curves라는 조정 레이어만 알아도 밝기, 컬러, 콘트라스트를 조정할 수 있다.

그림 1.19 다양한 조정 레이어

하나만 알고 그것만 쓰면 되는데 포토샵은 왜 이렇게 많은 조정 레이어를 만들었을까? 그것은 다양한 방법을 제공함으로써 사용자의 편의성도 높이고, 톤을 조정하는 레이어를 혼합해 미묘한 톤을 만들 수 있기 때문이다.

그림 1.20 다양한 조정 레이어 사용

1.3.5 각종 필터

포토샵에는 다양한 필터가 있다. 필터는 일정한 특수 효과를 만드는 것이다. 이러한 필터는 얼굴의 크기를 줄이거나 특정한 분위기로 사진을 변형하는 등 다양한 역할을 한다.

그림 1.21 렌즈 플레어 필터를 넣어서 빛의 느낌을 만든 사진

지금까지의 내용들은 초보자라면 무슨 이야기인지 전혀 이해가 되지 않을 수 있다. 뒤에서 자세하게 안내할 것이니 걱정하지 않아도 된다. 다만 포토샵이라는 것이 큰 틀에서 보면 선택을 하고, 레이어와 레이어 마스크를 이용하면서, 선택 영역의 톤과 컬러를 조정하고, 필터를 통해 형태의 교정이 이뤄질 수 있다는 정도로 이해하면 좋을 것이다. 위의 선택, 레이어, 레이어 마스크, 톤 조절, 필터, 다섯 가지를 원활하게 사용하면 포토샵의 기본기를 충분히 갖게 되는 것이다.

포토샵을 이용한 시각 영역의 정복

포토샵은 디지털 사진과 함께 성장한 소프트웨어다. 디지털 사진은 처음 등장했을 때 놀랍게도 미약했다. 디지털 사진은 사진이 아니라는 말을 하는 사람까지 있었다. 필름보다 화질이 좋지 못했고 가격은 고가였다. 그랬던 만큼 필름을 이기기 위해 다양한 영역을 개척했다. 이미 우리는 발전된 디지털 사진의 영역에 익숙해 있다. 디지털 사진은 빠르게 볼 수 있고, 가격이 효율적이며, 표현이 자유로운 장점이 있다. 향후 AI 이미지는 디지털 사진을 넘어가려는 욕망을 갖고 발전할 것이다.

"이제 이미지 생성 AI의 등장은 인간의 시각뿐 아니라 상상력, 즉 인지능력을 넘어가려 하고 있다."

이미지 생성형 AI는 시각적 상상력을 높이고, 우리가 알고 있는 경험을 바탕으로 창의적인 시각적 결과물을 만들어낼 수 있다. 포토샵은 이러한 시각적 결과물을 확장 보완할 수 있다. AI의 등장은 포토샵을 사라지게 할까? 아니다. 포토샵은 AI 이미지가 갖는 단점을 보완하고 확장하도록 하기 때문에 여전히 꼭 필요하다.

포토샵은 이미 제너레이티브 필^{Generative Fill}이라는 이미지 생성형 AI 기능을 포함하고 있다. 포토샵이 흥미로운 점은, 포토샵을 배우는 여러분이 자신의 눈으로 세상을 보는 것이 아니라, 포토샵의 눈으로 세상을 볼 수 있다는 점이다. 그러면 포토샵의 눈으로 세상을 본다는 것은 어떤 의미일지 알아보자.

2.1 톤 영역의 확장, 하이 다이내믹 레인지

사람의 눈은 밝은 곳과 어두운 곳을 전부 볼 순 없다. 필름, 디지털 카메라도 마찬가지이고 다양한 톤의 밝기를 전부 담을 수 없다. 컬러 필름의 경우 10단계 정도의 노출 범위를 담을 수 있었다. 디지털 카메라도 그와 크게 다르지 않다. 그래서 만약 실내에서 창문 너머의 풍경을 촬영할 경우, 실내에 노출을 맞추면 창문 너머 풍경은 노출이 날아가 하얗게 되고, 만약 창문 너머 풍경의 노출을 맞추고 촬영하면 실내가 많이 어둡게 촬영될 것이다. 이것은 실내와 외부의 노출 차이가 크기 때문이다.

디지털 사진가들은 이러한 경우, 여러 장의 과부족 노출로 촬영을 한다. 우선 외부 풍경이 적당한 밝기로 나오는 노출로 촬영하고, 실내가 적당한 밝기로 나오는 노출로 촬영을 한다. 이를 합성하고 합치는 작업을 해서 내부의 노출도 어느 정도 나오고 외부의 노출도 나오는 사진을 만든다. 이처럼 톤의 영역을 합성하는 작업을 하이 다이내믹 레인지^{HDR, High Dynamic Range}라고 말한다.

그림 2.1 -2 노출, 0 노출, +2 노출로 촬영한 사진

그림 2.2 HDR로 제작한 이미지

HDR은 일반적으로 적정 노출, +2 노출, -2 노출로 3장 정도를 촬영하고 합성 작업을 한다. 이 지점에서 중요한 점은 톤의 영역을 확장하는 방법이 존재한다는 것이다. 지금까지는 톤의 영역을 넓히기 위해서 다이내믹 레인지가 넓은 고가의 카메라를 사용해야 했다면, 이제는 포토샵으로 넓고 다양한 톤의 사진을 만들 수 있다.

이처럼 포토샵으로 가능한 작업에 대한 이해가 생기면, 우리의 눈으로 보는 것보다 더 넓은 영역으로 볼 수 있게 된다. 이것이 바로 포토샵의 눈으로 세상을 보라는 것이다. 또한, 이렇게 톤 영역의 확장이 가능하다는 것은 대부분의 경우 톤 영역을 넓혀 이미지를 만들어도 된다는 것이다. 톤 영역이 넓다는 것은 검은색처럼 아주 어두운 톤부터 충분한 중간 톤과 밝은 흰색 톤이 다양하고 풍부하게 있는 사진을 만들 수 있다는 것을 의미한다.

"톤이 풍부한 사진은 오래 볼 수 있고, 오래 본 사진은 좋은 사진일 수 있다."

포토샵에서 HDR을 하는 방법은 다음과 같다.

노출이 -2스톱 부족된 사진, 노출이 적정인 사진, 노출이 +2스톱 오버인 사진 3장을 촬영한다. 이것은 2장, 3장 혹은 5장이 될 수도 있다. 다만 톤이 다른 사진을 합성하는 개념이라고 생각하면 된다. 예시에서는 3장의 사진으로 설명하겠다. 연습해볼 때는 5장의 사진으로 해도 좋다.

어도비 카메라 로^{ACR, Adobe Camera Raw}에서 3장의 사진을 열어본다. 3장의 사진을 선택하고 사진 오른쪽 상단의 점 3개를 그림 2.3처럼 마우스 우클릭하면 Merge to HDR이 나온다. 카메라 로는 8장에서 더 자세히 다루니 8장을 먼저 보는 것도 괜찮다.

"HDR을 통해 여러분은 풍부한 톤의 사진을 제작할 수 있어야 한다."

그림 2.3 포토샵 카메라 로에서 3장의 사진을 HDR하는 방법

2.2 시각 영역의 확장 – 파노라마

포토샵은 볼 수 있는 영역의 확장이 가능하다. 디지털 카메라는 특정한 초점거리를 갖는 렌즈를 사용하기 때문에 일정한 범위로만 이미지를 만들 수 있다. 그래서 넓게 촬영하기 위한 광각 렌즈, 클로즈업close-up을 위한 망원 렌즈 등이 있다. 이는 카메라 시각, 즉 프레이밍 영역에 일정한 한계가 있다는 것을 의미한다.

사람의 눈도 마찬가지다. 우리의 눈은 약 160도 정도의 화각으로 볼 수 있다. 그리고 디지털 카메라의 렌즈의 경우 어안 렌즈와 같은 특수 렌즈가 아니면 표준 렌즈는 약 47도 정도의 시야각을 가지게 된다. 따라서 약 20~30퍼센트 정도를 겹치게 왼쪽부터 오른쪽으로 세로 방향으로 길게 촬영한다. 그러면 포토샵을 통해 이것을 합성하는 것이 가능하다.

이러한 합성이 중요한 것이 아니라, 시야각의 합성을 할 수 있다는 점이 중요하다. 시야각의 합성은 우리가 보는 시야를 넓힐 수 있다는 것을 의미한다. 만약 넓은 풍경을 바라본다고 생각해보자. 이러한 포토샵의 눈이 없다면 더 뒤로 가서 넓게 촬영해야 할 것이다. 뒤로 가서 촬영하는 것, 혹은 렌즈의 초점거리를 다르게 촬영하는 것과 포토샵으로 합성한 사진은 차이가 발생한다.

포토샵을 알고 포토샵의 눈을 갖고 있다면 3~4장의 사진을 촬영하고, 이를 합칠 수 있다. 중요한 부분은 수동으로 노출을 설정해서 노출이 동일해야 하고 20~30퍼센트 겹치는 부분을 만들어 촬영하는 것이다. 포토샵에서 파노라마를 만드는 방법은 다음과 같다.

"50mm 렌즈로 합성하는 것과 35mm 렌즈로 합성하는 것은 다른 사진을 만들게 된다."

그림 2.4 다양한 각도로 촬영된 이미지

어도비 카메라 로를 이용해 이러한 파노라마 작업을 할 수 있다. 파노라마 작업을 위해서는 일반적으로 로 파일로 촬영을 진행한다. 로 파일을 포토샵에서 열면 자동으로 어도비 카메라 로가 열리게 된다.

그림 2.5 카메라 로를 이용해 파노라마 제작

우선 3장의 사진을 선택해야 한다. PC의 경우 Control^{컨트롤} 키 맥^{Mac}의 경우는 Command^{커맨드} 키를 누르면 1개씩 추가로 선택되고, Shift^{시프트} 키를 누른 상태에서 마지막 사진을 선택하면 한꺼번에 선택된다.

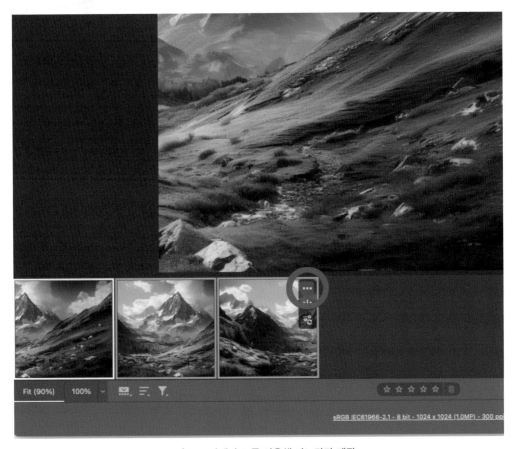

그림 2.6 카메라 로를 이용해 파노라마 제작

마지막 사진의 섬네일^{thimbnail}의 오른쪽 점 3개를 클릭하면 그림 2.7과 같이 나오게 된다.

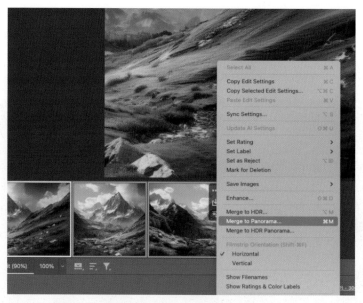

그림 2.7 Merge to Panorama(파노라마로 병합하기) 클릭

그림 2.8 파노라마 이미지 만들기

Merge···^{병합하기···} 버튼을 누르면 파노라마 이미지가 만들어진다.

그림 2.9 파노라마 이미지

단순하게 이미지를 합쳐서 파노라마를 만드는 것이 중요한 것이 아니라 시각적 확장이 가능한 것에 의의가 있다고 하겠다. 가로로 넓은 사진과 세로로 높은 사진을 모두 만들 수 있다.

"파노라마를 이용해 시각적 확장을 할 수 있다."

2.3 초점의 정복 – 헬리콘 포커스

디지털 카메라로 촬영한 사진은 모두 초점이 맞는다고 생각할 수 있으나 사실은 그렇지 않다. 촬영을 하면 주변이 흐려지는 아웃 포커스^{out focus} 현상이 일어나는데, 이것이 일반적이라 볼 수 있다. 특히나 가까운 거리에서 촬영한 대상은 전반적으로 초점 범위가 좁아서 흐려지는 부분이 생기게 된다. 그래서 초점을 전부 맞게 촬영하는 것이, 초점을 흐리게 촬영하는 것보다 더 어려운 일이다. 이러한 작업의 경우 초점을 다단계로 맞춰서 초점을 마스크 개념을 이용해 합성하는 것이 가능하다. 물론 쉬운 작업은 아니다. 그리고 다단계로 촘촘하게 촬영을 하는 것이 중요하다. 이때 헬리콘 포커스^{Helicon Focus}(https://www.heliconsoft.com/)라는 외부 플러그 인^{plug-in}을 이용하면 간편하게 초점을 합성할 수 있다.

그림 2.10 포커스 범위가 다르게 촬영

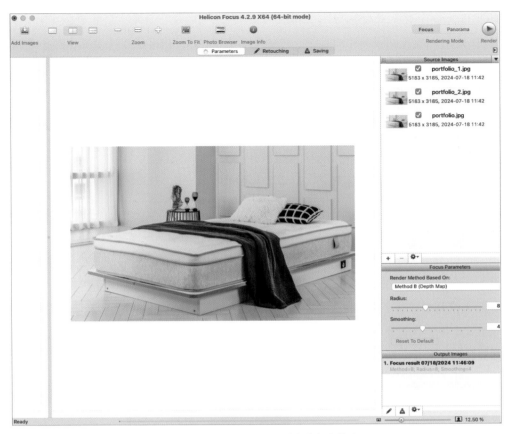

그림 2.11 헬리콘 포커스를 이용해 초점 합성

아웃 포커스

포커스 아웃을 하면 그 사진이 잘 촬영됐다고 말하는 경향이 있다. 그 이유는 쉽게 주제를 잘 드러내기 때문이다. 아웃 포커스는 사진을 단순하게 만들게 된다.

주 피사체를 강조하고 아웃 포커스의 부드러운 분위기는 일정한 감성과 미적 감각에 부합하는 경우도 있다. 그래서 일반적으로 보는 장면이 아닌 창조적 시각 표현으로 보일 수 있다. 주제를 강조하고 나머지 배경은 충실하게 정리가 되면서도 일정한 정보를 제공해주기 때문에 잘 촬영됐다고 생각하는 경향이 있다.

HDR로 노출의 정복, 초점의 정복, 그리고 파노라마로 시야각의 정복이 모두 만들어진 것을 볼 수 있다. 이것은 이미지의 세계에서 큰 변화라 할 수 있다. 이러한 것이 포토샵을 통해 가능하다는 점을 이해하면 세상을 보는 시야가 달라질 수 있다. 이러한 방법들을 이해하기 시작하는 것은 이후에 설명할 생성형 AI를 사용할 때, 이를 어떻게 활용할 수 있는지 아이디어가 될 수 있다.

2.4 해상도의 정복 – 토파즈 AI 기가 픽셀

해상도의 정복은 실상 아직 완벽하게 된 것은 아니다. 일반적으로 이미지의 해상도라는 것은 사진의 픽셀^pixel 수를 이야기한다. 픽셀의 수가 많으면 해상도가 높다고 하고, 픽셀의 수가 적으면 해상도가 낮다고 할 수 있다. 이러한 이미지의 해상도를 높이는 방법은 2개의 픽셀을 3개로 늘리는 것이다. 포토샵에서는 이를 위해 인터폴레이션^interpolation이라는 알고리듬을 통해 확대하거나 축소하는 방법을 만들었다. 예를 들어, 2개의 픽셀을 3개로 만든다면 픽셀 2개의 중간 값을 넣어주는 형태라 할 수 있다. 그래서 이미지의 해상도를 높이는 경우 필연적으로 화질의 저하가 생기는 단점이 있었다.

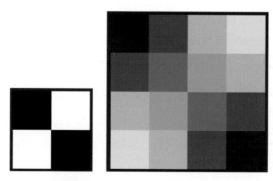

픽셀의 확대를 위해 가로 세로 2개의 픽셀을 가로 세로 4개의 픽셀로 만들기 위해서는 정해진 알고리듬에 따라 중간 값으로 만든다.

그림 2.12 이미지 인터폴레이션 개념

하지만 최근에 토파즈^{Topaz} 사에서는 토파즈 기가픽셀 AI^{Topaz Gigapixel AI}라는 소프트웨어를 제공하고 이를 통해 화질 저하 없이 고해상도의 이미지를 만드는 것을 제안하고 있다.

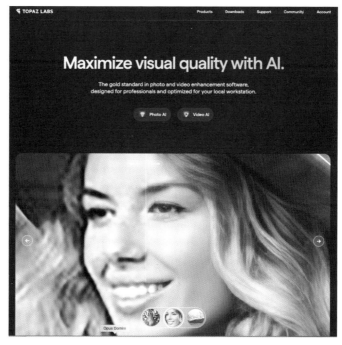

그림 2.13 토파즈 사의 토바즈 기가픽셀 AI, 사진(출처: https://www.topazlabs.com)

실상 이 소프트웨어는 원리를 쉽게 이해하기 힘들다. 하지만 이러한 해상도의 일정한 정복은 생성형 AI의 활용과 밀접한 관련이 있다. 현재 생성형 AI 미드저니^{Midjourney}가 생성하는 기본 이미지는 크기가 1024×1024 픽셀 정도이므로 인쇄물로 활용하기에는 비교적 작다. 물론 AI가 고해상도를 업스케일링을 통해 생성할 수 있다. 하지만 시간과 비용 측면의 어려움이 있을 수 있다. 지금의 시점에서는 이러한 업스케일링^{upscaling} 소프트웨어를 함께 사용하는 것도 좋은 방법이 될 수 있다.

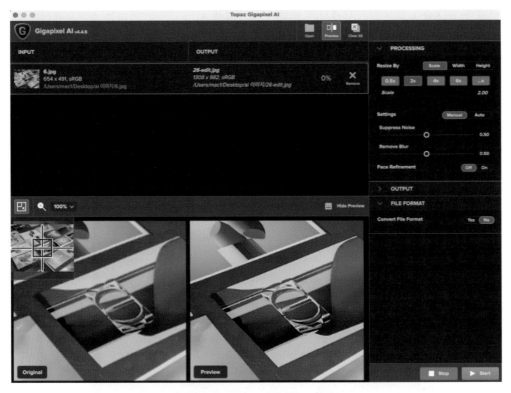

그림 2.14 토바즈 기가픽셀 AI 화면

소프트웨어의 사용 방법은 매우 간단하다. 자신의 파일을 프로그램으로 열면 0.5배, 2배, 4배, 6배 등으로 크기를 확장할 수 있는 옵션이 오른쪽에 있다. 그림 2.14를 보면 왼쪽이 오리지널 이미지이고 오른쪽은 이미지가 커진 사진이다. 이미지 크기가 늘어났음에도 화질의 저하가 많이 보이지 않고 오히려 화질이 좋은 것처럼 보인다. 물론 AI가 제작하기 때문에 완벽하게 제작되지 않는 경우도 있다. 이러한 경우 포토샵을 이용해 보완 수정할 수 있다. 자세한 방법들은 책의 후반부에 알아보도록 하겠다. 아무튼 중요한 것은 이처럼 큰 틀을 이해하는 것이다. 이러한 AI를 이용한 이미지 확대의 방법이 있다.

2.5 포토샵의 AI 기능

어도비 사에서는 파이어플라이^{Firefly} 라는 이미지 생성 AI(https://firefly.adobe.com)를 개발했다.

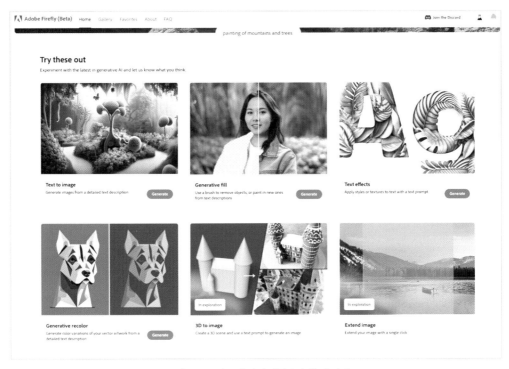

그림 2.15 어도비 파이어플라이 웹 페이지

어도비 파이어플라이의 경우 대부분의 생성형 이미지와 같은 형태인데, 매우 쉽게 구성돼 있는 장점이 있고, 옵션을 선택하는 형태로 이미지를 구성하는 방식을 택하고 있다. 텍스트 기반의 이미지 생성, 생성형 채우기, 텍스트에 효과 넣기, 생성형 재색상화, 3D 이미지 변환, 이미지 확장 등을 다루고 있다.

포토샵의 경우 선택된 공간을 채워 넣는 제너레이티브 필 기능이 있다.

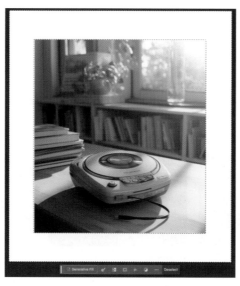

그림 2.16 포토샵의 제너레이티브 필을 위한 선택

그림 2.16을 보면 빈 공간이 있다. 이러한 빈 공간을 포토샵에서 선택 도구를 이용해 선택을 한다.

그리고 Generative Fill 버튼을 누르면 자동으로 빈 공간을 채워주게 된다.

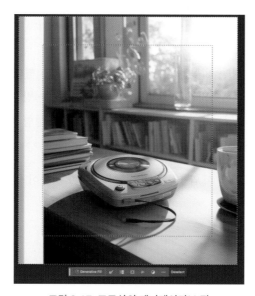

그림 2.17 포토샵의 제너레이티브 필

오른쪽 부분은 자연스럽게 표현됐는데, 왼쪽 부분은 잘 표현되지 않았다.

그림 2.18 포토샵의 제너레이티브 필 재적용

다시 왼쪽 부분을 선택하고 Generative Fill 버튼을 누르면 생성된 이미지를 볼 수 있다.

CD 플레이어 이미지를 선택하고 이번에는 텍스트를 넣어서 작업해봤다. vacant[비어 있는]라는 용어로 생성을 해봤다. 한글도 인식하기 때문에 한글로 작성할 수도 있다.

그림 2.19 포토샵의 제너레이티브 필 선택, 텍스트 입력

그림 2.20 제너레이티브 필 진행 중

이렇게 텍스트 기반으로 작성을 해봤다.

그림 2.21 제너레이티브 필 결과 오류 장면

이미지를 생성하면 포토샵은 세 가지 다른 형식의 이미지를 제공해줬다. 물론 빈 책상을 원해서 단어를 넣었지만, 다른 물체로 보이는 이미지를 생성해줬다.

이처럼 생성형 AI를 통해 배경의 모습을 생성하고, 조정하는 것이 가능하다. 때로는 매우 효과적인 생성을 해줬고, 때로는 일정한 아쉬움이 있는 결과물을 제공했다. 하지만 새로운 가능성을 열게 된 것은 분명하다.

텍스트 기반 AI의 등장은 이제 인류에게 새로운 상상력을 구현하는 도구를 손에 들게 했다. 카메라가 현상의 세계를 쉽게 기록 구현하는 도구였다면 이미지 생성형 AI는 머리로 상상하는 세계를 구현할 수 있게 된다. 즉, 이제는 상상을 구현하는 것이 가능해졌고, 때로는 우리의 상상력을 넘어서는 도구를 마주하게 됐다.

제너레이티브 필은 포토샵에서 제공하는 자동 생성 기능이다. 자동으로 생성하고 기본적으로는 텍스트를 기반으로 하므로 때로는 좋은 결과가 있지만 때로는 그렇지 않은 경우도 있다. 물론 이것은 이미지 생성 AI가 맞이하는 숙명이기도 하다.

"때로는 구체적인 것이 아닌, 적은 내용이 더 좋은 의외의 결과를 만들어내기도 한다."

그렇지만 이미지 생성형 AI가 잘 작동하는지에 관한 일정한 방법이 있을 수 있으나 알아서 생성해주는 부분, 즉 자동화된 부분이 분명히 있기 때문에 정확하게 원하는 이미지가 나오지 않을 수 있다.

지금까지 현실 기반의 눈으로 보던 세상에서 이제는 상상 기반의 세상으로 보는 방법이 등장한 것이다. AI 기반 시각으로 새로운 창이 열린 것이라 할 수 있다.

다만 우리는 이러한 상상계를 바라보는 방식에 익숙하지 않은 것이 현실이다. 그래서 우선 현실을 기반으로 가벼운 상상을 시작해보는 것도 좋다.

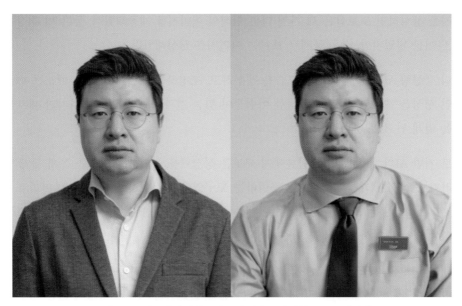

그림 2.22 왼쪽의 이미지를 이용해 의상을 변경한 오른쪽 이미지

그림 2.23 다시 의상을 변경하고, 배경도 변경한 오른쪽 이미지

포토샵의 이미지 생성형 AI는 다음과 같은 작업을 할 수 있다.

1. 빈 곳을 상상하고 그곳에 배경 만들어 채우기

2. 특정 이미지 변경하기

3. 피사체 지우기

4. 피사체 의상 변경하기

5. 피사체의 머리 스타일 변경하기

6. 이미지 추가하기

7. 합성에서 발생하는 부자연스러운 그림자, 난점 해결하기

그림 2.24 머릿속으로 상상해보기

그림 2.25 내가 상상하는 이미지로 수정하기

포토샵의 Neural filter^{뉴럴 필터}는 필터에 AI 기능이 부여된 필터로 계속 업데이트되고 있다.

그림 2.26 Filter ❯ Neural Filters

그림 2.27 다양한 형태의 Neural Filters

다양한 형태의 필터들을 제공하고 있는데, 실제로 한번 눌러보면 흥미로운 것들이 많다. 또
한, 컬러 하모니를 맞추거나 블러를 만드는 효과는 합성에서 사용했을 때 효과적으로 보인
다. 얼굴 리터칭, 확대, 옛날 사진을 복원하는 등 다양한 효과의 기술들이 만들어지고 있다.

2.6 포토샵과 AI를 활용한 창작과 디자인

이미지 생성형 AI는 매우 강력한 역할을 할 수 있다. 하지만 텍스트를 기반으로 하기 때문에 원하는 이미지를 완벽하게 만들어주는 것에는 다소 어려움이 있다. 그렇기는 해도 때로는 아이디어 측면에서, 혹은 이미지 소스를 빠르게 제작하는 측면에서는 큰 도움이 될 것으로 생각한다.

그림 2.28 아이디어 측면에서 AI를 이용

그림 2.29 백그라운드 소스로 활용

아이디어 측면이나 소스로 활용하는 것에 AI의 기술이 충분히 도움이 될 것으로 기대된다. 하지만 결국 이미지의 본질이 변하는 것은 아니다. 그렇다면 사진 이미지의 본질은 어떠한 것에 영향을 받는지에 대해 알아보도록 하겠다.

"사진은 텍스트나 언어 없이 이야기와 메시지를 빠르게 전달할 수 있는 도구다."

AI가 만든 사진과 실제로 촬영된 사진은 어떤 차이가 있을까?

사진은 특정 시간과 장소의 왜곡이 있을 수 있지만, 그럼에도 분명한 현실을 반영한다. AI는 알고리듬을 통해 만들어낸 이미지로 일정한 오류가 있지만, 이론적으로는 완벽성을 추구하는 이미지와 화질을 제공할 수 있다. 물론 특정 알고리듬을 이용하기 때문에 일정한 톤의 이미지를 만들어내는 경향성이 있다.

실제 사진은 현실이라는 제한된 시공간에서 촬영되지만, AI는 어떤 상황에서도 제작될 수 있어 상상력의 범위가 넓어지게 된다.

사진은 실제 현장감이 있는 것이다. 그리고 진실의 한 단면이라는 점에서 그 의의가 있다. 이것은 사진이 갖는 힘이다.

다양한 이미지 생성형 AI

사진의 역사는 1839년 필름의 개발로 시작됐으며, 2000년대 들어와 디지털 카메라가 본격적으로 도입됨에 따라 지금은 디지털 사진이 정점에 도달해 있다. 최근의 기술 환경은 AI, 가상현실VR, Virtual Reality, 증강현실AR, Augmented Reality, 메타버스metaverse 등 가상세계VW, Virtual World 와 가상현실, 그리고 실제로 사용성이 높아진 AI의 등장으로 인해 기술 환경은 또 다시 급격하게 변화하고 있다. 현시점에서 AR 기반 기술은 VR, 확장현실XR, eXtended Reality, 메타버스로 확장될 것으로 예상된다. 특히나 이미지 생성 AI는 챗GPTChat GPT, Chat Generative Pre-trained Transformer 사의 Dall-E3, 미드저니, 스테이블 디퓨전Stable Diffusion 등은 빠르게 업데이트하며 폭발적 연구가 진행되고 있고, 어도비 사의 파이어플라이, 마이크로소프트Microsoft 사의 빙Bing, 셔터스톡Shutterstock 이미지 생성 AI 등 다양한 연구 개발로 발전 속도가 매우 빠르다.

표 3.1 이미지 생성 AI 관련 웹 주소

서비스 업체	웹 주소
미드저니	https://www.midjourney.com/
Dall-E3	https://openai.com/dall-e-3
스테이블 디퓨전	https://stablediffusionweb.com/
파이어플라이	https://firefly.adobe.com/
빙	https://www.microsoft.com/ko-kr/edge/features/image-creator?form=MT00D8
셔터스톡 이미지 생성 AI	https://www.shutterstock.com/ko/ai-image-generator
레오나르도(Leonardo) AI	https://app.leonardo.ai
플레이그라운드(Playground)	https://playgroundai.com/
라스코(Lasco) AI	https://www.lasco.ai/

위에 언급한 업체 외에도 많은 업체가 이미지 생성 시장에서 경쟁하고 있다. 이는 사진, 영상 등 이미지 시장에 일정한 변화를 줄 것으로 예상된다. 이미지 생성 AI의 경우 2022년에 선을 보인 이후 불과 1년 만에 이미지 세상에 큰 혁신을 일으키고 있다. 이러한 속도와 확장성은 사진이 최초로 등장했을 때처럼 충격적이다. 하지만 너무 걱정할 필요 없다. AI가 등장해도 좋은 이미지의 본질은 변하지 않기 때문이다.

"이집트에 가보지 못한 사람도 피라미드의 모습을 안다. 사진이라는 VR로 체험한 것이다."

"곰곰이 생각해보라. 사진은 기계적으로 생성한 VR의 시작이었다.
AI는 이러한 VR을 통해 만든 상상 이미지다."

이미지 기술 발전의 큰 축은 카메라라는 기계로 제작된 디지털 사진과 영상, 그리고 현재 쉬워지고 가벼워지고 있는 프로그램과 알고리듬을 기반으로 한 3D 이미지와, AI로 제작된 이미지로 볼 수 있다. 이러한 이미지들은 현재 사용되고 있는 사진과 영상뿐 아니라 메타버스와 같은 가상세계에 활용될 것이다.

디지털 사진의 활용도가 높았던 부분은 쉽고, 빠르고, 편리하게 이미지를 생성하는 것이 가능했기 때문이다. 즉, 가성비가 높기 때문인데, 3D의 경우 제작의 편이성이 향상되고 있지만, 여전히 가성비가 낮다. AI로 제작한 이미지의 경우는 사진보다 쉽고, 빠르고, 편리하게 이미지를 생성한다. 즉, 가성비가 높다. 다만 학습되지 않은 이미지를 구체적으로 제작하는 것에는 아직 어려움이 있다. 또한, AI와 3D로 제작된 사람의 얼굴, 자연스러운 이미지 생성의 경우에는 언젠가는 해결되겠지만 여전히 어려움이 있다. 물론 AI 혹은 3D로 많은 이미지와 사진이 대체될 수 있지만 여전히 사진과는 일정하게 구분될 것이다. 그 핵심은 진실성의 문제다.

3.1 이미지 생성형 AI의 활용

2021년 12월 『코스모폴리탄^{Cosmopolitan}』 잡지는 최초로 AI로 만든 이미지를 표지로 사용했다.

그림 3.1 코스모폴리탄 표지(출처: 코스모폴리탄)

그림 3.1을 보면 표지의 발 부분에 흥미로운 문구가 있는데, "그것을 만드는 것은 불과 20초 정도 걸렸다^{And it only took 20 second to make}"라고 표기했다. 이것은 앞서 언급한 쉽고 빠르고 자유롭게 만들 수 있는 디지털 사진의 등장과 유사하다. 디지털 사진의 경우 세상을 복제해냈다면, AI는 상상의 세계를 이미지로 생성해내는 혁신을 갖고 왔다.

그러면 AI의 등장으로 사진이나 영화는 사라질까? 사진이나 영화는 그 결이 조금 다르다고 생각한다. 사진과 영화는 이미지를 기록 입력하는 장치로 여전히 유효하다고 본다. 다만 사진과 영화가 다뤘던 이미지의 세상에 AI라는 효율적인 또 다른 도구의 등장으로 이미지와 영상으로 표현하는 세상에 변화를 예고하고 있다.

2023년 1월에 넷플릭스^{Netflix}가 만든 〈개와 소년〉이라는 애니메이션에서는 배경 화면을 AI로 사용했다. 애니메이션의 마지막 자막에서는 배경 디자이너를 소개하면서 AI(+Human)로 표기했다.

アニメ・クリエイターズ・ベース アニメ「犬と少年」本編映像 - Netflix

그림 3.2 넷플릭스 애니메이션 〈개와 소년〉(출처: Netflix Japan)

한편 미국 콜로라도 주 미술전에서 AI 미드저니로 제작한 스페이스 오페라 극장이 디지털 아티스트 부분에서 1위를 차지했다.

그림 3.3 제이슨 앨런작: 스페이드 오페라 극장

AI가 그린 이미지에 대해 저작권의 논쟁이 있기는 하지만, 중요한 지점은 이처럼 이미지 생성 AI는 실사용이 가능한 수준이라는 점이다. 이는 이미지 예술 분야에서 창의성과 정밀성을 기반으로 AI의 등장이 어려울 것이라는 예상을 뛰어넘는 결과다. 이로 인해 이미지 제작자(사진, 영화, 애니메이션, 그림, 디자인)는 새로운 AI 시대에 기대와 두려움을 함께 갖고 있다. 3D, VR, AI, 메타버스로의 큰 물결은 이미 시작됐고, 이러한 물결의 방향성은 다음과 같다.

1. 인간의 상상력을 뛰어넘는 창의적이고 다양한 이미지로 확대될 가능성이 있다.

2. 이미지 제작의 생산성이 향상된다.

3. 이미지의 진실성 문제가 더욱 심하게 발생한다.

4. 개인에게 적합한 맞춤형 콘텐츠가 제작된다.

5. AI는 변수가 아니라 상수로 대부분의 작업에 활용된다.

챗GPT와 이미지 생성형 AI의 등장으로 인해 융복합 콘텐츠 제작의 효율성이 높아졌다. 이는 사진 이미지를 다양한 톤(사진, 그림, 만화)의 이미지 콘텐츠로 쉽게 변형하고 조정하는 것이 가능하게 됐다. 이는 디자인과 만화의 영역이 사진과 영상의 영역으로 이동하는 것을 쉽게 만들었다. 즉, 이미지를 넣고 이를 다른 형식으로 변경하는 것이 쉬워졌다.

그림 3.4 candypunk fashion, cinematic lighting

그림 3.5의 사진은 실제가 아닌 AI를 통해 생성한 이미지다. 이처럼 실제 사건이 아닌 부분은 이미지의 진실성에 대한 문제를 야기시킬 수 있다.

그림 3.5 "President Moon Jae-in and Chairman Kim Jong-un shaking hands",
"Inside the UN office with recognizable emblems",
"Friendly atmosphere with both leaders dressed in formal suits", "Photography",
"Highly detailed realistic capture using a lens of 35mm for clarity", "--ar 16:9", "--v 5.2"

3.2 AI와 포토샵의 상호작용

이미지 생성의 본질은 그것이 그림이든 사진이든 3D이든 결국 인간이 전달하고자 하는 메시지를 이미지로 생성하는 것에 그 의의가 있다. 결국 AI는 인간의 상상 속에 있던 세계 그리고 예술적 영역에 있던 창의적 이미지를 쉽게 제작할 수 있도록 도와주는 하나의 도구로서 작동하게 됐다. 이는 기술적 완성도를 위해 많은 기술적 교육을 받아야 했던 것이 상쇄된 것처럼 보이기도 한다. 창의적인 주제 내용의 기획을 할 수 있다면, 기술적 부분은 AI가 일정 수준 이상으로 제공할 수 있는 것처럼 느낄 수 있다.

하지만 자동화된 부분을 수동으로 조정하는 능력이 없다면, 이를 수정 보완하는 것에 한계가 있다. 또한, 현행 텍스트 기반의 AI는 여전히 일정한 한계를 갖고 있다. 물론 멀티모달 multimodal 등으로 이러한 영역을 넓히고 있지만, 텍스트와 이미지로 모든 것을 설명하기는 여전히 어렵다.

멀티모달
멀티모달은 여러 유형의 데이터(예: 텍스트, 이미지, 소리)를 동시에 처리하는 기술이다. 이를 통해 시스템은 복잡하고 다양한 정보를 보다 효과적으로 분석하고 이해할 수 있다. 멀티모달 기술은 AI의 이해력과 상호작용 능력을 크게 향상시키는 데 중요한 역할을 한다. 현재 텍스트 기반에서 확장된 입력, 출력 처리가 가능하게 될 것이다.

그리고 여전히 좋은 이미지를 보는 눈을 갖추고, AI와 포토샵이 할 수 있는 영역을 알아야 한다. 어떤 도구가 어떻게 만들 수 있는지를 아는 것이 필요하다. 이 책에서 전체적인 틀을 강조하는 것은 이러한 이유 때문이다.

그림 3.6 company logo, modern, Simple design with image studio text

이미지 생성형 AI가 가진 일정한 한계를 보완하고, 더 높은 수준의 이미지를 제작하기 위해서 더욱 필수적인 프로그램이 포토샵이다.

"이미지 생성의 본질은 그것이 그림이든 사진이든 3D이든 결국 인간이 전달하고자 하는 메시지를 이미지로 생성하는 것에 그 의의가 있다."

"인간은 AI를 잘 사용하는 인간과 그렇지 못한 인간으로 구분될 것이다."

chapter
04

미드저니

4.1 이미지 생성형 AI 대표 주자 미드저니

미드저니는 디스코드^{Discord}라는 애플리케이션에서 동작하고 웹에서 자동으로 작동하기 때문에 개인의 컴퓨터 사양에 영향을 덜 받고, 현시점에서 가장 높은 퀄리티의 이미지를 제공하고 있다.

이미지 생성형 AI를 사용하는 방법은 일반적으로 비슷하게 정리되고 있는데, 기본적인 방식은 텍스트를 넣고 이미지를 생성하는 것이다. 하지만 텍스트만으로 모든 것을 표현하기에 아쉽고 부족한 점이 있어서 다양한 방식이나 옵션을 추가하는 형태를 취하고 있다. 우선 기본적인 텍스트를 사용하는 방법부터 알아보자.

4.2 미드저니 사용 방법

'미드저니'로 검색을 해서 미드저니 홈페이지(https://www.midjourney.com/)로 들어간다. 브라우저는 크롬을 사용하는 것이 좋다.

미드저니는 디스코드라는 플랫폼에서 사용하도록 디자인돼 있다.

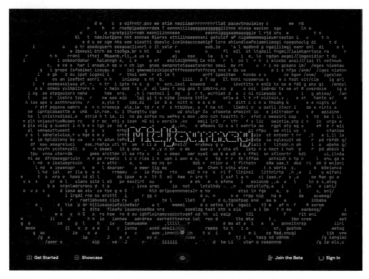

그림 4.1 미드저니 홈페이지 시작 화면

처음 방문하는 사용자라면 오른쪽 하단의 Join the Beta를 누르면 된다.

그러면 그림 4.2와 같이 사용자 이름을 넣는 창이 뜬다. 여기에 자신의 별명을 넣고 **계속하기**를 누른다.

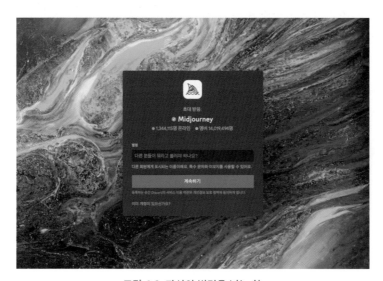

그림 4.2 자신의 별명을 넣는 창

그리고 그림 4.3과 같이 로봇인지를 묻는 창이 나오는데 질문에 답을 하면 된다.

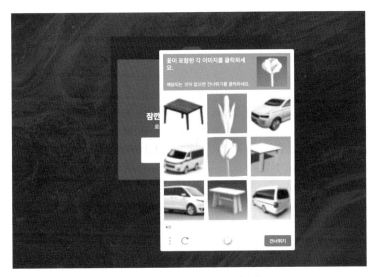

그림 4.3 로봇인지를 묻는 질문 창

그림 4.4의 화면에 사용자의 생년월일을 입력한다.

그림 4.4 생년월일을 입력하는 창

그다음으로 사용할 이메일 주소와 비밀번호를 작성하고 계정을 등록한다.

계정을 등록하면 그림 4.5처럼 이메일 주소를 확인할 수 있는 메일을 보내준다.

그림 4.5 이메일 인증

이메일 인증 버튼을 누르면 이메일 인증이 완료된 것을 확인할 수 있고, **Discord로 계속하기**를 눌러서 디스코드 웹사이트로 이동하게 된다. 이메일 인증은 모두 마쳐야 향후 작업이 가능하다.

그림 4.6 디스코드 홈페이지(www.discord.com)

만약 맥을 사용하는 사용자라면 **Mac용 다운로드**를 누르면 된다. 그러면 맥용 애플리케이션을 사용할 수 있다. 잘 모르겠다면 오른쪽에 있는 **웹브라우저에서 Discord 열기**를 누르면 된다.

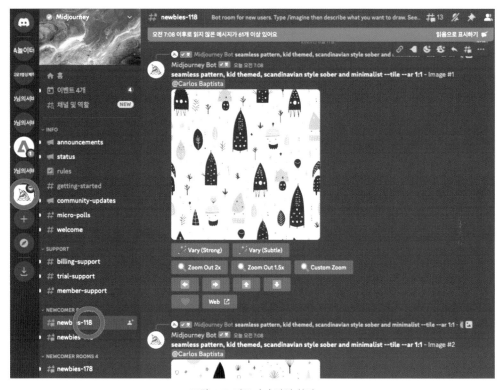

그림 4.7 미드저니 작업 화면

그림 4.7의 왼쪽에 보이는 범선 모양의 아이콘(⚓)을 클릭한다. 그리고 질문에 답을 하면 미드저니 페이지에 접속을 하게 되고 그곳에서 여러 가지 창 가운데 왼쪽에 newbies−118이라고 돼 있는 부분을 클릭한다. 여러 가지 newbies^{뉴비스, 초보자, 입문자}가 있는데 어떤 것을 눌러도 상관은 없다.

그리고 바로 이미지 생성을 해보자.

그림 4.8 미드저니로 이미지 생성하기

아래쪽 + 버튼 옆의 프롬프트 창에 키보드로 /을 입력한다. 그림 4.9처럼 슬래시 버튼을 누르면 /imagine을 클릭할 수 있다.

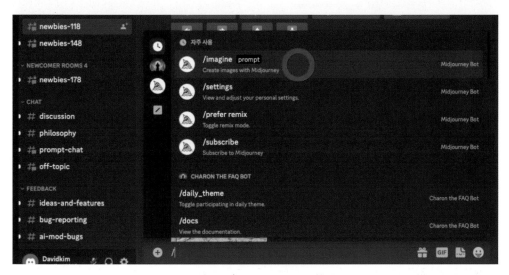

그림 4.9 /imagine prompt 창

위의 내용이 복잡하다면 프롬프트 창에 직접 /imagine를 입력해도 된다. 그러면 프롬프트 창에 텍스트를 입력해보자. candypunk fashion, cinematic lighting라고 입력해보자.

그림 4.10 candypunk fashion, cinematic lighting

이러한 방식으로 텍스트를 입력하면 입력한 텍스트를 기반으로 수 초 안에 이미지를 만들어주는 것을 알 수 있다.

다만 newbies 채널에는 많은 사람이 이미지를 생성하고 있기 때문에 자신이 만든 이미지 외의 것들이 빠르게 생성되고 있어서, 자신이 만든 이미지를 찾기가 어려운 경우도 있다. 이러한 문제를 해결하는 방법도 알아보겠다.

더 알아보기

미드저니로 이미지를 생성하면 생성되는 퍼센트의 숫자가 올라가면서 점점 더 선명하게 만들어지는 것을 볼 수 있다. 대부분의 이미지 생성형 AI의 생성 원리는 지도학습, 비지도학습, 강화학습으로 진행된다. 지도학습이라는 것은 사물을 알려주고 학습을 통해 이해시키는 것이다. 예를 들어, 고양이 사진을 보여주고 이것이 고양이라고 학습시키는 것이다. 비지도학습은 가르치지 않아도 AI가 유추해서 이해하는 방식이다. 강화학습은 이러한 지도학습, 비지도학습으로도 부족한 부분을 강화하는 학습을 진행하면 디테일한 부분을 더 잘 만들게 되는 방식이다.

이미지 생성형 AI는 적대적 신경망이라는 것을 사용하게 된다. 즉, 고양이를 생성한다면 고양이를 지도학습, 비지도학습, 강화학습으로 AI가 만들어 가게 된다. 그러면 고양이를 만드는 것을 적대적으로 보고 있는 AI가 '이것은 고양이가 아닌 것 같다'라고 주장을 한다. 적대적인 AI가 더 이상 고양이가 아니라고 말하기 어렵다고 판단하면 생성되는 퍼센트가 100퍼센트가 되는 형식이다.

학습의 방법은 다음과 같다. 먼저 완전한 고양이 사진에 10퍼센트 노이즈^{noise}를 넣는다. 그리고 '이것은 고양이다'라고 학습을 시킨다. 그리고 다시 10퍼센트 노이즈를 더 넣는다. 이런 식으로 계속 노이즈를 넣어 완전한 노이즈인 회색의 그림까지 학습을 시킨다. 그리고 이를 거꾸로 진행한다. 즉, 완전한 회색의 노이즈에서 10퍼센트의 고양이를 만들고, 다시 20퍼센트의 고양이를 만드는 작업을 지속적으로 진행한다. 그래서 100퍼센트의 고양이 이미지를 만들게 된다.

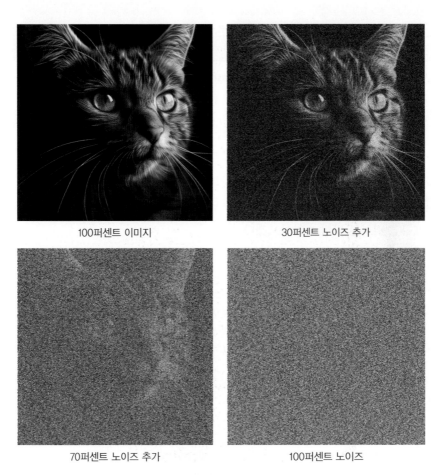

그림 4.11 이미지 생성의 원리

그러한 방식으로 생성을 하기 때문에 동일한 이미지를 지속적으로 만드는 것의 어려움이 있다. 같은 프롬프트를 사용해도 100퍼센트 노이즈에서 이미지가 생성되기 때문이다.

따라서 미드저니에서는 이를 개선하기 위해 Sref, Cref를 사용한다.

Sref = Style reference / Cref = Character reference

이러한 명령어는 후반부에 다루도록 하겠다.

앞서 소개한 newbies 채널에서 작업을 하면 다른 사람의 작업물들이 빠르게 올라가서 자신의 작업물을 보는 것이 어려운 경우가 있다. 자신만의 채널을 만드는 법을 알아보겠다.

1. 왼쪽 하단의 **서버 추가하기**를 누른다.

그림 4.12 +버튼을 눌러 서버 추가하기를 누른다.

2. 서버 만들기에서 **직접 만들기**를 누른다.

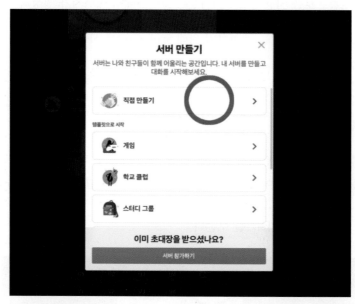

그림 4.13 서버 만들기 화면

3. 이 서버에 대해 선택을 할 수 있다. 만약 자신과 자신의 친구가 사용할 것이라면 **나와 친구를 위한 서버**를 선택할 수 있다. 잘 모르겠다면 **이 질문을 건너뛰세요**를 누른다.

그림 4.14 서버의 인원 구성

4. 서버의 이름을 만들 수 있다. 중앙에 사진기 모양에 이미지를 올리면 아이콘 이미지를
   변경할 수 있다. 여기서는 서버의 이름 부분에 DRKIM+AI로 작성을 했다. 여러분은 원
   하는 이름을 넣으면 된다. 그리고 **만들기** 버튼을 누른다.

그림 4.15 서버의 이름 결정하기

5. 왼쪽에 자신이 만든 채널이 생성된 것을 볼 수 있다. 그러고 나서 오른쪽에 있는 범선
   모양의 Midjourney Bot^{미드저니 봇}을 클릭한다.

그림 4.16 미드저니봇을 클릭한다.

6. Midjourney Bot을 클릭하면 **서버에 추가** 버튼이 생성된다.

그림 4.17 Midjourney Bot 서버에 추가

7. **서버에 추가** 메뉴에서 이전 단계에서 만든 DRKIM+AI를 선택한다.

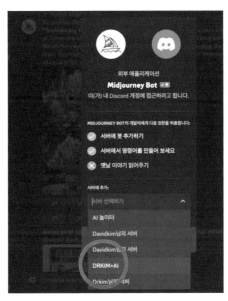

그림 4.18 서버에 추가 메뉴

8. Midjourney Bot의 사용 권한 확인에 **승인** 버튼을 클릭한다. 로봇 여부를 묻는 질문에 답을 하면 완료가 된다.

그림 4.19 Midjourney Bot 사용 승인

9. 왼편에 자신이 새로 만든 서버가 있는 것을 볼 수 있다. 오른쪽에는 자신과 Midjourney Bot이 함께 있는 것을 볼 수 있다. 이제 아래 창에서 이미지 프롬프트 명령어를 쓰면 자신의 이미지만 보이는 창에서 작업을 하는 것이 가능하다.

그림 4.20 개인 작업을 위한 방을 만든 모습

4.3 미드저니 구독 및 설정 방법

미드저니 구독을 설정하는 방법을 알아보자.

1. 프롬프트 창에서 /subscribe를 선택한다.

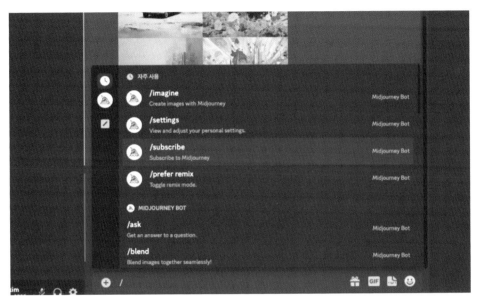

그림 4.21 /subscribe를 선택

2. Manage Account를 클릭한다.

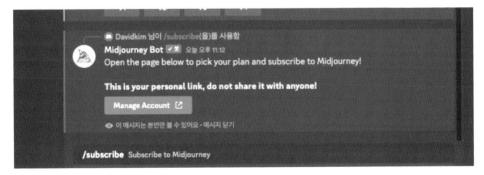

그림 4.22 Manage Account를 클릭

3. 플랜을 선택한다.

플랜은 Monthly Billing^{월 결제}과 Yearly Billing^{연 결제}으로 구분되는데, 우선은 Monthly Billing 으로 선택하고, Basic Plan^{베이직 플랜}을 선택하면 된다. 가격의 차이는 Yearly Billing으로 하면 20퍼센트 저렴한 부분이 있지만, 우선 사용해보고 결정하는 것이 좋겠다. 사용해본 바로는 Basic Plan도 큰 불편함은 없었다. 만약 이미지 텍스트 생성의 공개를 원하지 않는다면 상위 플랜을 이용할 수 있다.

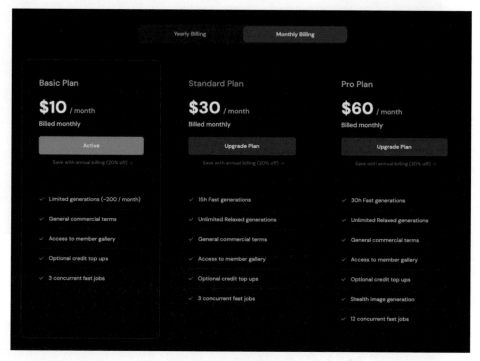

그림 4.23 사용 플랜별 내용

4.4 미드저니 프롬프트 작성

/imagine을 입력하고 프롬프트에 자신이 원하는 내용을 영어로 기입한 후 Enter 키를 누르면 이미지가 자동으로 생성된다. 키워드가 길어지면 더 구체적으로 자신이 원하는 이미지를 만들 수 있다. 키워드가 짧으면 미드저니가 더 많은 부분에 개입해서 만들게 된다.

프롬프트를 작성하는 것에 정답이 있는 것은 아니지만, 가장 중요한 무엇을 생성한 것인가를 가장 앞쪽에 넣는 것이 좋다. 그리고 그 이후로 세부 내용들을 넣어주면 된다. 즉, '무엇을 + 어떻게'의 형식이 된다.

다음과 같이 입력한 결과가 그림 4.24다.

/imagine prompt car 1950, cinematic lighting

그림 4.24 car 1950, cinematic lighting

그림 4.24의 아래를 보면 U1, U2, U3, U4와 회전하는 모양 V1, V2, V3, V4를 볼 수 있다. U는 업스케일링^{upscailing}을 말한다. U1은 왼쪽 상단, U2는 오른쪽 상단, U3는 왼쪽 하단, U4는 오른쪽 하단의 이미지를 말한다. 여기서는 세 번째 사진이 마음에 들어서 U3를 클릭해보겠다.

그리고 회전 모양의 버튼은 이미지를 다시 재생성해주는 버튼이다. 한번 눌러보자.

그림 4.25 업스케일링 장면

자동차의 이미지를 클릭하면 이 이미지를 저장할 수 있다. 크기는 1024×1024픽셀로 저장된다.

그림 4.25의 아래 메뉴를 살펴보면 Vary(Strong), Vary(Subtle) 버튼이 있다. 이미지에 변형을 강하게 줄 때는 Vary(Strong)을 누르고, 미묘하게 줄 때는 Vary(Subtle)을 누르면 된다. Vary(Strong) 버튼을 누르면 그림 4.26과 같이 4장의 변형된 이미지를 보여준다.

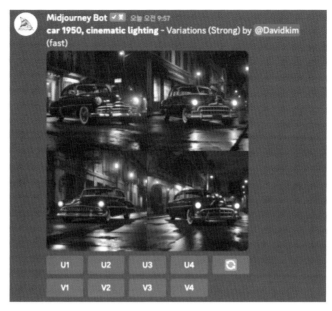

그림 4.26 Vary(Strong) 버튼을 누르면 4장의 이미지를 볼 수 있다.

그림 4.25의 아래에 보면 Zoom out 2x 버튼이 있는데, 이 버튼을 누르면 그림 4.27처럼 줌 아웃된 이미지를 볼 수 있다. 줌 아웃되면서도 배경이 일정하게 달라진 것을 알 수 있다.

그림 4.27 Zoom out 2x 버튼을 눌러 줌 아웃된 이미지

Custom Zoom 버튼의 경우 사진의 비율과 줌의 비율을 조정하는 것이 가능하다. 줌의 비율은 무한정 되는 것은 아니고, 1.0부터 2.0 사이의 값을 넣을 수 있다. Custom Zoom 버튼을 누르면 그림 4.28과 같은 창이 나온다. ar은 비율을 말하는데 기본은 1:1 정방향이다. 여기서는 16:9 로 영화의 비율로 조정했고, 줌아웃을 1.9로 조정했다. 그리고 나서 **전송** 버튼을 누른다.

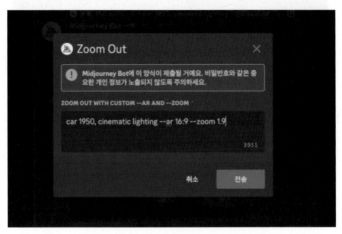

그림 4.28 Custom Zoom 버튼 사용하기

그림 4.29 원본 이미지

그림 4.30 16:9에서 커스텀 줌 아웃한 이미지

이번에는 업스케일링한 사진을 갖고 그림 4.31의 아래쪽에 있는 화살표 버튼을 사용해보겠다. 왼쪽 화살표를 누르면 왼쪽 화살표가 가리키는 방향에 이미지를 더 만들어 준다.

그림 4.31 왼쪽 화살표는 왼쪽 이미지를 더 만드는 명령이다.

왼쪽 화살표^pan left를 누르면 그림 4.32와 같이 왼쪽의 이미지가 더 만들어지는 것을 볼 수 있다. 이는 영상 촬영 기법 중 팬 레프트^pan left와 같은 기능을 한다. 오른쪽 화살표^pan right는 오른쪽의 이미지를 더 만들고, 위쪽 화살표^pan up는 윗부분의 이미지를 더 만들고, 아래쪽 화살표^pan down는 아래쪽 이미지를 더 만들게 한다.

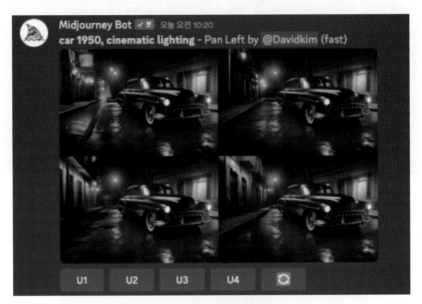

그림 4.32 왼쪽 이미지를 더 만들어낸 이미지

그리고 그림 4.31의 아래쪽에 하트 모양 버튼과 Web 버튼이 있다. 하트는 좋아요 버튼이라고 생각하면 되고, Web 버튼은 자신의 정보가 있는 곳으로 가는 버튼이다. 업스케일링한 이미지의 경우 웹에서 다시 볼 수 있다. 또한, 자신의 구독 정보 등 다양한 정보를 볼 수 있다.

4.5 미드저니 세팅

/settings를 입력하고 Enter를 누르면 그림 4.33과 같은 화면이 나오는 것을 볼 수 있다.

그림 4.33 미드저니 세팅 화면

표 4.1 미드저니의 다양한 세팅

구분	내용
RAW Mode	RAW Mode 버튼을 활성화시키면 미드저니의 개입을 줄이고 자신이 쓴 텍스트를 중심으로 생성하도록 한다.
Stylize	스타일링의 정도를 말하는 것으로 미드저니의 개입 정도를 낮음(low), 중간(med), 높음(high), 매우 높음(very high)으로 설정할 수 있다. Stylize low ——s50 Stylize med ——s100 Stylize high ——s250 Stylize very high ——s750
Public mode	상위 플랜을 사용할 경우 Public mode를 끄면 자신이 만든 이미지를 다른 사람이 보지 못하게 할 수 있다.
Remix mode	이미지에 추가적인 프롬프트를 넣는 명령이다.
High Variation Mode	4장의 변형을 더욱 강하게 할 것인지 약하게 할 것인지를 결정할 수 있다.
Fast mode	이미지 제작의 속도를 조정한다. 다만, 가격에 따라 옵션을 선택할 수 있다.
Reset Settings	세팅을 초기화한다.

- **미드저니 모델 버전**: V1, V6(알파), 니지Niji 6(알파) 모델을 선택할 수 있다.

자신이 원하는 정도로 세팅 값을 변형시키고 작업을 할 수 있다. 특히 미드저니의 경우 이전 버전으로 작업을 할 수 있다.

그림 4.34 미드저니 버전 모델의 선택

미드저니는 버전 1부터 시작해서 현재 6.0까지 나왔다. 니지 모드의 경우 버전 6까지 나와 있다. 앞으로 더 추가적으로 버전이 상향될 것이고, 버전이 올라갈수록 점점 더 디테일한 표현이 가능해질 것이다. 또한, 하위 버전을 사용할 수 있도록 한 것은 때로는 하위 버전의 이미지가 일정한 느낌을 만들어주기 때문이기도 하다. 미드저니 모델 모드는 일반적으로 실사의 느낌을 준다고 하면 동일한 텍스트를 입력해도 니지 모드의 경우 만화 그림체에 가까운 모습을 보여주게 된다.

그림 4.35 니지 모드를 이용해 작업한 사진

현재 미드저니는 6 혹은 7 버전이 나오면서 변할 수 있다. 미드저니는 버전이 올라갈수록 이미지의 성능이 개선되고 있다.

4.6 이미지를 이용한 작업

자신이 갖고 있는 이미지를 이용해 이 이미지와 비슷한 느낌으로 작업물을 만들어 가는 것도 가능하다. 그래서 갖고 있는 이미지에 그림, 3D, 혹은 어떤 스타일을 입혀서 만드는 것도 가능하다.

Shift 키를 누른 상태에서 이미지를 드래그해서 프롬프트 창에 넣으면 그림 4.36과 같이 되는 것을 볼 수 있다.

그림 4.36 프롬프트창에 Shift 키를 누르고 드래그해서 넣은 사진

드래그해서 넣은 사진은 연필(✏) 모양 버튼을 클릭하면 이름을 수정할 수 있다.

Enter 키를 누르면 사진이 업로드된다. 혹은 우선 자신이 선택한 이미지를 Shift 키를 누른 상태에서 프롬프트 창에 드래그해서 넣는다. 그러면 이미지가 바로 올라가는 것을 볼 수 있다.

올라간 이미지를 클릭한다. 그러면 **브라우저로 열기**를 선택할 수 있다.

그림 4.37 브라우저로 열기를 클릭하기

업로드된 사진을 **브라우저로 열기**를 누르면 웹상에 창이 뜨는 것을 볼 수 있다. 그 창의 인터넷 주소를 복사한다. 이러한 방식은 우리가 올린 사진을 웹상에 저장하고, 그 저장된 링크를 통해서 이미지를 인식하고 거기에 명령어를 추가하는 방식이라 할 수 있다. 그리고 동일하게 /imagin prompt 인터넷 창 주소, 자신의 명령어를 넣으면 이미지가 생성되는 것을 볼 수 있다.

그림 4.38 니지 스타일로 만들기

그림 4.39를 보면 웹상의 주소, cute pixar style, black hair라는 명령어, 50 정도의 스타일링, 스타일 로^{style raw}로 해서 텍스트를 잘 따르는 명령어가 들어가 있는 것을 볼 수 있다.

그림 4.39 귀여운 픽사 스타일(cute pixar style)로 표현

그림 4.40 귀여운 웨스 앤더슨 스타일(cute Wes Anderson style)로 표현

세팅에서 Raw Mode와 Stylize low를 이용해 AI의 개입을 최소화하는 방식으로 설정을 했다. 얼굴의 느낌은 동일하게 표현되지 않고, 전체적인 구도, 배경, 의상의 톤과 컬러 등은 유사하게 만드는 느낌이 있었다. 여러 번 작업을 하고, 텍스트로 제한 사항을 넣는 것을 통해 조금 더 원하는 이미지에 가깝게 만들 수 있었다. 하지만 얼굴의 인상을 동일하게 만드는 것에는 일정한 한계가 있었다. 이러한 한계는 AI와 어울리지 않는다. 이런한 문제들은 스테이블 디퓨전에서 컨트롤넷ControlNet을 이용하면 해결할 수 있다.

"AI 이미지는 자신이 원하는 것을 다 가능하게 만들 수 있다.
다만 사진, 3D, AI 프로그램, 포토샵을 모두 다룰 수 있어야 한다."

4.7 다양한 명령어 – 블랜드, 리믹스, tune, seed 값, Sref, Cref

다양한 명령어가 나온 이유는 텍스트로만 표현하기 어려운 한계 때문이다. 또한, 여전히 문제가 되는 것은 지속적으로 동일한 이미지를 만들기 어렵다는 태생적 한계가 있다는 점이다. Sref는 스타일이 비슷한 이미지를 만드는 명령어이고 Cref는 캐릭터가 비슷하게 이미지를 만드는 명령어. 앞으로 다양하고 새로운 명령어가 더 많이 등장하게 될 것이다. 이것을 모두 이해하면 좋겠지만, 너무 조바심을 낼 필요는 없다. 이러한 다양한 명령어는 편의성을 위한 것이므로 본질적 생성에 도움을 주기 위한 방법으로 이해하면 좋다. 몇 가지를 알아보겠다.

1) 블랜드 명령어를 이용한 합성

/blend라고 입력하면 이미지를 넣을 수 있는 창이 나오게 된다. 거기에 여러 이미지를 넣을 수 있다. 블랜드 명령어는 이미지를 넣고 그것을 기반으로 합성을 할 수 있다. 추가 옵션에서 모양을 Landscape가로, Portrait세로, Square정방향로 선택할 수 있다.

/blend를 누르면 그림 4.41과 같이 이미지를 드래그해서 넣을 수 있다.

오른쪽 하단에 **더 보기**를 누르면 이미지를 더 넣을 수 있고 옵션 부분에 모양을 설정하는 것도 가능하다.

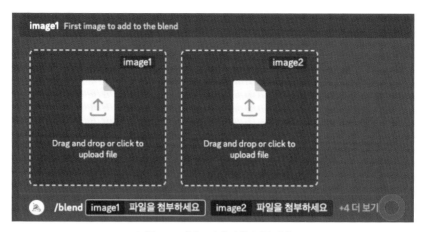

그림 4.41 /blend 화면을 누른 상황

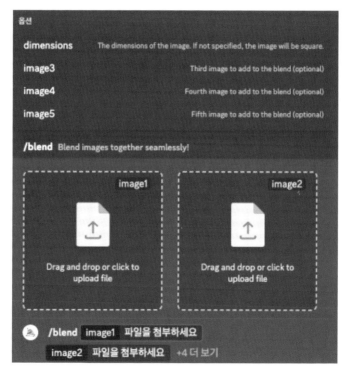

그림 4.42 더 보기 버튼을 누르면 옵션을 볼 수 있다.

그림 4.42의 가장 위에 있는 dimentions를 누르면 세 가지 형태, Portrait, Square, Landscape 의 모양으로 출력을 할 수 있는 옵션이 주어진다.

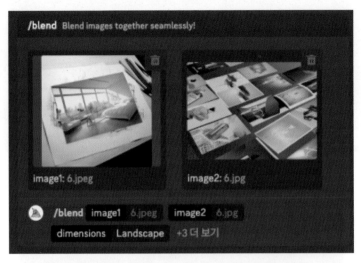

그림 4.43 2장의 이미지를 넣고 Landscape 모양의 옵션을 선택한 상태

이렇게 넣은 후 Enter 키를 누르면 블랜드된 이미지를 생성한다.

그림 4.44 /blend 명령을 이용해 합성된 이미지를 만들어낸다.

2) Remix mode

Remix mode는 /setting에서 설정을 하는 것이 가능하다. Remix mode는 만들어진 이미지를 한 번 더 수정하는 명령을 넣는 방식이다. 기본값은 Remix mode가 꺼져 있다.

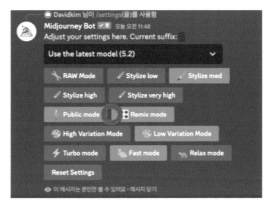

그림 4.45 /setting에서 Remix mode를 실행한 상태로 만들기

이 모드는 4장의 사진에서 V1, V2, V3, V4(Variation), 확대 시의 Vary(Strong), Vary(Subtle) 상황에서 사용이 가능하다. 그림 4.45의 이미지에서 Remix mode를 켜고 작업을 진행해보겠다.

그림 4.46 Vary(Strong)을 누른 장면

Vary(Strong)을 누르고 나면 이처럼 Remix Prompt를 넣을 수 있다. 여기에서는 'macbook^맥북'이라는 키워드를 넣었다. 그리고 **전송** 버튼을 누른다.

그림 4.47 Remix Prompt 창

그러면 그림 4.48과 같이 맥북이 합성되거나 등장된 이미지로 생성된 것을 볼 수 있다.

그림 4.48 Remix mode를 이용해 'macbook' 키워드를 넣은 이미지

3) Tune 기능

/tune 기능을 이용해 스타일을 만들 수 있다. 여러 이미지를 선택을 통해 결정하는데, 이것은 비슷한 이미지를 만들 수 있는 선택 방법을 제공한다. 예를 들어, 미드저니에서 /tune이라고 입력하고 원하는 프롬프트를 넣어보자. korean style girl이라는 키워드를 갖고 사진을 선택하면 스타일 넘버가 만들어진다.

그림 4.49 korean style girl, in the room--style 1fXr9FPHhGE0WtL1 —v 5.2

이러한 특정한 스타일에 대한 키워드를 넣으면 다양한 이미지 속에서도 유사한 스타일의 인물이 만들어지게 할 수 있다. 이것은 인물뿐 아니라 음식 사진 등 다양한 곳에 사용될 수 있다.

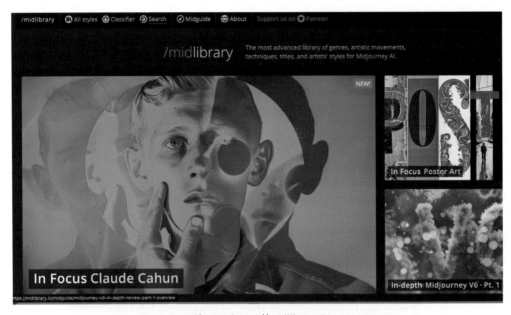

그림 4.50 https://midlibrary.io

그림 4.50 midlibrary를 검색하면 웹 페이지를 볼 수 있다. 여기에 다양한 스타일의 예시가 있다. 이를 참고해볼 수 있다.

4) describe 명령어

미드저니 프롬프트 창에 /describe라는 명령어를 넣으면 그곳에 이미지를 넣을 수 있다. 이는 프롬프트를 추출해 달라는 명령어다. 이미지를 넣고 그 이미지에 대한 프롬프트를 추출해주기 때문에 편리하게 이미지에 관한 프롬프트를 만들 수 있다.

5) 이미지를 제어하는 AR

이미지를 제어하는 AR 매개 변수는 --aspect다. 이미지의 비율을 결정한다고 보면 된다. 만약 ar 2:3, ar 16:9, ar 1:1로 하면 그 비율의 이미지가 만들어지게 된다. 그림 4.51을 보면 2:5로 만들어진 것을 알 수 있다.

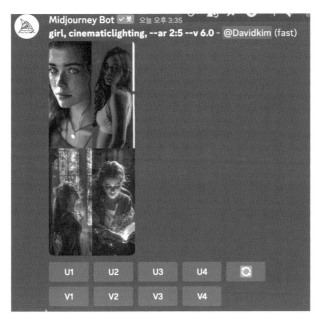

그림 4.51 가로세로 2:5 비율의 이미지

6) 카오스 명령어

카오스 명령어는 4개의 이미지 샘플이 얼마나 다르게 만들어지는지 결정한다.

Chaos 0, --chaos 100 chaos 100은 4장의 이미지 샘플의 의외성이 높아지는 명령어로 4개의 구분이 더 많아지게 만들 수 있다. 명령어는 그림 4.52, 그림 4.53과 같다.

그림 **4.52** 카오스 10 명령, unicon --c 10

그림 **4.53** 카오스 100, unicon --c 100

7) no 명령어

--no 명령어는 제거하고 싶은 것을 제거할 수 있는 명령어다.

그림 4.54 beautiful flower

그림 4.55 beautiful flower --no red

8) 이미지의 고유 번호 시드값

시드seed 값은 생성한 이미지의 고유 번호라 할 수 있다. 이러한 시드 값을 넣으면 유사한 이미지를 만들 수 있다. 하지만 시드 값을 일치시킨다고 해도 한계는 있다. 시드 값을 알아보자. 생성된 이미지 옆에 보면 웃는 얼굴 아이콘(☺)이 있다. 이것이 반응 추가하기 버튼이다. 웃는 얼굴 아이콘을 누르고 창에 envelope이라고 입력하면 그림 4.56처럼 봉투 모양의 아이콘(✉)이 나온다. 이 봉투 아이콘을 누른다.

그림 4.56 웃는 얼굴 아이콘 누르고 envelope 입력하기

오른쪽에 미드저니봇에 마우스를 가져가서 우클릭한다. 그러면 그림 4.57처럼 **메시지** 버튼을 누를 수 있게 된다.

그림 4.57 메시지 버튼 클릭하기

메시지 버튼을 누르면 그림 4.58처럼 시드 값을 확인할 수 있다.

그림 4.58 시드 값을 확인할 수 있다.

이러한 시드 값을 자신이 생성하는 것 뒤에 넣으면 비슷한 느낌을 만들 수 있다.

그림 4.59 시드 값 적용하기

9) 스타일의 연속성, 캐릭터의 연속성을 위한 Serf, Cerf

Sref, Cref는 스타일의 연속성, 캐릭터의 연속성을 지속시키는 명령어다. 캐릭터의 연속성 명령어를 사용하면 캐릭터의 유사성을 만들 수 있다. 앞서 이미지 생성형 AI는 동일한 이미지를 연속적으로 만드는 것에 어려움이 있었다. 이 명령어는 이러한 문제를 해결해줄 수 있다. 앞서 Tune, 시드 값 모두 이러한 것을 위한 명령어라 할 수 있다.

그림 4.60 girl photography

그림 4.60과 같이 선정된 사진을 웹 브라우저에서 열고 동일한 캐릭터로 Cref 명령어를 사용했다. 그러자 그림 4.61과 같은 결과를 얻었다.

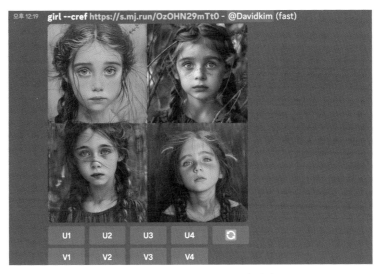

그림 4.61 Cref 명령어를 사용한 결과

Sref, Cref 두 가지 명령을 모두 사용했다. 그러자 그림 4.62와 같이 매우 유사한 인물과 분위기를 만들 수 있었다.

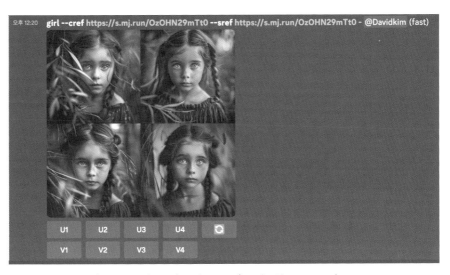

그림 4.62 Sref = Style reference / Cref = Character reference

추가적으로 알아두면 좋을 만한 명령어를 키워드 중심으로 알아보겠다.

- **창의적 표현**: --test, --creative

- **완성을 멈추는 매개 변수**: --stop 60(60%까지 작업한 결과물을 보여준다.)

- **가중치 명령어**: ':::'을 넣으면 가중치가 증가한다. 예를 들어, cup:: cake를 프롬프트 창에 넣는다. 그리고 이번에는 cup cake::를 프롬프트 창에 넣는다.

그림 4.63 cup:: cake(컵에 가중치를 둔 이미지)

그림 4.64 cup cake::(케이크에 가중치를 둔 이미지)

112

4.8 챗GPT를 이용하는 등 다양한 프롬프트를 생성

챗GPT를 이용해 프롬프트를 생성시키는 방법도 있다. 이러한 프롬프트를 만들어주는 것을 통해 커스터마이징할 수 있다. 또한, 앱 스토어^{app store} 처럼 이미 이러한 것들이 만들어져 있다.

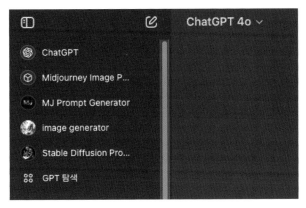

그림 4.65 챗GPT에서 활용하는 애플리케이션의 모습

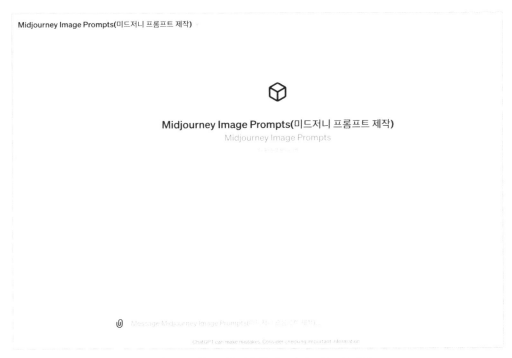

그림 4.66 챗GPT를 이용해 미드저니 프롬프트 제작

챗GPT에서 'kimdaewook'으로 검색하면 저자가 만든 이미지 생성형 AI를 찾을 수 있으며, 이것을 이용해 미드저니용 프롬프트를 제작할 수 있다.

그림 4.66은 저자가 챗GPT를 이용해 미드저니 프롬프트를 제작해 달라고 주문한 것이다. 미드저니는 한글을 지원하지 않기 때문에 이전에는 영어 번역기를 이용했는데, 챗GPT를 이용하면 한글로 다양한 질문들을 만들 수 있다.

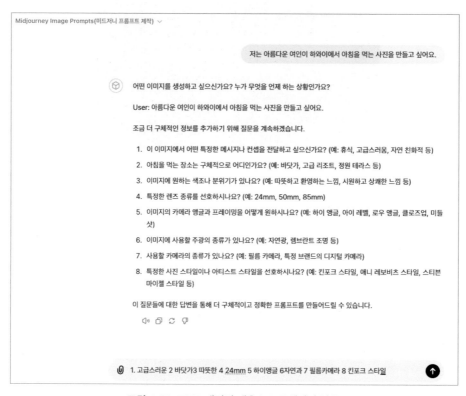

그림 4.67 프로그래밍된 내용으로 구체적인 질문

그림 4.67를 보면 '누가, 언제, 어디서, 무엇을'에 관한 질문을 했다. 그러면 다시 이러한 것에 관한 세부 질문을 챗GPT가 하는 것을 볼 수 있다. 이것은 이러한 질문을 하도록 프로그래밍을 미리 해놓았기 때문이다. 이러한 챗GPT 프로그래밍이 어려운 것은 아니니 따로 공부할 수 있다. 그림 4.67에서 답을 빠르게 해봤다. 1번 고급스러운, 2번 바닷가 등등 챗GPT는 문맥을 이해하기 때문에 쉽게 프롬프트 작성을 할 수 있다.

1번 프롬프트: 고급스러운 바닷가에서 아침을 먹는 여인

/imagine prompt: A beautiful woman enjoying breakfast by the beach in Hawaii, elegant and sophisticated setting, warm atmosphere, shot with a 24mm lens from a high angle, natural lighting, filmed with a film camera, in Kinfolk style --v 5 --ar 16:9 --q 2

2번 프롬프트: 바닷가에서 고급스러운 아침 식사

/imagine prompt: An elegant woman having a luxurious breakfast on the beach in Hawaii, surrounded by the serene ocean, warm and inviting colors, 24mm lens high angle shot, natural light, captured with a film camera, in Kinfolk style --v 5 --ar 16:9 --q 2

3번 프롬프트: 하와이 바닷가의 고급 아침 풍경

/imagine prompt: A sophisticated woman dining by the Hawaiian seaside during breakfast, exquisite and refined setting, warm tones, photographed with a 24mm lens from a high angle, using natural light, shot on a film camera, Kinfolk style --v 5 --ar 16:9 --q 2

4번 프롬프트: 고급스러운 바닷가 아침 식사

/imagine prompt: A beautiful lady enjoying an upscale breakfast at the beach in Hawaii, elegant surroundings, warm and cozy atmosphere, captured with a 24mm lens from a high angle, illuminated by natural light, taken with a film camera, in the Kinfolk aesthetic --v 5 --ar 16:9 --q 2

5번 프롬프트: 바닷가에서의 여유로운 아침

/imagine prompt: A refined woman having a luxurious breakfast by the Hawaiian beach, high-end and sophisticated ambiance, warm and inviting feeling, shot with a 24mm lens from a high angle, natural lighting, using a film camera, in Kinfolk style --v 5 --ar 16:9 --q 2

각 프롬프트는 약간씩 다르게 접근하여 다양한 느낌을 줄 수 있도록 작성하였습니다. 원하는 느낌에 가장 가까운 프롬프트를 선택하여 사용해보세요.

그림 4.68 챗GPT가 만들어준 프롬프트들

그림 4.69 챗GPT가 만들어준 프롬프트를 복사 붙여넣기 해서 생성한 이미지

이미지 생성형 AI를 사용하는 이유는 크게 세 가지를 생각해볼 수 있다.

첫째, 빠르게 생성할 수 있다. 생성을 위한 시간은 20여 초다. 그런데 챗GPT를 이용하게 여러 개의 프롬프트를 빠르게 생성하고, 30초 정도면 복사 붙여넣기 하면 5개의 이미지를 돌릴 수 있고, 그러면 20장의 이미지를 확보할 수 있다.

둘째, 효율적이다. 사진을 촬영하기 위해서는 모델, 소품, 장소 등이 필요하다. 생성은 이러한 비용이 거의 들지 않는다.

셋째, 자유롭다. 상상하는 모든 것을 만들 수 있고, 상상하지 않은 것까지 만들어주는 경우도 있다.

이러한 특성에 적합하게 사용을 할 필요가 있다. 챗GPT를 이용하면 이러한 작업의 효율성을 쉽게 더 높일 수 있다.

4.9 키워드 만드는 방식

사진 이미지를 만들기 위해서는 사진 용어를 이해하면 좋다. 촬영과 관련된 카메라, 렌즈, 조명, 컬러, 특수 필름 등 다양한 사진 영상 용어가 사용될 수 있다.

사진과 관련된 다양한 키워드

프레이밍의 정도에 관한 용어:
익스트림 클로즈업(extreme close-up), 클로즈업(close-up), 미디엄 샷(medium shot), 롱 샷(long shot), 익스트림 롱 샷(extreme long shot), 오버더 숄더 샷(over-the shoulder shot)

카메라 앵글에 관한 용어:
하이 앵글(high angle), 항공 사진 뷰(bird's eye view), 로 앵글(low angle), 아이 레벨 앵글(eye-level angle)

셔터스피드에 관한 용어:
하이 스피드(high speed), 슬로 스피드(solw shutter speed)

렌즈의 선택에 관한 용어:
마크로 렌즈(macro lens), 와이드 렌즈(wide angle lens), 텔레포토 렌즈(telephoto lens) 어안 렌즈(fish-eye lens)

초점 범위와 관련된 용어:

보케(bokeh), 틸트 시프트 렌즈(tilt shift phorography) 피사계 심도(depth of field)

라이팅 용어:

정면광(front light), 측면광(side light), 렘브란트 라이트(Rembrandt light), 버터플라이 라이트(butterfly light), 반역광(semi-backlight), 역광(backlight)

그 외:

로 키(low key), 하이 키(high key), 웜 톤 라이팅(warm tone lighting), 3200K, 콜드 톤 라이팅(cold tone lighting), 6500k, 컬러풀 라이팅(colourful lighting), 스튜디오 라이팅(studio lighting), 코다크롬(Kodachrome), 일포드 팬(Ilford pan) 135mm, 폴라로이드(polaroid), 필름 카메라(film camera), 소니(Sony), 캐논(Canon), 니콘(Nikon) 카메라

실상 미드저니에서 가장 중요한 부분은 텍스트를 어떻게 설정하는가 하는 부분이다.

이번에는 다양한 방식으로 다른 사람이 만들어놓은 키워드를 참고할 수 있다. 그리고 아래에 소개하는 것과 같이 다양한 이미지 생성형 AI를 만들 수 있는 곳도 있다. 둘러보면 도움이 될 것이다.

이러한 곳에서는 생성된 텍스트를 볼 수 있는데 텍스트를 복사해서 시작해보는 방법도 있다.

1) 미드저니 쇼케이스(https://www.midjourney.com/showcase/recent)

구글에서 미드저니 쇼케이스를 검색할 수도 있다.

그림 4.70 미드저니에서 생성된 이미지를 모아놓은 쇼케이스

2) 미드라이브러리(https://www.midlibrary.io/)

다양한 아이디어를 정리해놓은 사이트다. 이곳에서 아이디어를 얻어서 그것을 키워드로 사용하면 된다. 미드저니 버전에 따라 정리를 해놨기 때문에 버전에 따른 일정한 아이디어를 얻기 유리하다. 또한, 작가, 컬러, 스타일, 아티스트 포토그래퍼, 그림체 등 다양한 아이디어가 있다.

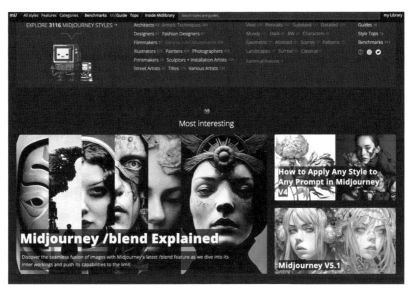

그림 4.71 미드라이브러리

3) 렉시카(https://lexica.art/)

자신이 원하는 이미지를 검색해볼 수 있다. 검색한 이미지를 통해, 추려진 이미지를 보면서 자신이 원하는 것을 찾아갈 수 있다. 또한, 이미지 생성도 가능하다.

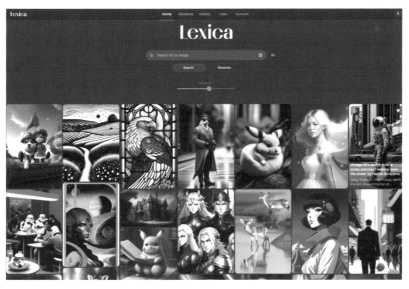

그림 4.72 렉시카

4) 레오나르도 AI(https://app.leonardo.ai/)

다양한 이미지와 프롬프트 텍스트를 볼 수 있다.

그림 4.73 레오나르도 AI

5) 플레이그라운드 AI(https://playgroundai.com)

검색 이미지 생성이 가능하다.

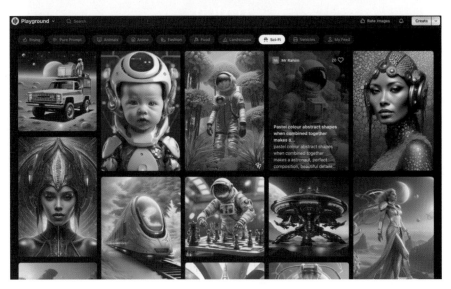

그림 4.74 플레이그라운드

6) 딥드림 제너레이터(https://deepdreamgenerator.com/)

그림 4.75 딥드림 제너레이터

이와 같이 다양한 곳에서 이미지 생성을 진행하고 있다. 흥미로운 점은 다양한 사이트에서 제시하는 이미지 생성 AI의 방식이 많이 다르지 않다는 점이다. 우선 텍스트 기반으로 하는 방식이 있고, 자신이 이미지를 제공하고 이를 기반으로 제작을 할 수 있는 방법도 있다.

수동화된 이미지 생성형 AI, 스테이블 디퓨전

스테이블 디퓨전은 웹에서뿐만 아니라, 내 컴퓨터를 이용해 이미지를 생성해낼 수 있는 방식이다. 좀 더 커스텀화돼 있기도 하고, 이미지 생성 AI가 자유로운 이미지를 만드는 것도 가능하다. 또한, 자신이 원하는 학습 모델을 설정할 수 있다.

스테이블 디퓨전은 이미지 생성을 하는 것이 본인의 컴퓨터라고 생각하면 된다. 물론 구글 코랩^{Colab}을 이용할 수도 있다. 체크포인트^{Checkpoint}라는 것은 메인 알고리듬이라고 생각하면 된다. 그리고 로라^{Lora}는 보조적인 역할을 해주게 된다. 쉽게 생각해서 체크포인트가 달라지면 주요한 화풍, 실사 느낌의 여부가 달라진다고 보면 좋을 것 같다. 로라는 특정 영역에 이미지의 미묘한 변화를 만들어낼 수 있다.

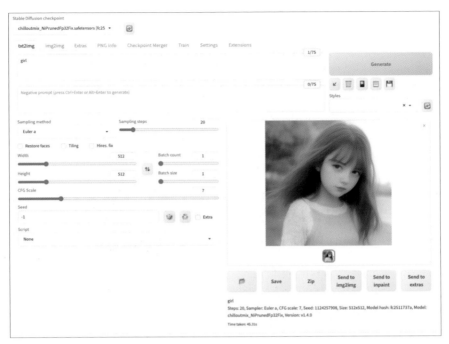

그림 5.1 girl을 키워드로 스테이블 디퓨전을 이용한 경우

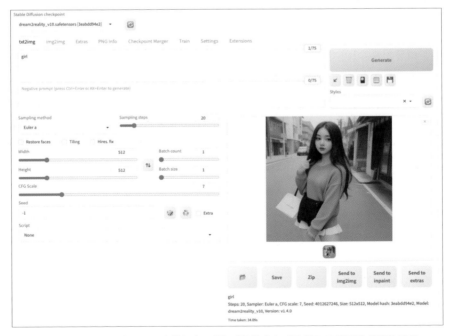

그림 5.2 girl을 키워드로 스테이블 디퓨전을 이용했지만 다른 체크 포인트를 사용한 경우

여기에 로라를 추가하면 또 조금 다른 느낌의 이미지가 만들어지게 된다.

그림 5.3 girl을 키워드로 스테이블 디퓨전을 이용하고,
체크포인트는 칠아웃믹스(Chillout Mix) 사용, 로라는 FilmVelvia3 사용한 경우

스테이블 디퓨전은 이처럼 체크포인트, 로라를 넣을 수 있고, 샘플링 방법, 샘플링 단계 시드 값 등 다양한 정보를 조합해 이미지를 생성할 수 있다. 또한, 커스텀화된 이미지를 만들 수 있는 장점이 있지만, 사용법이 복잡할 수 있다. 하지만 여러 가지 이미지의 문제를 해결하는 것이 가능한 장점이 있다. 즉, 이미지 생성의 자유도가 높다. 미드저니와 같은 곳에서는 성적인 키워드, 폭력적인 키워드 등이 제한이 되는 경우가 있지만, 스테이블 디퓨전의 경우는 이러한 제한에서 조금은 더 자유롭다. 그리고 여전히 프로그램이 개발, 업그레이드 중이기 때문에 발전 가능성은 높지만 일정하게 오류도 있을 수 있다. 우선 다양한 체크포인트와 로라를 적용해 다른 톤의 이미지를 만들어낼 수 있다. 이러한 체크포인트 및 로라 등을 공유하는 곳은 CIVITAI, 허깅 페이스 Hugging Face 등이 있다.

5.1 CIVITAI, 허깅 페이스

1) CIVITAI(https://civitai.com/)

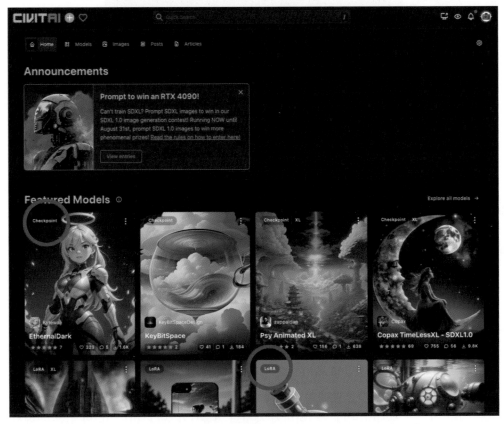

그림 5.4 CIVITAI의 다양한 체크포인트와 로라

CIVITAI 홈페이지에 가면 많은 모델을 볼 수 있다. 여기에는 체크포인트와 로라를 다운로드할 수 있다. 다운로드한 것을 스테이블 디퓨전에 입력시키고 사용하는 형태라고 보면 된다.

또한, 이미 생성된 이미지가 어떤 방식으로 생성된 것인지에 대한 상세 정보가 모두 나와 있다. 이 때문에 이를 잘 따라가면서 이미지를 제작해볼 수 있다.

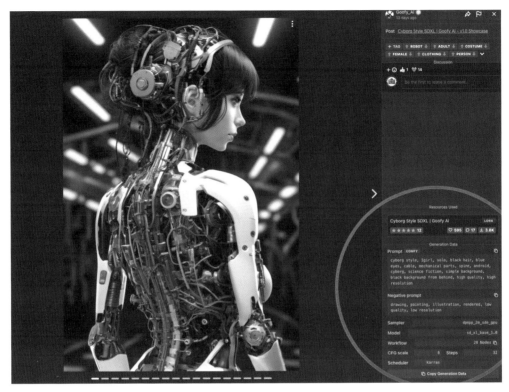

그림 5.5 CIVITAI로 작업한 이미지

CIVITAI에 가면, 프롬프트, 시드 값, 샘플 방식 등을 구체적으로 확인할 수 있다.

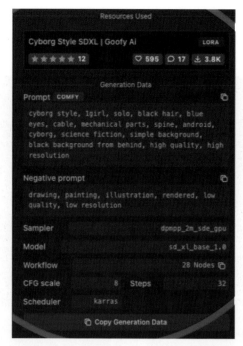

그림 5.6 어떤 방식으로 생성했는지에 대한 정보를 확인할 수 있다.

스테이블 디퓨전에는 이러한 것들을 복사해서 그대로 입력을 하는 방식으로 제작해볼 수 있다.

프롬프트의 내용을 볼 수 있고, Negative prompt와 같은 프롬프트 정보와 어떤 모델로 만든 것이고 어떤 로라를 사용했는지 알 수 있고, sampling method, seed 정보와 Steps 정보를 비슷한 설정으로 조절하면 기존에 만들었던 것과 비슷한 정보의 이미지를 만들 수 있다. 이처럼 수동으로 조절할 수 있는 다양한 변수와 방법이 있기 때문에 이를 활용해 더욱 다양한 이미지를 제작할 수 있다.

2) 허깅 페이스(https://huggingface.co/)

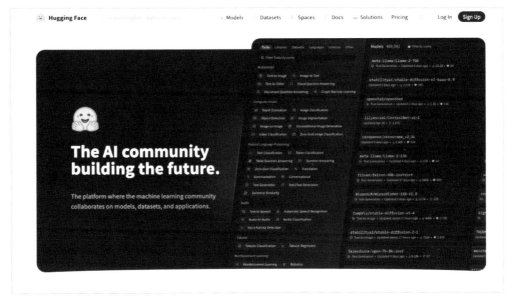

그림 5.7 허깅 페이스

허깅 페이스는 오픈소스 커뮤니티로 세계적인 AI 플랫폼이다. 물론 여기서도 체크포인트, 로라 등을 다운로드할 수 있다.

5장에서 스테이블 디퓨전에 관해 상세하게 설명하지는 않겠다. 다만 미드저니에 사용하는 모든 기능이 스테이블 디퓨전에서 수동으로 할 수 있다는 점을 이해하면 된다. 방식이 거의 비슷하다. 스테이블 디퓨전은 긍정 프롬프트와 부정 프롬프트를 작성하게 돼 있다. 그리고 수많은 체크포인트, 로라와 같은 학습 데이터를 적용할 수 있다. 또한, 컨트롤넷을 이용해 다양한 방식으로 수정 보완을 하는 방법이 있다. 결국 이렇게 다양한 방법을 제시하고 있는 것은 생성형 AI가 원하는 것을 생성하지 못하거나 오류가 발생하기 때문이다.

5.2 스테이블 디퓨전에서 컨트롤넷의 다양한 기능

먼저, 스테이블 디퓨전에 컨트롤넷을 설치해야 한다. 그러면 컨트롤넷의 설정을 할 수 있는 부분이 생기게 된다. 이러한 모든 기능을 알고 이해하면 좋겠지만, 우선 어떤 기능이 있는지 알아보고 이러한 것을 해결할 수 있는지 확인하겠다. 어차피 이러한 기능들은 계속 새로운 것으로 업데이트 되거나 개발될 것이다. 이러한 기능을 수행하는 방법이 있다는 것을 이해하는 것이 중요하다.

표 5.1 컨트롤넷의 다양한 기능

명칭	감지 부분	수정 가능한 점
Canny	가장자리 감지	가장자리 선을 감지해 적용
Lineart	가장자리 감지, 그림 표현	가장자리 선을 감지해 적용
Softedge	가장자리 감지, 노이즈가 적다	가장자리 선을 감지해 적용
Scribble	가장자리 감지, 스케치처럼 표현	가장자리 선을 감지해 적용
MLSD	직선 형태의 가장자리 감지, 건물	선을 감지해서 생성 시 적용
Depth	피사체의 원경, 중경, 근경 감지	원근감 오류 교정 및 적용
Normal	이미지의 각 면의 덩어리 감지	덩어리 감, 형태 교정 및 적용
Openpose	눈, 코, 목, 어깨, 손목 등 위치 감지	모델의 포즈 변경 가능
Mediapipe	얼굴 방향 및 눈코 입 위치 감지	표정 변경 가능

컨트롤넷의 오픈포즈[Openpose]를 사용하기 위해서는 자신이 갖고 있는 이미지를 이용해서 이미지를 넣는다. 그러면 그것으로 이미지를 제작할 수 있다.

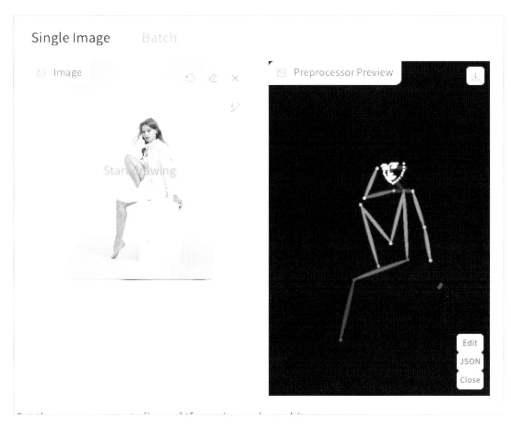

그림 5.8 오픈포즈로 이미지를 넣고 추출

오픈포즈로 이미지를 넣고 추출을 한 장면에서 관절의 모양은 수정이 가능하다. 이러한 포즈로 이미지를 생성할 수 있도록 도와주는데, 만약 이것을 텍스트로 설명하려고 한다면 매우 어려울 것이다.

스테이블 디퓨전의 경우 자유도가 높지만, 선택할 부분이 많기 때문에 복잡하게 느낄 수 있다. 다만 어떤 것을 사용해야 하는지가 중요하다기보다는 어떤 것을 이용해 자신이 원하는 이미지를 만들 수 있는지가 중요하다.

"사진, 3D, AI, 포토샵을 통해 어떤 것을 만들 수 있는지를 이해하는 것이 중요한 부분이다."

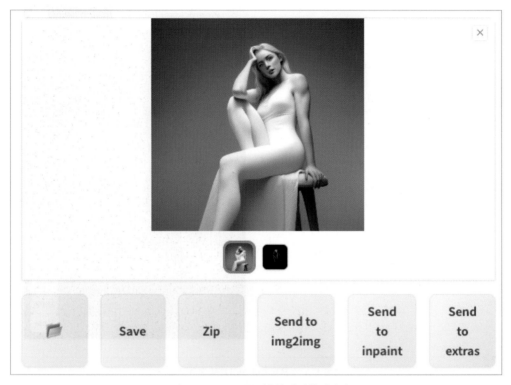

그림 5.9 오픈포즈를 이용해 생성한 이미지

그림 5.9를 보면 이처럼 포즈가 비슷한 이미지가 생성된 것을 볼 수 있다.

캐니^{Canny}의 경우 자신이 원하는 이미지를 업로드한다. 그러면 선으로 추출한 것을 볼 수 있다. 이러한 선을 기반으로 이미지를 추출하게 되는 형식이다.

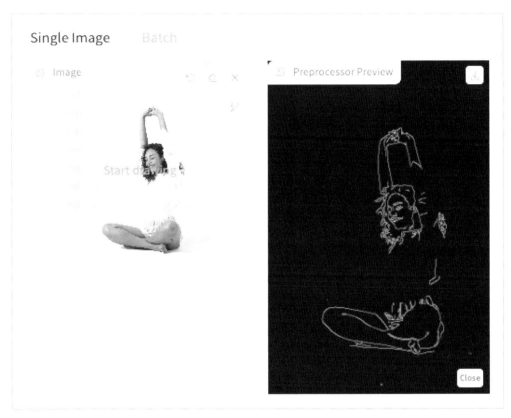

그림 5.10 Canny를 이용해 에지(edge) 부분을 추출

이러한 컨트롤넷은 자신이 그림을 그리고 원하는 형태로 이미지를 만들어낼 수도 있다. 또한, 자신이 원하는 사진과 같은 형태, 같은 구조 등을 재현할 수 있다. 이렇게 함으로써 미드저니에서 해결하기 어려운 부분들을 다양한 방식으로 해결할 수 있다.

06

프로가 말하는
좋은 사진의 조건들

이미지 제작 도구를 어떤 것을 사용하든 좋은 사진을 만들기 위한 일정한 기준이 필요하다. 좋은 사진은 다양한 측면에서 존재할 수 있다. 또한, 좋은 사진이라는 것은 매우 주관적일 수 있다. 하지만 일반적으로 프로가 말하는 좋은 사진은 창의적인 사진(주제와 내용), 주제가 있는 사진, 스토리가 있는 사진이다.

> "사진은 내용과 주제에 따른 창의성과, 해상도, 화질 등 기술적 완성도와 독창적 표현의 창의성
> (컬러, 구도, 순간 포착, 조명, 뷰 포인트, 프레이밍)이 있다."

다음은 좋은 사진을 분류하는 다섯 가지 기준이다.

1. 내용적 측면(콘셉트, 철학적 사고)이 좋은 사진

2. 피사체의 이야기를 담고 있는 사진

3. 일정한 감성(기쁨, 슬픔, 두려움, 사랑, 미움 등등)이 느껴지는 사진

4. 이미지 표현(컬러, 톤, 분위기, 질감, 해상도)이 좋은 사진

5. 위의 내용이 없어도 뭔가 감동적인 사진

6장 / 프로가 말하는 좋은 사진의 조건들   135

앞으로는 사진으로 이미지를 활용할 수 있고, 생성형 AI 이미지로 이미지를 만들고, 후반 작업 프로그램인 포토샵을 이용할 수 있다.

"AI, 3D, 사진이 등장했어도 본질은 변한 것이 없다."

6.1 내용적 측면이 좋은 사진

AI 시대에 과거로 돌아가는 것은 어리석은 생각이라 할 수 있으나, 이미지의 본질은 미술의 시대에도, 사진의 시대에도, AI 이미지의 시대에도 다르지 않다.

그림 6.1 알프레드 아이젠슈테트(Alfred Eisenstaedt)의 작품 '수병의 키스'

그림 6.1을 보면 '수병의 키스'는 열정적인 수병의 모습과 기쁨을 잘 느낄 수 있다.

그림 6.2 앙리 카르티에 브레송(Henri Cartier Bresson)의 작품 '와인을 들고 가는 어린이'

'와인을 들고 가는 어린이'를 보면 어린이의 얼굴에서 뭔가 뿌듯한 자신감을 느낄 수 있다. 그림 6.2는 그러한 순간을 잘 포착한 사진이다.

이미지는 여러 분야에서 활용된다. 즉, 커뮤니케이션을 만들 수 있다. 스토리, 메시지, 은유 등이 담기게 된다. 이러한 것은 그것을 보는 사람들에게 심리적 영향을 주게 된다.

사진의 경우는 존재하는 것을 촬영하기 때문에 피사체를 바라보는 자신의 관점, 그리고 피사체와 자신과의 교감 과정을 거쳐 만들어지게 된다. 이러한 감성은 톤, 컬러, 조명 등이 영향을 미치고, 초점의 정도, 프레이밍, 구도, 앵글 등과 연결될 수 있다. 이러한 것이 조합돼 일정한 메시지와 느낌을 만들어낸다. 그래서 최종적인 결과물을 판단하는 능력은 모두 중요하다.

6.2 사진의 이야기

촬영된 사진에는 피사체가 존재할 것이고 이야기가 있는 사진과 그렇지 못한 사진이 있다. 우리가 미처 생각하지 못한 부분의 이야기라면 좋은 이야기가 될 수 있다. 이러한 것은 사진의 내용, 주제로 부를 수 있다. 그렇다면 어떤 내용을 갖고 있는지, 그리고 그 이야기를 극대화하고 효율적으로 표현하려면 어떤 방식을 선택하는 것이 좋을지를 생각하면 된다.

이야기는 이야기 자체의 스튜디움^{studium}, 독특성, 새로움 등이 중요할 수 있고, 이야기에 감동의 요인들이 있어서 푼크툼^{punctum}을 줄 수 있다면 좋은 이야기가 될 수 있다.

스튜디움, 푼크툼
롤랑 바르트(Roland Barthes)는 자신의 저서에서 스튜디움은 사진에서 보이는 일상적인 모습들을 이야기하고, 푼크툼은 내용 속에서 규정짓기 어려운 요소가 자신의 마음을 강하게 찌르는 것을 말한다고 했다.

> "모든 이미지는 사진의 내용(주제)과 그것의 표현으로 구분된다. 그래서 가장 중요한 것은 촬영하는 대상이다. 사진가는 이러한 대상의 꼼꼼한 관찰과 사랑으로부터 시작된다."

주제는 내용을 말한다. 주제는 커뮤니케이션의 내용이다. 그것이 스토리일 수도 있고, 주제의식일 수도 있고, 콘셉트일 수도 있고, 기획 의도일 수도 있다. 이러한 기획 의도를 위한 컬러 톤, 포커스의 조절, 크롭^{crop}, 밝기의 조절을 통해 주제를 잘 표현할 수 있게 도와야 한다.

6.3 감성이 느껴지는 사진

사진에 감성이 느껴진다는 것은 일정한 감정 반응이 일어난다는 것이다. 감성을 일으키는 방법에는 뭔가 아름답다고 느껴지거나, 충격적이라고 느껴지는 감성적 측면의 내용이 있을 수 있다. 그것은 모델의 눈빛으로 느껴지기도 하고, 무언가 아름다운 컬러에서 느껴지기도 하는 등 다양한 요인이 우리를 압도할 때 만들어지게 된다. 이것은 사진의 주제, 기획, 표현, 크기 등의 다양한 요인이 작용한다고 할 수 있다. 뭔가 감성이 느껴지기 위한 방법에는 주피사체의 에너지, 컬러, 조명의 느낌이 작용될 수 있다.

6.4 이미지 표현이 좋은 사진

이미지 표현은 어떤 앵글, 어떤 컬러, 어떤 프레이밍, 어떤 톤, 어떤 크기로 보여주는 것인가의 관점이다.

6.4.1 사진 구성의 기본 원칙 – 프레이밍, 앵글, 샷

좋은 사진을 만들기 위해서 가장 중요한 것은 피사체다. 멋진 피사체는 멋진 사진을 만들수 있다. 그리고 멋진 피사체를 더욱 강력하게 만드는 것이 구성과 프레이밍이라 할 수 있다. 어떻게 해서 그러한 것을 만들 수 있는지 알아보자.

그림 6.3 물놀이하는 어린이들

6.4.1.1 구성의 중요성 – 왜 좋은 구성이 필요한가?

좋은 구성은 이야기와 연결될 수 있다. 또한, 구성은 시각적 안정성과 연결될 수 있다.

사진에서 구성은 피사체의 배열, 구성을 말한다. 사진을 촬영할 때 만약 사람들의 위치를 이동시킬 수 있다면, 혹은 멈춰 있는 피사체의 위치를 바꿀 수 있다면 그것을 바꿔서 구성을 바꿀 수 있다. 그러한 구성을 바꾸는 방법은 생각보다 다양하다. 포토샵에서 다루는 방법은 사진의 부분을 잘라내거나 합성하는 것이다.

카메라 앵글을 변화시키거나 방향을 전환한다면 어떻게 될까? 이처럼 사진에서 피사체의 위치, 크기를 변화시켜 원하는 구성으로 만드는 것을 사진의 구도, 사진의 구성이라 한다. 그러면 사진의 프레이밍은 어떤 것일까? 사진의 프레이밍은 어느 정도로 주변을 잘라낼 것인지, 또는 어떤 방향으로 사진을 잘라낼 것인지를 정하는 것이다.

그림 6.4 소방차 이미지

사진은 일정한 시간과 공간을 잘라내 관람자에게 보여주는 것이다. 여기서 공간을 잘라내는 것, 시간을 잘라내는 것과 프레이밍은 밀접한 관련이 있다. 프레이밍은 촬영자가 일정한 시간과 공간을 잘라내기 때문에 촬영자의 주관적 의지가 들어갈 수 있는 부분이 있다. 예를 들어, 그림 6.4처럼 불이 나고 있는 사건의 현장 사진을 보자. 만약 사람들의 표정만을 프레이밍하거나, 불이 나고 있는 장면을 프레이밍하거나, 불이 나고 있지만 도착한 소방관의 모습을 프레이밍한다면, 사진의 이야기는 달라질 수 있다.

그림 6.5 소방차 부분으로 크롭

그림 6.6 다른 부분으로 크롭

그림 6.5와 6.6처럼 사진에서 어떤 부분을 보여줄 것이고 강조할 것인지를 생각해보는 것은 관점의 문제로 중요하다.

그림 6.7 강아지의 표정

그림 6.7은 강아지의 표정에 시선이 집중되는 사진일 것이다.

그림 6.8 눈 부분에 조명 사용

그림 6.8과 같은 인물 사진의 경우 가장 먼저 시선이 가는 곳은 여성의 얼굴, 눈 부분일 것이다. 이처럼 피사체의 구성, 프레이밍 조명, 톤과 컬러 등은 사진의 이야기를 변경시키는 중요한 요소다.

6.4.1.2 기본적인 프레이밍 및 구성 기법 – 그리드 시스템 활용하기

카메라에는 다양한 형태의 그리드를 만들 수 있다. 이러한 그리드는 3분할 그리드, 중앙 집중형 그리드 등 다양하다.

그림 6.9 포토샵의 3분할 그리드

그림 6.10 포토샵의 삼각형 그리드

그림 6.11 포토샵의 대각선 그리드

그림 6.12 포토샵의 황금 나선 그리드

그림 6.13 포토샵의 황금 비율 그리드

1) 균형 감각: 대칭과 비대칭 구성

"어떻게 하면 사람들이 좋아하는 사진을 만들 수 있을까 살펴보면,
가장 큰 핵심은 균형과 변화라는 말로 이해하면 흥미롭다."

사진의 구도는 균형을 이야기한다. 그런데 너무 균형만을 강조하다 보면 흥미가 떨어지게
된다. 그래서 균형과 변화의 적절한 지점을 찾아가는 것이 중요하다.

그림 6.14는 정가운데에 피사체를 두고 왼쪽과 오른쪽에 빈 공간을 균형 잡히게 구성했다.
이는 많이 사용하는 좌우 대칭형 구도다.

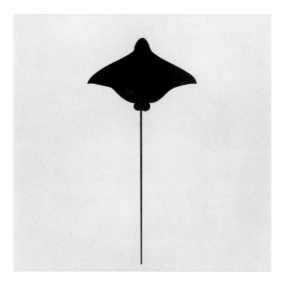

그림 6.14 좌우 대칭형 구도

그림 6.15는 삼각형으로 아래에 2개의 중심을 두고 위에 1개의 중심을 만들어 삼각형 모양으로 구성했다. 삼각형이라는 것은 기본적으로 넘어지지 않는 안정적인 구도다. 그림 6.15도 균형 잡힌 모습이 될 수 있다. 물론 아버지의 크기가 커서 균형이 오른쪽으로 쏠려 있기는 하다.

그림 6.15 삼각형 구도

그림 6.16과 같이 수직으로 구성된 피사체를 보면 일정한 균형점을 만들게 된다.

그림 6.16 수직 구도

그림 6.17과 같이 수평으로 구성된 피사체는 안정적인 느낌을 만들게 된다.

그림 6.17 수평 구도

그림 6.17은 수평 구도이면서 컬러로 변화를 주고 있고, 해안선의 끝부분은 황금 비율 정도로 조정돼 프레이밍된 것을 알 수 있다.

그림 6.18과 같이 수직과 수평이 함께 있는 구성도 견고하고 단단하며 안정적인 느낌을 만들게 된다.

그림 6.18 수평과 수직

후반 작업에서도 가장 기본적인 작업은 수직과 수평을 맞추는 작업이다. 포토샵에서는 그리드를 이용해 정확하게 맞출 수 있다.

앞서 언급했듯이 좋은 사진을 만들기 위해서는 균형과 변화가 중요하다.

이번에는 변화를 추구해보자. 그림 6.19는 화면을 삼등 분할하고 1/3 지점에 주요한 피사체를 놓고 촬영하는 것이다. 이것은 균형보다는 변화를 추구하는 구도라 할 수 있다.

그림 6.19 균형과 변화

그림 6.20과 같은 대각선 구도는 어떨까? 대각선으로 구성하면 상하좌우에 변화를 추구한다고 볼 수 있다.

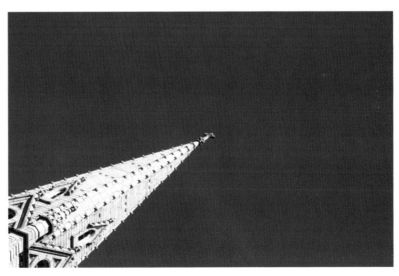

그림 6.20 대각선 구도

그러면 삼각형 구도의 반대인 역삼각형 구도는 어떨까? 삼각형보다는 일정한 변화가 있을 것이다. 또한, 그림 6.21과 같은 S자 구도의 경우는 변화를 추구한다.

그림 6.21 S자 구도

그러면 균형이 좋은가? 아니면 변화가 좋은 것인가? 이것은 표현하고자 하는 내용에 따라 맞추면 된다. 안정적이고 균형 잡힌 이미지를 표현하는 것이 좋다고 판단하는 경우는 균형적인 구도를 사용하고, 균형보다 변화를 원한다면 변화의 구도를 사용할 수 있다. 즉 자신의 의도에 따라 구도의 고려 및 결정을 할 수 있다.

눈길을 인도하는 요소들
사람의 눈은 어떤 것을 먼저 보고 어떤 순서로 볼까?
사람들은 관심 있는 것을 먼저 보게 된다.
사람들은 중앙에 있는 것을 먼저 보게 된다.
사람들은 일정하게 밝고, 디테일이 있는 것을 먼저 보게 된다.
그림 6.22의 사진을 보면서 자신이 어떤 순서로 이미지를 보고 있는지 살펴보자.

그림 6.22 코끼리 이미지

아마 대부분의 사람은 코끼리의 모습, 그리고 나무들을 먼저 봤을 것이다.

피사체, 밝기, 디테일은 보는 순서에 영향을 줄 수 있다. 자신이 원하는 스토리를 위해 이러한 구성, 피사체의 위치, 빛과 디테일의 순서를 바꿀 수 있다.

2) 카메라 앵글

구성과 연관된 것으로 카메라 앵글이 있다. 카메라 앵글에는 아이 레벨 앵글, 로 앵글, 하이 앵글, 웜스 아이 뷰worm's eye view(익스트림 로 앵글extrem low angle), 항공 사진 뷰(톱 뷰top view) 등이 있다.

아이 레벨 앵글은 자신의 눈높이에서 보는 앵글이다. 가장 자연스러운 뷰라고 할 수 있다. 로 앵글은 아래에서 위로 보는 것이고, 하이 앵글은 위에서 아래로 보는 것이다. 웜스 아이 뷰는 로 앵글에서 더 아래에서 보는 것이고, 항공 사진 뷰는 드론 뷰dron view라고도 하는데, 드론이 보는 것처럼 위에서 아래로 보는 것이다.

뷰 포인트는 일정하게 의미를 부여할 수 있다. 이미지를 생성하는 경우 이러한 점을 고려해야 한다.

그림 6.23 아이 레벨 앵글

그림 6.24 하이 앵글

그림 6.25 로 앵글

그림 6.26 항공 사진 뷰

편안한 느낌, 자연스러운 느낌의 아이 레벨 앵글, 고압적이고 내려다보는 하이 앵글, 우러러 보는 느낌의 로 앵글 등이 있는데, 이러한 앵글은 보는 느낌과도 연관돼 있지만, 구성에도 활용될 수 있다.

또한, 앵글은 이야기의 내용과도 연관될 수 있다. 로 앵글은 웅장해 보이는 이미지를 만들 수 있다. 그래서 인물을 로 앵글로 표현하면 조금 더 영웅 같은 느낌을 만들 수 있다.

"좋은 이미지를 위해서는 구성을 한번 생각해보자.
이러한 구성이 어떻게 하는 것이 좋은지 생각이 잘 떠오르지 않는다면 이처럼 앵글을 시도해보자."

3) 프레이밍

프레이밍은 촬영하는 넓이와 시간을 잘라내는 것이다. 사진과 영상에서 공간을 잘라내는 프레이밍을 샷shot이라는 용어로 표현하기도 한다. 샷에는 다음과 같은 종류가 있다.

- **익스트림 롱 샷**extreme long shot: 대상이나 캐릭터를 아주 멀리서 촬영하며, 주로 배경이나 환경에 초점을 맞춘다. 위치나 장소의 전반적인 상황 설명과 분위기, 규모를 보여줄 때 사용된다.

그림 6.27 익스트림 롱 샷

- **와이드 샷**^{wide shot}: 롱 샷과 비슷하지만 조금 더 가까운 거리에서 촬영된다. 주로 캐릭터의 전체 신체를 포함하면서도 주변 환경을 함께 보여준다.

그림 6.28 와이드 샷

- **미디엄 샷**: 일상적인 행동이나 상호작용을 보여줄 때 자주 사용된다. 그림 6.29를 보면 말과 사람의 교감을 느낄 수 있다. 만약 이 이미지를 롱 샷으로 표현했다면 이러한 교감보다는 전체적인 분위기에 말과 사람이 하나로 보이는 이미지로 해석될 것이다. 이처럼 샷에 따라 스토리의 구성이 달라지게 된다.

그림 6.29 미디엄 샷

- **클로즈업 샷** close-up shot: 얼굴이나 손을 클로즈업하는 것을 통해 캐릭터의 감정을 상세하게 전달하기 위해 사용된다.

그림 6.30 클로즈업 샷

- **익스트림 클로즈업** extreme close-up: 캐릭터 얼굴의 특정 부분(예: 눈동자, 입술)이나 객체의 작은 부분을 대폭 확대해 촬영한다. 중요한 디테일이나 강한 감정적 반응을 강조하기 위해 사용된다.

그림 6.31 익스트림 클로즈업

이상 여러 프레이밍 기법을 소개했다. 사진을 잘 만들기 위해서는 프레이밍을 한번 생각해보고 어떻게 구성하는 것이 좋은지 생각이 잘 떠오르지 않는다면 다양한 프레임을 한번 시도해보기 바란다. 포토샵에서는 크롭을 통해 이미지의 부분을 잘라내서 이러한 프레이밍을 만들 수 있다.

"촬영된 사진은 포토샵에서 크롭과 프레이밍을 통해 새로운 이야기를 만들 수 있다."

4) 고급 구성 및 프레이밍 기법

구성과 프레이밍을 하는 조금 더 고난도의 방법으로 다음과 같은 방법이 있다.

- **레이어링**layering: 전경, 중간, 배경을 활용한 깊이감 생성

- **색상과 구성**: 색상의 대비와 조화를 이용한 구성법

그림 6.32 원경, 중경, 근경을 통한 구성

사진에서의 구성을 깊이로 생각해볼 수 있다. 이러한 깊이의 표현은 사진의 단순함, 복잡함과 관련이 있다. 앞서 균형과 변화를 설명했는데 이번에는 주인공과 조연을 생각해보면 좋겠다.

주인공이 주인공답고 조연이 조연다울 때 좋은 이미지가 만들어질 수 있다. 예를 들어, 전경에 인물이 있고 배경이 아웃 포커스가 돼 있다면 주인공이 강조될 수 있다. 이러한 구성을 컬러로 진행할 수 있다.

그림 6.33 보색으로 톤 콘트라스트 만들기

예를 들어, 그림 6.33과 같이 빨간색 옷을 입은 사람이 파란 하늘을 배경으로 촬영하면 색상을 통해 공간감을 만들 수 있다. 이러한 것도 주인공을 강조하는 방법이 될 수 있다.

이러한 전통적 방법으로 틸 앤드 오렌지^{teal and orange} 기법이 있다. 이것은 영화에서 톤을 조절하는 방법으로 많이 사용된 기법이다. 이는 보색으로 톤 콘트라스트를 높이는 방법이다.

그림 6.34 인물의 오렌지 톤 얼굴과 배경의 푸른색을 이용

그림 6.35 틸 앤드 오렌지 기법

그림 6.34와 그림 6.35처럼 주인공과 조연의 구분이 강하게 있을 때 혹은 약하게 있을 때를 구성할 수 있다.

또한, 만약 의도적으로 공간을 비워두면 시선의 이용을 유도할 수 있다. 공간감을 강조할 수도 있고, 무게의 중심을 만들 수도 있다.

이러한 사진의 구성과 프레이밍은 사진 속의 이야기를 강조하고, 관람자에게 감동과 경험을 제공할 수 있는 역할을 하므로 사진작가는 어떤 의도를 갖고 프레이밍을 할 것인지, 구도를 만들 것인지, 컬러를 이용할 것인지, 아웃 포커스를 이용할 것인지를 생각하게 된다.

이러한 작업은 포토샵에서 크롭, 컬러, 아웃 포커스 등을 이용해 조절하는 것이 가능하다.

6.4.2 피사체

촬영되는 주 피사체는 사진의 주인공, 주연이다. 주연이 매력적이거나 멋지지 않다면 이미지가 좋을 수 없다. 이것은 매우 중요한 부분이다. 촬영에서 가장 중요한 것은 피사체다. 그리고 조연이 될 수 있는 배경이 있다.

그림 6.36 인물 이미지

6.4.3 조명

조명은 분위기를 만들 수 있다. 조명은 부드러운 조명과 딱딱한 조명, 따뜻한 조명과 차가운 조명, 화려한 조명과 평범한 조명, 입체감이 있는 조명과 입체감이 적은 조명이 있다. 이러한 조명의 분위기는 물론 촬영에서 만들어야 하지만, 포토샵 후반 작업을 통해 일정 부분 해결하는 것이 가능하다.

부드러운 조명은 콘트라스트가 작고, 넓은 조명이 일반적이다. 광원이 큰 부드러운 조명은 부드러운 느낌을 줄 수 있다. 예를 들어, 인물 사진의 경우 광원이 큰 조명을 사용해 부드러운 느낌을 줄 수 있다. 인물 중에서도 스포츠 사진처럼 역동적인 느낌을 주기 위해서 딱딱한 조명, 콘트라스트한 조명을 사용할 수 있다.

포토샵은 밝기와 톤을 조절할 수 있다. 또한, 빛이 들어가지 못한 곳에도 빛을 넣어줘 부드러운 조명처럼 수정 보완이 가능하다. 다만, 완벽하게 자연스러운 느낌을 만드는 것이 쉽지 않기 때문에 되도록 촬영 단계에서 이러한 부분을 고려해서 촬영하는 것이 좋다. 즉 포토샵을 이용해 대상을 어떻게 해석하고 볼 것인가를 결정하는 것이 중요하다.

그림 6.37 조명에 따른 분위기 차이

그림 6.38 포토샵을 이용해 조명을 넣은 사진

6.4.4 컬러와 톤

사진에서 컬러와 톤은 매우 중요한 요소다. 컬러와 톤은 이미지의 전반적인 분위기와 감정을 만들어내는 중요한 역할을 한다.

특정한 색상이나 톤은 이미지에 특정한 분위기를 만들 수 있다. 예를 들어, 따뜻한 색상은 따뜻함, 편안함, 친근감을 주고, 차가운 색상은 차갑고 고요하고 외로운 느낌을 만들 수 있다.

그림 6.39 조명의 방향과 컬러에 따라 시간대를 알 수 있는 이미지

컬러의 경우 일정한 상징성을 갖게 된다. 지역과 문화에 따라 일정하게 상징성은 다를 수 있으나 일반적인 코드로 작동하게 된다. 따라서 포토샵을 이용해서 특정한 색을 넣어주거나 변경하는 것을 통해 활용할 수 있다.

컬러의 상징성

빨강(red):

- 상징성: 사랑, 열정, 위험, 경고, 힘, 행운, 혈액
- 예시: 빨간 장미는 사랑을 상징하며, 정지 신호는 위험을 경고한다. 중국에서는 행운과 번영을 상징하기도 한다.

파랑(blue):

- 상징성: 평화, 신뢰, 로열티, 차가움, 슬픔
- 예시: '푸른 바다'는 평온을 상징하며, 파란색 슈트는 전문성과 신뢰성을 연상시킨다.

녹색(green):

- 상징성: 자연, 활력, 성장, 부러움, 재생, 평화
- 예시: 숲이나 나무는 자연과 성장을 상징하며, 녹색 신호등은 진행을 의미한다.

노랑(yellow):

- 상징성: 행복, 기쁨, 에너지, 경고, 지혜, 배신
- 예시: 태양은 에너지와 생명력을 상징하며, 노란색 경고 표시는 주의를 요구한다.

주황색(orange):

- 상징성: 에너지, 열정, 창의성, 모험, 열망
- 예시: 주황색을 사용하는 광고나 포스터는 에너지와 활력을 강조하려는 경우가 많다.

보라색(purple):

- 상징성: 권위, 신비, 슬픔, 로열티, 성스러움
- 예시: 고대 로마에서는 보라색이 권력과 부를 상징했으며, 종교적 맥락에서는 성스러움을 의미하기도 한다.

검정색(black):

- 상징성: 죽음, 우아함, 공식성, 미스터리, 악
- 예시: 많은 문화에서 검은색 의복은 애도나 슬픔을 나타내지만, 공식적인 행사에서는 우아함과 공식성을 상징한다.

흰색(white):

- 상징성: 순수, 무죄, 평화, 단순, 빛
- 예시: 많은 문화에서 결혼 의상의 흰색은 순수와 무죄를 상징한다.

특정한 컬러와 톤은 특정한 시대나 장소를 의미할 수 있다. 예를 들어, 갈색의 세피아^{sepia} 톤은 오래된 빈티지 느낌을 줄 수 있다. 특정한 컬러 조합은 일정한 장르나 스타일, 트렌드로 작동할 수 있다.

톤은 밝기와 콘트라스트를 통해 이야기한다고 볼 수 있다. 밝기에 따라 밝은 느낌과 어두운 느낌을 만들 수 있다. 이미지의 콘트라스트가 세면 강하고 선명한 느낌을 주고, 콘트라스트가 약하면 부드럽고, 몽환적인 분위기를 만들 수 있다.

"이미지의 본질은 우리가 상상한 세상을 다른 사람에게 보여주는 통로다."

그림 6.40 원본 이미지

그림 6.41 Curves를 이용해 전체적인 톤을 조절

그림 6.42 라벨 부분의 톤을 올려 입체감 있게 표현

그림 6.43 원본 이미지

168

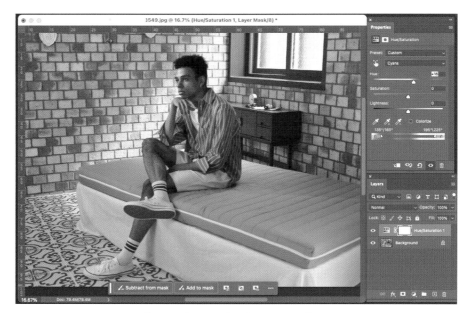

그림 6.44 원본에서 의상의 컬러를 변경한 이미지

이렇게 톤과 컬러를 바꾸는 일은 선택, 조정 레이어, 마스크 등으로 빠르게 작업을 하는 것이 가능하다. 이러한 조정의 방법보다는 어떤 컬러와 톤을 구현할 것인지에 관한 기준들, 관점들을 이해할 필요가 있다.

즉, 컬러를 디자인하고 그에 관해 어떻게 작업을 할 것인가를 생각해야 한다. 그리고 과도하게 작업하는 것을 피해야 한다.

컬러의 사용은 앞서 언급한 상징 컬러, 주컬러를 어떻게 갖고 갈 것인가를 결정해야 한다. 우선 이러한 상징성을 활용할 수 있다.

또한, 컬러는 컬러 하모니color harmony가 있다. 이것은 컬러가 얼마나 조화롭게 구성되는지에 관한 내용이다.

컬러 하모니는 컬러 휠color wheel을 이용한다. 이것은 컬러의 구성이라 할 수 있는데 의상, 소품, 배경, 피사체의 색상을 조절하거나 활용하는 데 사용하는 것이 가능하다. 조금 어렵게 느껴지겠지만, 조금 더 알아가 보자.

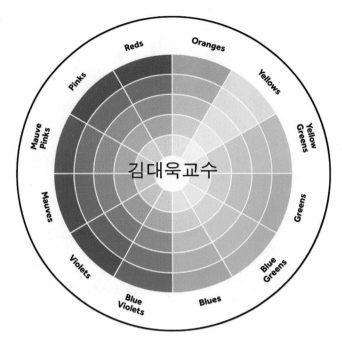

그림 6.45 컬러 휠을 이용한 컬러 하모니

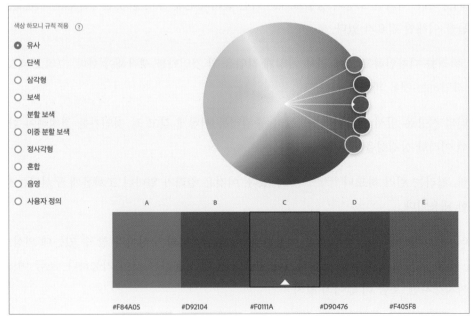

그림 6.46 어도비 컬러 휠 - 유사색

어도비 컬러를 검색해보면 그림 6.46의 표를 확인할 수 있다.

그림 6.46처럼 사진에서 유사색을 사용하면 빨간색이 갖는 따뜻함, 정열 등의 내용이 무의식적으로 사람들에게 영향을 끼치게 된다.

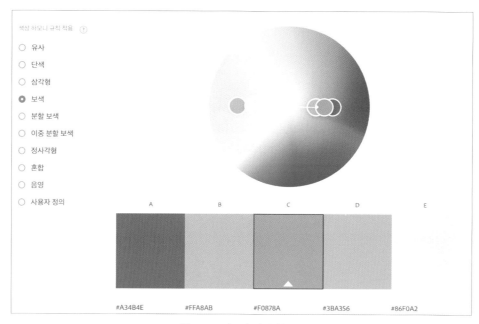

그림 6.47 어도비 컬러 휠 - 보색

그림 6.47의 보색은 많이 사용하는 방식이다. 틸 앤드 오렌지 기법도 오렌지 색과 푸른색의 혼합이라 할 수 있다.

그림 6.48 푸른색과 노란색 조명의 사용

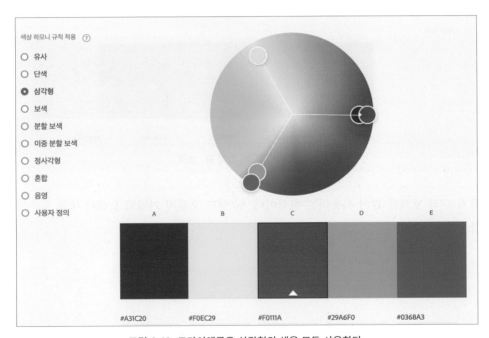

그림 6.49 트라이앵글은 삼각형의 색을 모두 사용한다.

앞서 언급한 컬러들은 모두 균형이 적합해서 사람들이 선호하는 컬러라 할 수 있다. 그런데 컬러라는 것이 매우 미묘하기 때문에 이러한 큰 틀을 이해하고 거기서 조금씩 변형을 주고 만들어 간다고 보면 된다.

컬러 휠의 끝 쪽으로 가면 색이 강렬해지고, 채도가 높아진다. 컬러 휠의 안쪽으로 들어오면 채도가 낮아지고, 명료한 느낌보다는 부드럽고, 색의 영향력이 약해지면서 색감이 덜하지만, 안정적인 느낌의 사진이 만들어진다.

선명한 색을 사용하면 강렬하고 생동감이 넘치게 된다. 높은 콘트라스트는 밝고 어두움의 차이가 크기 때문에 선명한 느낌을 만들 수 있다. 이러한 컬러와 톤의 사진은 에너지 넘치고 활력이 있으면 즐거운 느낌을 줄 수 있다. 축제의 사진, 스포츠 경기 등 활기찬 장면을 표현하는 것에 적절할 수 있다.

이처럼 톤, 밝기, 콘트라스트, 컬러의 조합은 사진가 혹은 리터처retoucher의 의도와 메시지에 따라 조절될 수 있다.

6.4.5 포커스의 정도

포커스focus는 이미지에서 초점이 맞는 부분을 이야기하는 것으로서 주변 부분의 포커스를 흐리게 하면 중심부가 더 주목받는 효과를 만들 수 있고, 포커스의 흐림 정도에 따라 시선의 이동을 조절할 수 있다.

그림 6.50 포커스 범위가 넓은 사진

그림 6.51 포커스 범위가 좁은 사진

포커스의 정도를 포토샵의 카메라 로에서 조절할 수 있다. 물론 초점이 맞지 않은 사진을 맞게 하는 것은 아니고, 초점이 맞은 사진의 경우 초점 범위를 축소하거나 줄이는 것이 가능하다.

6.4.6 표현의 창의성

독창적이고 특정 작가만의 스타일이 보이는 이미지를 창의적이라 할 수 있다. 창의적이라는 것은 매우 넓고 다양한 개념으로 사용될 수 있다. 일반적으로 공유하는 창의성은 새로운 것, 기존에 보지 못했던 것으로 규정될 수 있다. 하지만 새롭기만 하고 완성도가 너무 떨어지면, 혹은 적절성이 너무 부족하면 창의적 이미지라 할 수 없다. 즉, 새롭지만 완성도가 높으며 이미지의 적절성이 높은 것을 창의적 이미지라고 할 수 있다.

"창의적 사진이란 어떤 것일까? 아무리 처음 보는 이미지라도 사용하기 어려운
이미지를 창의적이라고 말하기는 어렵다."

"스타일+새로움+적절성+완성도"

174

창의성을 만드는 요소는 매우 다양하다. 이미지가 독특하고 창의적인 방식으로 주제를 다루는지, 표현의 영역에서 완성도가 있고 새로운 방식을 택하는지를 요소로 볼 수 있다. 즉, 주제 내용의 영역과 표현 방식의 스타일이 적절하게 완성도 있도록 만들어져야 한다.

6.4.7 포토샵 작업을 위한 설계도

촬영된 사진은 후반 작업을 통해 어떻게 표현될 것인가를 마음에 그릴 수 있다. 이것을 선 시각화라고 한다. 디지털 리터칭은 매우 강력해서 현실로 보이는 것처럼 볼 것이 아니라 보고 싶은 것으로 볼 수 있다. 생성형 AI와 함께하는 포토샵은 자신이 상상하는 부분을 다양한 방법을 통해 만들어낼 수 있다. 이러한 작업 방향에서 작업에 생명력을 불어넣는 것은 자신의 감각적 감성적 분위기를 생각해보는 것이다. 감성의 표현이 강해지면 자신만의 스타일로 표현될 수 있다.

"의도적인 것 + 감각적인 것"

그림 6.52 **포토샵을 위한 설계도**

포토샵에서 할 수 있는 것은 다음과 같다. 설계도를 작성하고 작업을 진행하면 된다.

1) 목적 및 타깃(주제)에 따른 방향(분위기) 설정

리터칭의 방향, 목적, 타깃에 따라 리터칭의 목적이 달라질 수 있다. 패션 화보인지, 감성이 넘치는 사진인지, 객관적 묘사가 중요한 사진인지에 따라 일정한 방향과 톤을 결정하게 된다.

2) 컬러 교정

사진에서 컬러의 교정은 매우 중요한 과정이다. 컬러의 교정은 밝기, 콘트라스트, 컬러 등을 조정하게 되는데 이것은 사진의 느낌을 결정하는 중요한 요인이 된다. 밝은 사진은 밝고 화사한 느낌을 만들 것이고, 어두운 사진은 묵직하고 진중한 느낌을 만들 수 있다. 콘트라스트는 밝고 어두움의 차이를 말하는데, 콘트라스트가 강하면 날카롭고 선명한 느낌을 만들게 되고, 콘트라스트가 약하면 부드러운 느낌을 만들게 된다. 그리고 사진에서 톤이 풍부하면 고급스러운 느낌을 만들게 되고, 톤이 적으면 가벼운 느낌을 만들게 된다.

3) 빛 방향의 추가 및 수정

포토샵에서는 커브, 레벨 등을 이용해서 특정한 부분을 선택하고 톤을 올리거나 조절할 수 있다. 이러한 작업은 빛이 들어온 것과 같은 느낌을 만들 수 있다.

4) 형태의 교정

이미지의 경우 수직과 수평, 그리고 렌즈의 왜곡, 촬영한 뷰 포인트 등의 이유로 형태가 왜곡되거나 일정하지 않을 수 있다. 물론 이것은 미세하게 보일 수 있으나, 형태가 교정된 사진과 그렇지 않은 사진은 전체적인 느낌에서 차이가 있다. 또한, 인물 사진에서 많이 활용되지만, 신체의 크기를 줄이거나 늘리는 작업을 원할 수 있다. 이처럼 형태를 교정하는 방법은 다양하게 있다.

5) 합성 작업

사람들이 이미지를 좋게 보게 하기 위해서는 위에 언급한 것처럼 다양한 요소 혹은 방법에 따라 작동하게 되는 꽤 복잡한 과정을 거친다. 우선 작업 전에 어떠한 메시지를 전달할 것인지, 어떤 의도를 갖고 리터칭할 것인지에 관한 설계도를 작성하는 것이 중요하다. 이러한 설계도는 사람들이 어떤 것을 보고, 어떤 식으로 시선이 이동하는가를 생각해보는 것도 좋은 방법이다.

포토샵 작업은 우리가 필요한 부분을 수정, 교정하는 과정을 거치게 돼 있다. 작업은 균형과 변화를 추구하게 된다. 이것은 사람마다 다른 톤을 만들게 된다. 이러한 것을 감정적 표현이라고 할 수 있다. 감성적 표현은 개인의 심리 상태와 연결될 수 있다. 이미지를 만들어가는 것은 자신의 생각을 통해 감성과 결합돼 이미지를 만들어가게 된다.

> "우리의 사진이 점점 흥미롭지 못한 이유는? 우리가 실력을 잃어버린 것이 아니다.
> 잃어버린 것은 처음의 설렘이다."

> "처음에는 모든 것이 신기하고 흥미롭다. 시간이 지나면 흥미가 떨어진다.
> 새로운 것을 찾아 나선다. 새로운 것이 없어서 찍을 게 없다."

감성적이라는 것은 어떤 것일까? 이것은 다음의 세 가지 중 하나로 볼 수 있다.

1. **투사**projection: 자신이 느끼는 지점을 피사체에서 발견하고, 자신의 색을 피사체에 입히고, 자신의 욕망에 따라 마음대로 작업하는 것을 말한다. 이미지에서 자신이 보이게 작업하는 것이다.

   > "나는 내가 인생에서 느낀 감정과 이를 화폭에 담는 방법 사이에 어떤 구분도 할 수 없다."
   > – 앙리 마티스(Henri Matisse)

2. **내사**introjection: 피사체가 하는 말을 잘 관찰하고, 피사체가 원하는 모습으로 충실하게 표현하는 것을 말한다. 자신의 눈에 보이는 것이 아니라 피사체가 하는 말에 최대한 귀기울여 표현하는 것을 말한다.

   > "나는 나무들이 웃거나 울고 있는 것처럼 느낀다."
   > – 존 색스턴(John Sexton)

3. **합치**confluence: 피사체와 자신이 물아일체되는 것을 말한다. 자신과 대상이 합일되는 감성에 집중하는 것이다.

   > "나는 자연과 하나가 되기 위해 사진을 찍는다."
   > – 토마스 매카트니(Tomas McCartney)

"모호한 개념을 갖고 선명한 사진을 만드는 것보다 최악인 것도 없다."
– 안셀 아담스(Ansel Adams)

안셀 아담스의 말은 한 장의 사진에는 테크닉보다는 작가의 의도, 콘셉트가 훨씬 더 중요하다는 의미로 해석할 수 있다. 왜냐하면 셔터를 누르는 순간은 분명 내면의 감성이 우리를 움직이게 만들기 때문이다. 우리는 날마다 수많은 사진을 휴대폰 혹은 카메라를 통해 만들어내고 있다. 하지만 정작 그 수많은 순간의 감성을 포착한 사진을 우리는 어떻게 사용하고 있는지 혹은 방치하는지 과연 이렇게 많은 이미지가 필요하고 가치가 있는지에 대해 한번쯤 생각해볼 문제다. 안셀 아담스의 조언처럼 한 장의 사진에는 작가의 개념, 의도, 스타일 그리고 기술적 후보정의 과정이 담겨 있어야 비로소 의미 있는 한 장의 사진으로 남게 되기 때문이다.

chapter
07

사진에서 이야기하는
기술적 측면

7.1 픽셀과 해상도

사진에서 픽셀은 사진^{picture}+요소^{element}의 합성어로서 이미지를 구성하는 가장 작은 개별 요소를 의미한다. 디지털 이미지를 구성하는 기본 단위인 픽셀은 특정 색상과 밝기 값을 갖는 작은 정사각형의 수많은 픽셀이 모여 하나의 이미지를 형성한다. 예를 들어, 1920×1080 픽셀은 너비가 1,920픽셀, 높이가 1,080픽셀인 풀^{full} HD 해상도^{resolution}를 의미한다.

해상도는 이미지가 보유하는 디테일의 수준을 나타내며 일반적으로 인치당 픽셀^{PPI, Pixels Per Inch}(모니터 기준) 또는 인치당 도트^{DPI, Dots Per Inch}(프린터 기준)로 표시된다. 포토샵에서 픽셀과 해상도의 관계는 다음과 같다.

- **픽셀 크기**: 포토샵에서 새 이미지를 만들거나 기존 이미지에서 작업할 때 크기를 픽셀 단위로 지정한다. 예를 들어, 1920×1080픽셀의 이미지는 가로로 1920픽셀, 세로로 1080픽셀을 갖는다는 의미다.

- **해상도**: 해상도는 이미지가 인쇄되거나 화면에 표시될 때와 같이 해당 픽셀이 물리적으로 어떤 매체에 보이는 방식을 결정한다. 이는 PPI 또는 DPI로 표시된다. 해상도가 높을수록 각 인치에 더 많은 픽셀이 포함돼 세부 묘사가 더 자세해진다.

- **이미지 크기 계산**: 이미지의 물리적 크기는 해상도에 직접적인 영향을 받으며 다음 공식으로 측정할 수 있다.

$$\text{이미지 너비(인치)} = \text{픽셀 너비} / \text{해상도(PPI)}$$

$$\text{이미지 높이(인치)} = \text{픽셀 높이} / \text{해상도(PPI)}$$

마찬가지로 원하는 인쇄 크기와 해상도를 기준으로 픽셀 크기를 계산할 수 있다.

- **디스플레이:** 모니터나 스마트폰과 같은 디지털 화면에서는 이미지가 픽셀 크기를 사용해 표시된다. 픽셀 밀도(해상도)가 높을수록 이미지가 더 선명하고 세밀해진다. 일반적 모니터의 경우 72ppi를 기준으로 한다.

- **인쇄:** 이미지를 인쇄하면 해상도가 중요해진다. 동일한 물리적 영역을 표현하는 데 더 많은 픽셀이 사용되므로 해상도가 높을수록 더 나은 인쇄 품질이 보장된다. 해상도가 너무 낮으면 인쇄 시 이미지의 픽셀이 보이거나 흐릿하게 나타날 수 있다. 인쇄의 경우 300dpi를 기준으로 한다.

그림 7.2 모니터를 바라보며 작업하는 모습

- 모니터의 경우 72ppi, 인쇄의 경우 300dpi가 일반적인 기준으로 사용된다. 모니터의 72ppi는 글자가 작아도 깨어지지 않는 최소의 단위 해상도이고, 인쇄의 300dpi는 손에 들고 보는 정도의 거리에서 인쇄 품질이 나쁘지 않다고 느끼는 정도의 해상도다. 저자는 작은 프린트의 경우 인쇄에 360dpi를 이용하기도 한다. 즉, 멀리서 보는 이미지의 경우 200dpi도 인쇄 품질이 나쁘지 않다고 생각될 수 있다. 모니터의 경우 72ppi, 인쇄의 경우 300dpi는 하나의 기준점이라는 의미로 이해하면 된다.

그림 7.3 프린트를 확인하는 모습

- **리샘플링**^{resampling}: 픽셀 크기를 변경하지 않고 이미지의 해상도를 변경하는 것을 리샘플링이라고 한다. 해상도를 높이면 포토샵에서는 동일한 물리적 크기를 유지하기 위해 이미지에 픽셀을 추가한다. 해상도를 낮추면 포토샵에서는 픽셀을 제거한다. 리샘플링은 이미지 품질에 영향을 미칠 수 있으며 특정 지점 이상으로 해상도를 높이면 보간 인공물(결점)이 발생할 수 있다. 포토샵에서는 리샘플링의 다양한 방법을 제공하고 있다.

그림 7.4 포토샵 리샘플링 방법

좋은 이미지를 만들기 위해서는 생각보다 많은 요인이 있다. 선명한 사진을 그렇지 않은 사진보다 일반적으로 선호하게 되는 것처럼 7장에서 다루는 것들은 사진의 선호와 관련이 있다. 촬영부터 후반 작업인 포토샵 작업까지 어떤 작업을 통해서 이를 해결할 수 있을지 알아보겠다.

7.2 샤프니스

선명한 사진이란 무엇일까?

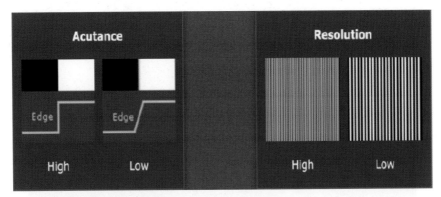

그림 7.5 샤프니스와 해상도

선명한 사진을 평가하는 단어에는 샤프니스sharpness, 해상도 등 다양한 단어가 있다. 그렇다면 사진가가 인지하는 이미지의 샤프니스란 무엇일까? 먼저 선명한 이미지의 정의를 내리는 것이 필요하다. 이미지의 샤프니스는 어큐턴스acutance1와 해상도2로 구성된다. 한 장면을 만드는 데 필요한 가장자리의 선명함과 그 면을 채우는 픽셀의 조밀함이 사진의 샤프니스를 형성한다. 또한, 촬영 기술적으로는 최소 조리개가 밝아서 빛을 많이 받아들일 수 있는 품질 좋은 렌즈를 사용하고 삼각대와 리모컨을 사용해 카메라 몸체가 흔들리지 않게 해 미세한 흔들림까지 제어한 사진이다. 이것이 선명한 사진을 만드는 하드웨어적 요소들이다. 그리고 사진가가 할 수 있는 소프트웨어적 요소들로는 카메라의 적정 노출과 정확한 포커

---

1 디지털 사진에서 어큐턴스는 이미지의 선명도를 나타낸다. 이미지의 가장자리와 디테일이 얼마나 잘 정의돼 나타나는지 설명한다. 어큐턴스는 렌즈 품질, 센서 크기, 이미지 처리와 같은 다양한 요소의 영향을 받는다. 콘트라스트와 선명도가 좋은 고품질 렌즈는 어큐턴스가 높은 이미지를 생성하게 된다. 일부 선명화 알고리듬은 이미지의 가장자리와 디테일을 향상시켜 예각도를 높일 수 있으므로 이미지 처리도 예각도에 영향을 미칠 수 있다. 그러나 과도하게 선명하면 이미지에 아티팩트 (artifact)와 노이즈(noise)가 생성돼 전체 품질이 저하될 수 있다. 즉, 어큐턴스는 이미지가 얼마나 선명하게 보이는가를 나타내는 척도이며, 렌즈 품질, 센서 크기, 이미지 프로세싱 등 다양한 요인의 영향을 받는다.

2 디지털 사진에서 해상도는 이미지에 포함된 픽셀 수를 나타낸다. 픽셀은 디지털 이미지의 가장 작은 단위이며 작은 색상 점을 나타낸다. 이미지에 포함된 픽셀이 많을수록 해상도가 높아지고 이미지가 더 선명하고 자세하게 나타난다. 해상도는 일반적으로 이미지의 수평 및 수직 치수를 따라 픽셀 수로 표현된다. 예를 들어, 1920x1,080픽셀 이미지는 가로축을 따라 1,920픽셀, 세로축을 따라 1,080픽셀을 포함해 총 200만 픽셀이 넘는다. 고해상도 이미지는 더 많은 저장 공간이 필요하고 처리 또는 업로드 시간이 더 오래 걸릴 수 있으므로 해상도는 카메라를 선택하거나 디지털 이미지의 크기를 결정할 때 고려해야 할 중요한 요소다.

스를 만드는 것이다. 선명한 사진에 정확한 노출과 포커스는 필수다. 그리고 이것은 사진가의 다양한 경험과 많은 노력으로 얻어지는 결과물이기도 하다.

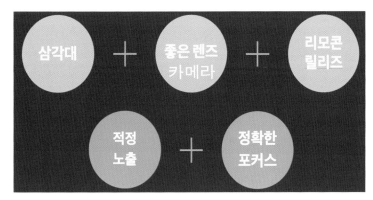

그림 7.6 고화질을 위한 요인들

"포토샵 대마왕도 아직은 초점이 맞지 않은 사진의 초점을 맞출 수는 없다.
다만 샤픈(sharpen)이라는 기능을 이용해 초점이 맞은 것처럼 보이게 할 수 있다."

7.3 톤, 계조

좋은 사진 만들기에 관심 있는 분들은 아마도 톤^{tone}이나 계조^{階調}라는 사진 용어를 들어본 적이 있을 것이다. 그렇다면 톤과 계조는 무엇일까요? 계조를 사전에서 찾아보면 "출판에서 그림, 사진, 인쇄물 따위의 밝은 부분부터 어두운 부분까지 변화해 가는 농도의 단계"라고 정의한다. 그리고 비슷한 영어 단어로는 그러데이션^{gradation}이 있다. 두 사진 용어는 영어와 한자어를 사용하고 있어서 의미 전달이 조금 어려울 수도 있지만 나타내고자 하는 뜻은 크게 보면 같다고 할 수 있다. 일반적으로 전문가들이 말하는 좋은 사진이란 '톤이나 계조가 풍부한 사진'을 말한다. 그렇다면 좋은 사진을 만들기 위해서 톤이나 계조를 결정짓는 디지털 카메라의 중요한 요소가 무엇인지 알아보겠다.

그림 7.7 톤의 표현이 다른 두 장의 사진. 왼쪽이 톤이 더 많고, 오른쪽이 톤이 적다.

디지털 카메라가 표현 가능한 톤이나 계조는 사진의 화질과 연관돼 나타난다. 그리고 화질을 결정짓는 요소 중에 가장 큰 역할을 하는 것이 센서다. 디지털 카메라의 이미지 센서는 동일한 장면의 촬영 조건에서 얼마만큼 사람의 눈이 보는 것처럼 빛의 정보를 더 담아낼 수 있느냐가 가장 중요한 관심사다. 좋은 센서는 좋은 사진을 만드는 데 필수적이다. 사람이 보는 방식으로 장면을 캡처해낼 수 있기 때문이다. 좋은 센서로 좋은 사진을 만들기 위해서 사진가가 할 수 있는 가장 좋은 출발은 디지털 사진의 적정 노출을 캡처하는 것이다.

7.4 디지털 카메라의 적정 노출

"센서는 아날로그 빛을 디지털로 변환시키는 장치다."

디지털 카메라는 렌즈를 통해 들어오는 빛을 저장하는 기계다. 카메라가 단순히 센서에 들어오는 빛을 디지털로 바꿔주는 기계적인 역할만 한다면 사람의 눈이 빛을 받아들이는 방식대로 표현하기 어렵다. 따라서 카메라가 읽어낸 빛이 마치 사람의 눈이 빛을 받아들이고 보는 방식대로 나타낼 수 있다면 그 카메라 센서의 성능이 우수하다고 평가할 수 있다.

그림 7.8 카메라와 눈이 빛을 받아들이는 방식(위: 카메라, 아래: 눈)

그림 7.8에서는 사람의 눈과 카메라가 빛을 받아들이는 방식을 보여주고 있다. 기본적으로 카메라의 이미지 센서는 기계이므로 빛이 1이 들어오면 1의 전기신호로 바꿔주는 1:1의 선형적linear인 반응을 하게 설계됐다. 이 과정에서 기계 결함으로 인한 흔히 '노이즈noise'라고 표현하는 화질의 저하를 가져오게 되지만 이론적으로는 센서의 기능은 빛을 디지털 신호로 바꾸는 역할을 한다. 반면에 사람의 눈은 센서보다 어두운 곳에 민감한 반응을 하게 태어났다. 숫자로 바꿔 표현하자면 센서가 1일 때 눈은 2.2배 정도 어두운 곳에 민감하게 반응한다.

앞서 좋은 사진을 만들기 위해서는 톤이 중요하다고 언급했다. 톤 재현이 필요한 이유는 사람과 카메라가 빛을 받아들이는 방식의 차이 때문이다. 사람의 눈은 어두운 곳에서는 빛이 조금만 밝아져도 쉽게 알아채지만(예를 들어. 영화가 시작된 극장에 들어갔다고 가정했을 때 사람의 눈은 대략 7~8초 사이에 암순응을 할 수 있어 어두운 곳에서도 내 자리를 찾아갈 수 있다), 밝은 곳에서는 빛이 더해지더라도 그것을 쉽게 느낄 수 없다. 비슷한 예로 스피커 볼륨을 두 배 높인다고 처음보다 두 배로 크게 들리지 않는 것처럼 사람이 빛을 인식하는 능력은 비선형적non-linear이다.

하지만 디지털 카메라는 빛이 더해진 만큼을 정확히 선형적으로 인식할 수 있다. 그리고 디지털 카메라가 사람의 눈으로 본 밝기와 비슷하게 표현하도록 조정하는 것을 톤 보정tone correction이라고 한다. 이러한 톤 보정은 흔히 감마gamma를 이용하는데, 감마는 입력 신호와 출력 신호의 비선형 정도를 나타내는 수치다. 감마란 개념은 물리학, 인간의 인식 능력, 사진 분야, 영상 영역을 모두 포함하고 있어서 깊이 들어가면 내용이 매우 복잡하다. 그림 7.9에서는 디스플레이에서 사용하는 감마 보정에 대해서 보여주고 있다. 그림 7.9의 사진 중에 자연스러운 사진은 좌우의 사진을 제외한 가운데 두 장의 사진인데, 감마 값이 1.8에서 2.2 사이를 나타내고 있다. 일반적으로 1.8은 맥Mac용 모니터의 감마 값, 2.2는 PC 모니터용의 감마 값을 의미한다. 이렇게 디지털 장치에 따른 자연스러운 사진으로 보이기 위한 일반적인 톤 보정 방법이 존재한다. 장치에 따른 색 톤의 구현이 다르기 때문에 색상 관리 시스템

CMS, Color Management System이라든가 모니터 캘리브레이션^{monitor calibration}이라는 개념이 나오게 된다. 컬러는 제조사에 따른 장치마다 다르다.

그래서 아이폰과 안드로이드 폰에서 사진의 톤과 컬러가 다른 것이다. 포토샵 작업을 할 때 2개 모두의 장비에서 좋은 톤으로 보이게 작업하는 것이 중요하다. 저자는 작업을 하고 나서 2개의 장비로 모니터링을 한다. 여기서 필요한 정보는 객관적이라 할 수 있는 컬러의 수치다. 컬러 수치 RGB(0, 0, 0)은 검은색을 의미하고 RGB(255, 255, 255)는 흰색을 의미한다. 이러한 수치는 그 어떤 장비에도 동일한 의미를 갖게 되므로 범용적으로 사용되는 톤의 수치를 아는 것이 중요하다. 장비마다 조금씩 다르겠지만, 약 RGB(30, 30, 30) 이하의 수치는 디테일이 적은 어두운 부분을 의미한다. RGB(248, 248, 248) 이상의 톤은 디테일이 적은 흰색으로 표현을 한다. 즉, 사진 이미지는 가급적 이러한 톤 범위에서 표현을 해야 한다. 자신의 모니터에서 보이는 것이 어떻게 보이느냐가 중요한 것이 아니라 많은 다른 사람들의 환경에서 어떻게 보일 것인가에 대한 고민이 필요하다.

이러한 수치 값은 포토샵에서 스포이트 도구로 측정할 수 있다. 모든 편집, 캡처 도구는 이러한 수치를 확인할 수 있게 돼 있다. 포토샵, 라이트룸^{Lightroom}, 캡처 원^{Capture One}, 카메라 제조사 자체의 프로그램 모두 이러한 수치를 표기해준다.

그림 7.9 감마 값에 따른 노출 차이

이처럼 디지털 카메라는 빛 정보를 받아들이고 이를 해석해서 사용한다. 여기서 적절하게 노출을 하는 것이 중요하다.

객관적인 의미의 적정 노출은 흰색이 흰색으로 나오고, 회색이 회색으로 나오며, 검은색이 검은색으로 나오는 정도의 노출을 말한다. 예를 들어, 중성 회색 카드, 컬러차트를 함께 놓고 촬영했을 때, 그 회색 카드의 노출 값이 RGB(128, 128, 128)을 말한다.

하지만 이러한 적정 노출은 작가의 감성을 표현하기는 너무 일관적인 부분이 있다. 따라서 적정 노출이라는 것은 자신이 표현하고자 하는 톤을 촬영에서 최대한 정해 후반 작업에서 톤의 조정을 최소화하는 것이다.

"노출은 객관적 의미의 적정 노출과 주관적 의미의 적정 노출로 구분된다."

하이라이트가 노출 오버되지 않는 수준에서 노출을 가장 강하게 촬영하는 방식도 있다. 이는 노이즈 발생을 최소화하고 이미지의 품질과 다이내믹레인지dynamic range를 최대화하는 노출 방법이다. 이미지를 의도적으로 1/3~1 스톱 사이로 과다 노출하면 장면의 가장 밝은 부분이 클리핑clipping되지 않는 수준으로 촬영한다. 클리핑을 방지하려면 카메라의 히스토그램histogram을 사용해 이미지가 밝은 부분이나 어두운 부분이 잘리지 않고 적절하게 노출되는지 확인하는 것이 도움이 된다.

노출을 줄 때 하이라이트의 디테일이 손실되지 않고 가능한 최대 수준의 레벨로 캡처되는 것을 의미한다. 일단 이미지가 캡처되면 후보정에서 조정해 노출을 원하는 수준으로 낮추면서 그림자와 중간 톤의 디테일을 유지할 수 있다. 이 방법은 더 넓은 다이내믹레인지를 캡처할 수 있으므로 밝은 하이라이트와 깊은 그림자가 있는 콘트라스트가 높은 장면에서 특히 유용하다.

가장 좋은 화질을 구성하는 것은 예술적 의도 및 개인 취향과 같은 주관적인 요소에 따라 달라질 수 있으며, 이미지의 의도된 용도에 따라 달라질 수 있기 때문이다. 결국 사진가가 원하는 것은 장면에서 캡처할 수 있는 최상의 화질이다. 최상의 화질에 대해서 국제표준화협회ISO, International Organization for Standardization에서는 다음과 같이 말하고 있다. "사진가의 적정 노출 설정과 카메라의 저조도 수용 능력을 기반으로 피사계 심도는 최대한 깊게(장면의 디테일한 표현을 위해), 셔터 속도는 짧게(흔들림을 방지), 이미지 하이라이트는 클리핑되지 않게 최적의 노출 캡처하며, 새도shadow가 클리핑되지 않는 수준의 장면에 적합한 감도 설정을 한다면 사진가는 최고의 화질을 만들 수 있다." 이를 구현하기 위해서 촬영 공간의 빛, 즉 조명을 조절할 필요가 있다.

2장에서 이러한 노출의 조정에 관해(HDR에 관해) 이야기했다.

7.5 다이내믹레인지

다이내믹레인지는 이미지 센서가 빛을 받아 표현할 수 있는 가장 밝은 곳부터 어두운 곳까지의 범위를 말한다. 다시 말해 다이내믹레인지는 '디지털 카메라가 안정적으로 빛을 표현할 수 있는 가장 밝은 곳에서부터 어두운 곳까지의 범위'다. 다이내믹레인지를 나타내는 범위의 값이 작으면 다이내믹레인지가 좁다고 표현하고, 반대로 값이 크면 다이내믹레인지가 넓다고 표현한다. 그리고 그 수치는 조리개의 f-stop 범위로 나타낸다. 따라서 다이내믹레인지가 좋다 혹은 나쁘다는 표현은 옳지 않으며, 다이내믹레인지가 넓다 혹은 좁다고 표현하는 것이 옳다.

그렇다면 다이내믹레인지의 수치가 넓을수록 좋은 디지털 카메라일까? 논쟁의 여지가 있을 수 있지만, 꼭 그렇지만은 않다. 다이내믹레인지는 찍고자 하는 장면의 가장 어두운 부분부터 밝은 부분까지의 빛의 범위다. 다이내믹레인지는 우리가 사용하는 일반적인 8bit의 디지털 환경에서는 표현할 수 있는 범위가 256단계의 레벨 값으로 한정돼 있다. 그러므로 넓은 다이내믹레인지의 디지털 카메라가 한정된 정보 값으로 모든 부분의 계조를 충분히 표현하기는 어렵다.

포토샵에서는 이러한 풍부한 톤을 재현하기 위해서 넓은 다이내믹레인지의 카메라를 사용하는 것이 좋다. 현재 사용하는 전문가용 카메라들은 모두 10비트 이상의 톤을 재현하기 때문에 이를 잘 활용하면 된다. 혹은 노출 브라케팅^{bracketing}을 통해 톤을 넓히는 HDR 방식도 있다.

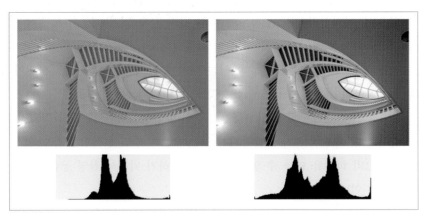

그림 7.10 톤의 재현이 다른 사진

그림 7.10에 있는 두 장의 사진 가운데 어떤 사진이 더 마음에 드는가? 일반적으로 사람들은 오른쪽 사진처럼 블랙부터 화이트까지 히스토그램에 톤이 풍부하게 나타난 사진을 좋아한다. 이러한 사진을 콘트라스트가 좋은 사진이라고 한다. 반면에 왼쪽 사진처럼 히스토그램에서 보듯이 섀도와 하이라이트 부분이 부재한 중간 톤만 몰려 있는 사진을 평면적^{flat}(납작한, 밋밋한) 사진이라고 한다. 우리가 궁극적으로 톤 보정(포토샵, 라이트룸 등)을 통해 만들고 싶은 사진은 오른쪽처럼 콘트라스트가 강하고 톤이 풍부한 사진이다.

로 파일을 사용하면 더 넓은 톤 보정 가능성을 갖게 되고 더 좋은 톤의 사진을 만들 수 있다. 로 파일에 대해서는 뒤쪽에서 자세하게 다룰 예정이며 계속해서 다이내믹레인지에 대해 살펴보겠다.

"일반적으로 톤 콘트라스트가 풍부한 사진을 선호하기는 하지만,
이것은 사진을 해석하는 하나의 방법이다. 모든 이미지를 이렇게 해석할 필요는 없다."

히스토그램이 산의 모양을 하고 있고 밝은 부분과 어두운 부분이 충분한 사진을 선호하기는 하지만 모든 사진이 그러한 톤으로 작업해야 한다는 것은 아니다. 하나의 기준일 뿐이다. 하이 키^{high key} 사진은 히스토그램이 오른쪽으로 치우쳐질 것이고, 로 키^{low key} 사진은 왼쪽으로 치우쳐질 것이다. 이러한 사진을 보정으로 중심부에 산을 이루는 톤으로 만드는 것은 올바른 보정이 아니기 때문이다.

7.6 눈 vs 카메라 vs 프린터 CMS

촬영부터 후보정, 출력까지 과정에서 사진가가 작업을 통해 궁극적으로 만들고 싶은 사진은 무엇일까? 아마도 셔터를 누르는 순간에 우리 눈에 비쳤던 의미 있는, 혹은 놀라운, 혹은 즐겁거나 슬픈 순간들을 간직한 사진일 것이다. 그런 순간들은 눈으로 봤을 때, 카메라로 촬영했을 때, 프린트해서 봤을 때 각각 톤과 컬러가 달라진다. 왜 이렇게 매체에 따라 다른 사진을 보게 될까?

대략 태양의 밝기 비는 1:100,000, 인간 눈의 밝기 비는 1:10,000, 카메라의 밝기 비는 1:1,000, 프린터 출력물의 밝기 비는 1:100이다. 태양의 밝기 비부터 1/10씩 좁아지면서 순서대로 눈, 카메라, 출력물이 표현할 수 있는 범위가 매우 좁아지게 된다. 그림 7.11에서

두 장의 사진이 같아 보이지만 왼쪽은 카메라로 보는 밝기의 범위(대략 10~10,000 사이), 오른쪽은 출력물의 밝기 범위(대략 1~100)를 갖는다.

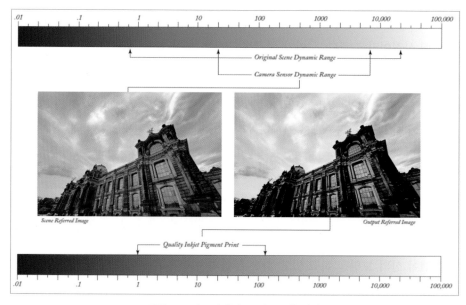

그림 7.11 눈, 카메라, 프린트 표현 범위

즉, 눈이 가장 넓은 범위로 보고, 카메라는 더 적은 범위로 받아들이고, 출력물은 더 작은 범위로 빛을 받아들이게 된다. 매체가 무엇이냐(모니터, 프린터)에 따라 같은 장면이라 해도 밝기 범위에 따라 톤이 축약돼 표현된다. 따라서 사진가들은 그 틈을 메꾸기 위해서 기술적인 후보정을 한다. 눈에서 카메라로 옮겨진 장면은 포토샵이나 다른 후보정 프로그램들을 통해서 수정된다. 사진가는 눈으로 본 장면을 떠올리며 기억에 의존해 사진을 보정하며, 이렇게 보정된 사진이 프린터로 출력될 때는 CMS를 통해 모니터에서 본 사진과 프린터로 출력한 사진이 유사하게 조정된다. CMS에는 일반적으로 색상 보정 도구, 색상 프로파일color profile, 색 공간color space 설정이 포함된다.

다음은 디지털 사진의 CMS 구성 요소에 대한 간략한 개요다.

- **색상 보정 도구**: 표준 색상 참조와 일치하도록 모니터나 프린터와 같은 장치의 색상 출력을 조정하는 데 사용되는 하드웨어 또는 소프트웨어 도구다.

- **색상 프로파일**: 색상 프로파일은 장치 또는 색 공간의 색상 특성에 대한 설명이다. 한 장치 또는 색 공간에서 다른 장치 또는 색 공간으로 색상을 매핑하는 방법을 정의한다.

- **색 공간**: 색 공간은 장치에서 표시하거나 인쇄할 수 있는 특정 색상 범위다. 디지털 사진에 사용되는 일반적인 색 공간의 예로는 sRGB, Adobe RGB, ProPhoto RGB 등이 있다.

7.7 프로들이 쓰는 로 파일 완전 정복: 디지털 네거티브

앞서 좋은 사진이란 톤이나 계조가 풍부한 사진이라고 정의했다. 이를 위해 가장 먼저 기반이 돼야 하는 일은 한 장의 사진에 최대한 많은 데이터를 확보하는 일이다. 카메라가 발휘할 수 있는 최대의 퍼포먼스를 충분히 활용해 하나의 장면에 최대 데이터를 캡처하는 일, 즉 로 파일을 확보하는 것이 좋은 사진 만들기의 첫걸음이다. 그렇다면 로 파일은 무엇인지 알아보겠다.

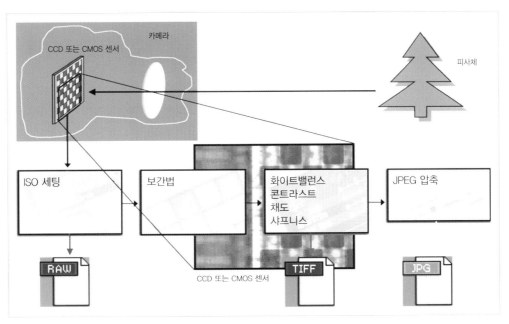

그림 7.12 촬영된 로 파일과 JPEG 파일

그림 7.12는 셔터를 누를 때 카메라 내부에서 일어나는 일련의 과정이다. 예를 들어, 나무를 촬영한다고 했을 때 피사체에서 반사된 빛이 렌즈를 통해 모이고 카메라 내부의 이미지 센서에 닿게 된다. 이미지 센서 상태에서 모인 빛의 정보들을 쉽게 로 파일이라고 한다. 이러한 원시 데이터인 로 파일은 아직 사진이 아니다. 로 파일이 사진으로 보이게 하려면 일련의 매개 변수(화이트밸런스, 콘트라스트, 샤프니스, 채도 등)를 최적화해 적용한 상태로 추출해야 한다. 이렇게 추출한 파일이 TIFF$^{Tagged\ Image\ File\ Format}$ 파일이며, 이것의 용량을 줄이기 위해 하이라이트와 섀도를 압축한 것이 JPEG$^{Joint\ Photographic\ Experts\ Group}$ 파일이다.

표 7.1 JPEG 파일과 로 파일

JPEG 파일	로 파일
• 8비트의 레벨 값 • R, G, B 컬러 채널당 8비트(24비트) • 하이라이트와 섀도의 압축 • 톤의 손상 가능성 • 바로 사용 가능 • 표준 이미지 파일의 호환성 자유 • 높은 콘트라스트, 샤프니스, 컬러 등	• 10, 12, 14, 16비트의 레벨 값 • R, G, B 컬러 채널당 12비트(36비트) • 이미지 센서로부터 손실 없는 데이터 • 촬영 후, 자유로운 보정 • 톤의 보존과 확장성 • 대용량 파일의 저장과 보관 • 호환성 부족, 전용 컨버터 필요 • 낮은 콘트라스트, 샤프니스, 컬러 등 • 메타데이터 활용

정리하자면 로 파일은 디지털 카메라의 이미지 센서에서 캡처한 모든 데이터를 포함한 압축되거나 처리되지 않은 파일이다. 따라서 카메라의 소프트웨어에서 모든 정보가 처리된 JPEG 파일과는 다르게 로 파일은 화이트밸런스, 노출, 콘트라스트, 기타 설정에 대한 정보를 포함한 카메라가 캡처한 모든 원본의 데이터를 보존하고 있다. 로 파일은 많은 양의 데이터를 포함하고 있으며, 이를 보거나 편집을 하기 위해서는 특정 소프트웨어가 필요하다. 그러나 이미지의 품질을 훼손하지 않고 후보정 중에 다양한 설정을 얼마든지 자유자재로 할 수 있으므로 사진가에게 최종 이미지를 완성하는 데 더 많은 유연성과 제어 가능성을 열어준다.

7.7.1 로 파일의 장단점

그렇다면 지금까지 JPEG 파일로도 충분히 만족할 만한 작업을 해왔던 사진가들에게 로 파일이 호소할 장점은 어떤 것들이 있을까?

1. **향상된 다이내믹레인지**: 로 파일은 JPEG 파일보다 다이내믹레인지가 더 넓으므로 장면의 하이라이트와 섀도에 더 많은 디테일을 캡처할 수 있다. 특히 풍경이나 섀도의 디테일 표현과 같은 콘트라스트가 강한 장면에서 풍부한 디테일 표현을 가능하게 한다.

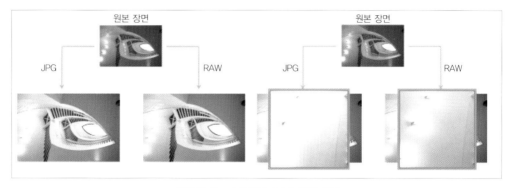

그림 7.13 로 파일과 JPEG 파일 차이

2. **사진 후보정에 대한 유연성과 제어력 향상**: 로 파일은 카메라 센서가 캡처한 원본 데이터가 그대로 담겨 있어 사진가가 후보정 과정에서 자신이 원하는 방향으로 화이트밸런스, 노출, 콘트라스트, 컬러, 샤프니스 등과 같은 다양한 매개 변수를 좀 더 정밀하고 세밀하게 조정할 수 있다.

3. **고품질의 이미지**: 로 파일은 압축되지 않아 TIFF나 JPEG 파일에 비해 훨씬 더 많은 데이터를 갖고 있다. 따라서 사진가는 최대한의 정보를 활용해 더 높은 화질, 더 정확한 컬러 표현, 하이라이트와 섀도의 디테일을 표현할 수 있다.

4. **비파괴적 편집 방식 사용**: 로 파일은 원본 데이터를 의미한다. 따라서 로 파일의 미리보기를 가져와 후보정 과정 중에 적용한 수많은 명령은 원본 파일에 전혀 영향을 주지 않는다. 로 파일을 사용하면 사진가는 기존의 포토샵 리터칭에서 겪었던 JPEG 파일의 원본 손상 방식의 이미지 훼손을 걱정하지 않고 다양한 설정과 후보정의 방법을 적용해볼 수 있다. 한 장의 이미지를 원본 손실 없이 여러 버전의 후보정이 가능하며 저장할 수도 있어 다양한 시도를 진행할 수 있다.

5. **메타데이터의 활용**: 디지털 사진의 메타데이터는 촬영 당시 이미지와 함께 저장되는 정보를 의미한다. 이 정보에는 촬영 날짜, 시간, 카메라와 렌즈의 정보, 카메라 설정(GPS 정보, 조리개, 셔터 속도, 감도, 저작권, 이미지 설명, 키워드나 태그 등)과 같은 세부 사항이 문자 형식으로 저장돼 있다.

메타데이터는 EXIF^{Exchangeable Image File Format} 또는 IPTC^{International Press Telecommunications Council}와 같은 표준화된 형식을 사용해 이미지 파일 자체에 저장된다. 많은 이미지 편집 프로그램을 통해 사진작가는 메타데이터를 보고 편집할 수 있으므로 필요에 따라 정보를 쉽게 추가하거나 수정할 수 있다.

로 파일의 단점은 무엇일까?

1. **로 파일 후보정에 대한 이해**: 로 파일을 보기 좋은 사진으로 만들기 위해서 초보자들은 로 파일의 원리, 이미지 처리 및 후보정 작업에 대한 이해가 필요하다.

2. **촬영과 저장에 시간 소요**: 로 파일에는 많은 데이터가 저장되기 때문에 디지털 카메라가 로 파일을 처리하고 저장하는 데 시간이 걸린다. 예를 들어, 연사 촬영 모드는 촬영 속도가 JPEG에 비해 훨씬 느려질 수 있다.

3. **대용량의 파일**: 로 파일(2^{10}, 2^{12}, 2^{14}, 2^{16})은 JPEG(2^8) 파일에 비해 훨씬 크기가 크므로 더 많은 저장 공간이 필요하며, 처리 시간, 파일의 전송, 업로드 또는 다운로드에 시간과 비용이 발생한다.

4. **컨버팅 소프트웨어가 필요**: 로 파일을 JPEG나 TIFF 파일 사진으로 만들려면 미리보기로 보여주고 편집할 수 있는 프로그램이 필요하며, 이러한 프로그램을 사용하기 위한 비용이 발생한다.

5. **후보정 시간의 증가**: JPEG 파일은 바로 사용할 수 있지만, 로 파일은 후보정이 필요해서 각각의 파일을 처리하고 편집하는 데 시간이 소요된다.

6. **파일 수명의 문제**: 1888년 어느 나라의 말로 읽어도 발음이 같도록 고안된 코닥^{KODAK}이라는 이름의 회사는 대중에게 사진의 역사를 열어줬다. 코닥은 1900년 1달러의 브라우니^{Brownie} 카메라를 시작으로 권력과 부의 상징이었던 사진술을 대중화시켜 일반인들이 손쉽게 사진을 촬영할 수 있도록 했다. 필름을 대체한 디지털 카메라는 시간과

공간의 경계를 넘나들며 많은 사람의 오늘을 기록하며 편리성, 휴대성, 경제성, 효율성, 속도 등을 다 갖춘 디지털 사진의 시대를 열었다. 하지만 현재 우리가 사용하는 로 파일을 과연 10년, 20년, 30년 후에도 열어볼 수 있을 것인가에 대한 질문이 필요하다. 이러한 로 파일의 수명 문제는 바로 로 파일이 표준화된 파일이 아니기 때문에 생긴다. 왜냐하면 각각의 카메라 회사는 회사별로 고유한 로 파일을 갖고 있다. 그리고 카메라 회사들은 로 파일을 열어볼 수 있는 컨버팅 프로그램과 더불어 지속적인 펌웨어 지원 등을 통해서 로 파일을 유지하고 있다. 그런데 만약 회사가 더 이상 존재하지 않으면 파일은 데이터가 있어도 열어볼 수는 없게 된다. 따라서 로 파일은 표준화 이미지 파일인 JPEG나 TIFF, DNG 파일로 변환해놓을 필요가 있다.

이처럼 로 파일은 더 많은 사진적 지식과 후보정에 따른 시간, 대용량 저장 공간, 컨버팅 프로그램 구매 등의 비용이 필요하다. 하지만 로 파일로 촬영하면 사진가는 최종 이미지를 구상하고 자신이 원하는 대로 조절할 수 있으며, 특히 넓은 다이내믹레인지, 디테일이 풍부한 하이라이트와 섀도, 높은 색상 심도 등의 고품질의 화질을 만들 수 있다.

기본적으로 로 파일은 카메라가 만든 센서상 데이터의 기록이다. 따라서 제조사별, 기종별로 로데이터를 저장하는 방식은 다르다. 캐논의 CRW, 소니의 ARW, 미놀타^{Minolta}의 MRW, 니콘의 NEF, 어도비의 DNG 등 제조사별 확장자 또한 다양하다. 좋은 사진을 만들기 위해서는 로 파일의 특성을 알고 후보정에 임하는 것이 컴퓨터 앞에서 시간과 노력을 절약하는 길이 될 것이다.

7.7.2 비트 심도

디지털 이미지의 비트[3] 심도는 이미지의 각 픽셀 색상 또는 회색조 정보를 표현하는 데 사용되는 비트 수를 나타낸다. 이는 이미지를 나타내는 색상 및 음영의 범위에 직접적인 영향을 미치기 때문에 디지털 이미징에서 중요한 개념이다. 비트 심도는 이미지의 색상 심도^{color}

---

3   디지털 이미지에서 비트는 컴퓨팅에서 가장 작은 데이터 단위인 이진수를 의미한다. 비트는 0 또는 1의 두 가지 값 중 하나를 가질 수 있다. 이는 디지털 정보 저장 및 처리의 기본 구성 요소다. 예를 들어, 8비트 회색조 이미지에서 각 픽셀의 강도는 8비트를 사용해 표현할 수 있다. 이를 통해 순수한 검정색(모두 0으로 표시)부터 순수한 흰색(모두 1로 표시)까지 2^8(=256)개의 서로 다른 레벨을 갖고 있으며, 그 사이는 254개의 회색 음영으로 표현될 수 있다. 예를 들어, 8비트 컬러 이미지의 경우 3개의 채널당(R, G, B) 각각은 0에서 255까지의 레벨 값을 가질 수 있으므로(256×256×256=16,777,216) 1,600만 개 이상의 색상 표현이 가능하다.

depth 또는 색상 충실도color fidelity를 결정하며 색상 표현의 부드러움과 그러데이션의 정확성에 영향을 준다.

포토샵에서 비트 심도는 다음 두 가지로 나눠볼 수 있다.

그레이스케일 이미지:

- **1비트 심도**1bit depth: 비트맵bitmap이라고도 하며 픽셀당 1비트를 사용해 두 가지 색상(일반적으로 흑백)을 표현한다.

- **8비트 심도**: 회색조 이미지에 일반적으로 사용되며 픽셀당 8비트(2^8=256)를 사용해 256개의 회색 음영을 나타낸다.

- **16비트 심도**: 65,536개의 회색 음영을 제공해 가장 부드러운 그러데이션과 미세한 조정이 가능하다.

컬러 이미지:

- **8비트 심도**: 채널당 8비트라고 하며 각 색상 채널(빨간색, 녹색, 파란색)에 대해 256개 레벨을 가져서 1,600만 개 이상의 색상을 표현할 수 있다.

- **16비트 심도**: 채널당 16비트라고 하며 8비트에 비해 훨씬 높은 색상 충실도와 부드러운 그러데이션을 제공하므로 전문적인 편집 및 리터칭에 이상적이다.

- **32비트 심도**: 일반적으로 HDR 이미지에 사용되며, 16비트의 색상과 16비트의 휘도(밝기) 정보를 결합해 나타낸다.

더 알고가기

RGB 값은 왜 각각 256단계로 표현하는 것일까?

각 채널당 256단계로 구분하는 이유는 매끄러운 이미지를 표현하기 위해서다. 매끄러운 이미지와 이러한 단계의 구분이 무슨 상관이 있을까?

이미지를 만약 검정색과 흰색으로 표현한다면 매우 거칠게 표현될 것이다. 이것을 1비트라고 한다. 2비트는 검정색과 흰색을 4단계로 구분한 것이다. 우리가 주로 사용하는 것은 8비트인데 이것은 농도를 256단계로 구분한 것이다.

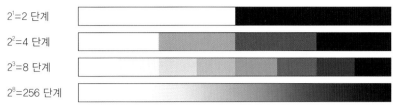

그림 7.14 비트 심도의 이해

여기서 사람의 눈이 똑같지 않다는 것을 이해해야 한다. 시력이 좋은 사람 나쁜 사람이 있고, 색맹인 사람이 있다는 것은 컬러를 더 예민하게 보는 사람이 있다는 것을 의미하기도 한다. 즉, 모든 사람이 완벽히 동일하게 볼 수는 없다. 사람은 약 200단계를 넘어서면부터 그것을 단계로 구분하지 못하게 된다. 즉, 구분된 선이 아니라 부드러운 그러데이션으로 이해하게 된다. 그래서 256단계로 나눠 톤을 표현하면 깨지지 않는 톤으로 표현을 할 수 있다.

포토샵에서 이미지의 특정 비트 심도를 선택하면 이미지가 표현할 수 있는 색상과 톤의 범위가 결정된다. 비트 심도가 높을수록 더 정확하고 미세한 조정이 가능해 이미지에 밴딩이나 포스터리제이션posterization(색상이나 음영 사이의 계단 현상이 눈에 보이는 결함)의 가능성이 줄어든다. 그러나 더 높은 비트 심도로 작업하려면 더 많은 메모리와 더 높은 컴퓨터의 처리 능력이 필요하다. 따라서 본인에게 필요한 사항에 적절한 비트 심도를 선택하는 것이 중요하다. 예를 들어, 복잡한 색상 세부 정보가 포함된 사진은 16비트를 사용하는 것이 좋다. 반면 웹 그래픽 등의 작업에는 품질 저하 없이 파일 크기를 더 작게 유지하는 8비트를 사용하는 것이 효과적이다. 모든 이미지 형식이 모든 비트를 지원하는 것은 아니므로 이미지의 비트 심도를 선택할 때 의도한 용도와 배포될 플랫폼을 고려해야 할 필요가 있다.

앞서 사람의 눈은 어두운 곳에 더 민감하게 반응하며, 우리가 눈으로 본 것처럼 사진을 만들기 위해서 감마 보정이라는 작업이 필요하다고 설명했다. 로 파일 컨버터의 주요 기능 중하나가 이렇게 선형적으로 받아들인 정보를 감마 보정을 통해 사람의 눈에 좀 더 가까운 레벨로 재조정해 이미지를 자연스럽게 만드는 것이다. 그리고 톤을 자연스럽게 매핑하는 것은 단순히 감마 공식을 적용해 표현하는 것보다 더 복잡하고 까다롭다.

사진에서 톤이란 특정 부분의 밝고 어두움의 상태를 의미한다. 이러한 톤을 사람의 눈이 인식한 것과 카메라 같은 기계에서 유사하게 재현하려는 것에 관련된 이론을 톤 재현Tone Reproduction이라고 한다. 즉, 우리가 컴퓨터 앞에 앉아 로 파일 컨버터로 하는 후보정, 로 파일의 밝기와 콘트라스트를 조정하는 것을 통해 최종 이미지의 품질을 향상할 수 있다. 일반적으로 포토샵의 커브 곡선을 이용한 톤 보정을 많이 하며 사진가의 의도에 따라 정도를 조절해 이미지를 완성한다.

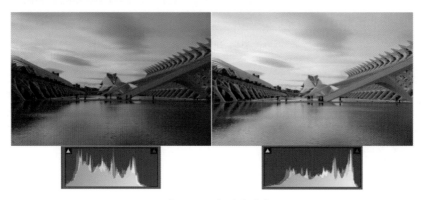

그림 7.15 노출 값의 결정

'노출은 하이라이트를 기준! 후보정으로 섀도 해결!'이라는 기준점을 생각해볼 수도 있다.

노출이 부족하게 촬영한다면 로 파일이 캡처할 수 있는 많은 데이터를 잃게 되고 중간 톤과 섀도 영역에서 노이즈가 발생할 가능성이 커진다.

7.8 CMS

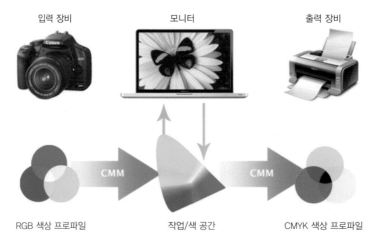

그림 7.16 CMM(Color Management Module)

CMS는 모니터, 프린터, 스캐너, 카메라 등 다양한 장치에서 일관되고 정확한 색상 재현을 보장하도록 설계된 일련의 방법을 말한다. CMS의 목표는 장치의 색상이 서로 다른 경우에 도 이미지 캡처 시점부터 최종 디스플레이 또는 인쇄까지 색상의 동일함을 유지하는 것이 다. 사진의 전체 작업 과정에서 정확하고 일관된 색상을 보장하는 것은 디지털 사진에서 중 요하다. 그런데 앞서 언급한 것처럼 이것이 그리 간단하지는 않다. 장치마다 색 공간이 다르 고, 반사된 빛의 피사체과 모니터에서 투과된 빛으로 본 피사체가 같기 어렵기 때문이다. 따 라서 실제 사과와 모니터에서 보이는 사과 이미지가 동일하기 어렵다.

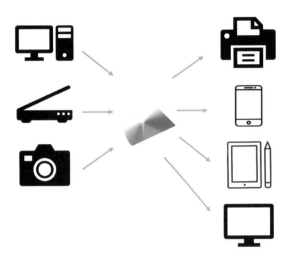

그림 7.17 입력 장치에 따른 색 공간

CMS에 필요한 요소들과 원리에 대해 계속 알아보겠다.

7.8.1 CMS의 프로파일링

CMS의 프로파일링에는 다음과 같은 세 가지가 있다.

- **카메라 프로파일링**: 카메라 프로파일링에는 다양한 조명 조건으로 카메라의 색상 반응을 측정한다. 이 과정은 카메라로 캡처한 색상이 정확하고 일관되게 유지되는 데 도움이 된다. 특정 조명에서 색상 차트를 촬영한 다음 결과 이미지를 분석해 카메라 프로파일을 생성한다.

- **모니터 프로파일링**: 컴퓨터 모니터 프로파일링에는 모니터가 가진 색상을 표시하는 방법을 측정하고 기록하는 작업이 포함된다. 측정에는 색도계나 분광 광도계가 사용된다. 장치에서 표준의 색상 패치를 표시하고 프로파일링 소프트웨어는 모니터가 실제로 재현한 색상을 측정한다. 이러한 데이터는 색 영역^{color gamut}, 감마 곡선, 색온도 등 모니터의 색상 특성을 설명하는 모니터 프로파일을 만드는 데 사용된다.

- **프린터 프로파일**: 프린터 프로파일링은 인쇄된 색상이 모니터에 표시되는 색상과 일치하는지 확인하는 데 사용된다. 프린터를 프로파일링하기 위해 다양한 색상 패치가 있는 표준 이미지를 사용하고자 하는 잉크나 용지 조합으로 프린터에 인쇄한다. 이 인쇄된 결과는 분광 광도계 또는 색도계를 사용해 측정한다. 이러한 측정 데이터는 사용된 잉크 및 다양한 용지 종류들을 프린터가 색상을 재현하는 방법, 즉 프린터 프로파일을 만드는 데 사용된다.

이러한 프로파일들이 생성되면 색상 관리 워크플로^{workflow}에서 색상이 다양한 장치와 색 공간 간에 정확하게 변환되도록 할 수 있다. 예를 들어, 모니터 프로파일은 모니터에 표시되는 색상이 정확하게 표현되는지 확인하고, 프린터 프로파일은 인쇄된 색상이 모니터 디스플레이와 일치하는지 확인하며, 카메라 프로파일은 카메라에서 캡처한 색상을 수정하고 표준화하는 데 도움이 된다. 전반적으로 프로파일링은 장치가 색상을 재현하거나 캡처하는 방법을 정확하게 특성화해 다양한 장치와 전체 디지털 이미징 워크플로에서 일관되고 정확한 색상 재현을 가능하게 하므로 색상 관리에서 중요한 단계다.

7.8.2 색 공간

색 공간의 개념은 색상 관리의 핵심이다. 색 공간은 모니터에 표시할 수 있거나 인쇄할 수 있는 색상 범위를 정의한다. 디지털 사진의 일반적인 색 공간에는 sRGB, Adobe RGB, ProPhoto RGB가 있다. 각각은 서로 다른 색상 범위를 나타내는 서로 다른 영역을 가지며 사진의 목적에 따라 사용된다.

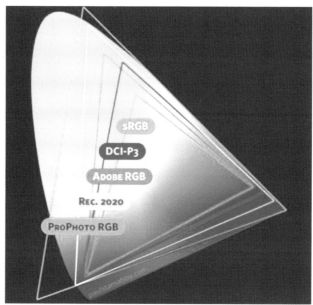

1996년 MS와 HP사가 정립한 색 영역

그림 7.18 색 공간 영역

같은 사진이 모니터마다 혹은 매체마다 다른 색상으로 표현된다면 어떨까? 작업자는 매우 혼란스럽고 정확한 색상을 표현하기도 재현하기도 어려울 것이다. sRGB, Adobe RGB, ProPhoto RGB는 디지털 이미지에서 표현할 수 있는 색상 범위를 정의하는 데 사용되는 다양한 색 공간 또는 색상 프로파일이다. 색 공간은 모니터, 프린터, 카메라 등 다양한 장치에서 일관되고 정확한 색상 재현을 유지하는 데 중요하다. 다양한 색 공간에는 각각 고유한 특성과 용도가 있다.

1) 다양한 색 공간

- sRGB(표준 RGB): sRGB는 가장 널리 사용되는 표준 색 공간 중 하나이며 모니터, 카메라, 웹 브라우저를 포함한 많은 가전 제품의 기본 색 공간이다. 1996년 HP[Hewlett-Packard Company] 사와 MS[Microsoft] 사가 만든 표준의 색 공간이며 다양한 장치에서 일관된 색상 표현에 최적화돼 있다. 별다른 작업 없이 사용자가 일반 웹, 소셜 미디어, 기본 사진 편집에서 사용하기 적합하다. sRGB는 Adobe RGB 및 ProPhoto RGB에 비해 색 영역이 상대적으로 좁아 더 작은 범위의 색상을 포함한다. 그러나 sRGB는 인터넷, 문서,

스캔, 출력, 애플리케이션 등의 일상적으로 사용되는 작업의 색상 표준이며 일정 수준 이상 정확한 색 재현으로 가장 많이 사용되고 있다.

- **Adobe RGB(1998)**: 1998년 어도비 사에서 만든 Adobe RGB는 sRGB에 비해 더 넓은 색 공간을 가지며, 특히 녹색 및 파란색 스펙트럼에서 더 넓은 범위의 색상을 포함한다. Adobe RGB는 일부 고품질 프린터와 전문 디스플레이가 재현할 수 있는 더 넓은 범위의 색상을 캡처할 수 있어서 전문 사진 및 그래픽 디자인에 일반적으로 사용된다. Adobe RGB 색 공간의 이미지는 이를 지원하는 모니터 장치에서 표시할 때 생생하고 풍부하게 보일 수 있지만, 더 좁은 sRGB 색 공간을 사용하는 장치에서는 과포화 상태로 나타나 그 색 영역을 다 볼 수 없다. Adobe RGB는 인쇄 목적과 색상 정확도 및 넓은 색 영역이 중요한 프로젝트에 자주 사용된다.

- **ProPhoto RGB**: ProPhoto RGB는 Adobe RGB보다 훨씬 더 넓고 포괄적인 색 공간이다. 이는 눈에 보이는 색상의 상당 부분을 포함하며 최신 디지털 카메라와 고급 디스플레이의 광범위한 기능을 수용하도록 설계됐다. 코닥 사에서 만든 ProPhoto RGB는 고급 인쇄, 색상이 중요한 리터칭, 미술 사진과 같이 최대 색상 충실도와 색 영역을 유지하는 것이 중요한 고급 사진 또는 전문가 환경에서 자주 사용된다. ProPhoto RGB는 광범위한 색 영역을 제공하지만 모든 장치에서 재현할 수 없는 색상이 포함돼 있어서 제대로 관리하기가 어렵다. ProPhoto RGB 이미지를 다른 색 공간으로 변환할 때는 색상 변화나 클리핑을 방지하기 위해 전문 지식이 필요하다.

적절한 색 공간을 선택하는 것은 사용자가 만든 이미지의 용도에 따라 다르다. 웹이나 일반 용도의 경우 sRGB는 다양한 장치 간의 호환성으로 인해 가장 효과적인 선택이다. Adobe RGB는 인쇄와 관련된 전문 작업에 선호되는 경우가 많지만, ProPhoto RGB는 최고 수준의 색상 정확도와 영역이 필요한 상황에 사용된다. 사용자는 작업할 색 공간을 결정할 때 자신이 가진 장치의 기능과 작업 흐름을 고려하는 것이 중요하다.

2) 색 영역

색 영역은 특정 장치나 색 공간이 정확하게 표현하거나 재현할 수 있는 색상 범위를 말한다. CIE 1931 XYZ 색 공간 또는 CIE 1976(L*, a*, b*) 색 공간과 같은 색 공간 모델에서 3차원 모양 또는 볼륨으로 묘사되는 경우가 많다. 색 영역은 해당 색 공간 내에서 생성되거나 표시될 수 있는 모든 가능한 색상을 나타낸다.

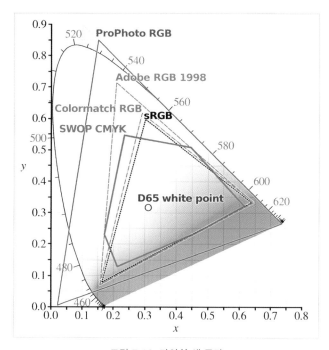

그림 7.19 다양한 색 공간
(출처: https://en.wikipedia.org/wiki/RGB_color_space)

색 영역에 대해 이해해야 할 몇 가지 핵심 사항은 다음과 같다.

- **장치 색 영역**: 카메라, 모니터, 프린터 등 디지털 이미징 프로세스에 관련된 각 장치에는 고유한 색 영역이 있다. 이 영역은 장치의 하드웨어와 색상을 해석하고 재현하는 방법에 따라 결정된다. 예를 들어, 디지털 카메라에는 센서의 색상 감도에 따라 색 영역이 있지만, 모니터에는 디스플레이 기술 및 보정에 따라 색 영역이 있다.

- **색 공간 영역**^{color space gamut}: sRGB, Adobe RGB, ProPhoto RGB와 같은 색 공간은 색상을 표현하기 위한 특정 영역을 정의한다. 이러한 색 공간은 표준화돼 있으며 디지털 이미징에 널리 사용된다. 예를 들어, sRGB는 Adobe RGB에 비해 색 영역이 더 제한돼 있으므로 더 적은 수의 색상을 정확하게 표현할 수 있다.

- **색 영역 매핑**gamut mapping: 이미지가 한 색 공간에서 다른 색 공간으로 변환되면 색 영역 매핑 또는 색 공간 변환이라는 과정이 발생한다. 원래 색 공간의 일부 색상은 변환될 대상 색 공간의 범위를 벗어날 수 있다. 이러한 경우 색상은 대상 영역에서 재현 가능한 가장 가까운 색상으로 조정되거나 매핑된다. 이 프로세스는 사용된 특정 매핑에 따라 색상 이동이나 클리핑으로 이어질 수 있다.

- **색 영역 외 색상**out-of-gamut colors: 특정 장치나 색 공간의 영역을 벗어나는 색상은 정확하게 표현되거나 재현될 수 없다. 이것을 '색 영역 외 색상'이라고 한다. 사진가는 이미지를 편집할 때 특히 색 공간 간에 이미지를 변환하거나 인쇄를 준비할 때 이러한 색상을 재현 가능한 범위로 가져올 수 있도록 조정한다.

- **인쇄 및 인쇄물**printing and substrates: 프린터의 범위는 사용된 잉크, 종이, 인쇄 기술의 유형에 따라 달라진다. 인쇄 방법에 따라 특정 색상을 재현하는 데 제한이 있어서 사진가는 인쇄할 이미지를 준비하고 프린터 범위에 따라 이미지를 조정해야 한다.

요약하자면, 색 영역은 디지털 이미징의 기본 개념으로 장치나 색 공간이 정확하게 표현하거나 재현할 수 있는 색상 범위를 나타낸다. 디지털 사진 및 기타 시각 매체에서 일관되고 정확한 색상 재현을 위해서 장치 및 색 공간의 영역을 이해해 사용하는 것이 필요하다.

3) 색상 프로파일

색상 프로파일은 장치(예: 카메라, 모니터 또는 프린터)가 특정 색 공간 내에서 색상을 재현하는 방법에 대한 수학적 설명이다. 색상 프로파일은 장치의 색상 반응을 측정하고 해당 동작을 설명하는 프로파일을 생성하는 교정 및 프로파일링 프로세스를 통해 생성된다. 이러한 프로파일은 일반적으로 국제 색 컨소시엄ICC, International Color Consortium 4 형식 파일로 저장된다.

- **캘리브레이션**calibration: 캘리브레이션에는 일관되고 정확한 색상을 생성하도록 장치를 조정하고 구성하는 작업을 의미한다. 디지털 사진에서는 일반적으로 모니터, 카메라 또는 는 프린터가 포함된다.

---

4   ICC는 디지털 이미징, 인쇄, 다양한 장치에서의 색상 재현 분야의 색상 관리에 대한 일련의 표준 및 사양을 개발하고 유지 관리하는 조직이다. 1993년 어도비, 코닥, 애플, HP, Sun, MS 등 이미지 관련 회사들이 모여 장비 간에 발생하는 색 재현 문제를 해결하기 위해 ICC를 만들었다. ICC의 주요 목표는 다양한 장치와 소프트웨어 애플리케이션에서 일관되고 정확한 색상 표현과 재현을 보장하는 것이다. ICC 프로파일을 제공함으로써 색상 관리 분야에서 중요한 역할을 해 디지털 이미징 및 인쇄에서 색상의 무결성(integrity of color)을 유지하는 데 필수적이다.

- **프로파일링**profiling: CMS에서의 프로파일링은 모니터, 프린터, 스캐너 또는 카메라와 같은 장치의 색상 범위를 표준화하는 것이다. 프로파일링의 목적은 장치가 색상을 재현하거나 캡처하는 방법을 정확하게 나타내는 ICC 프로파일 형식의 색상 프로파일을 만드는 것이다. 이 프로파일은 색상 관리에 사용돼 색상이 정확하고 일관되게 표시, 인쇄되도록 사용된다.

4) 색상 관리 소프트웨어

색상 관리 소프트웨어는 연결된 장치의 프로파일을 사용해서 한 색 공간에서 다른 색 공간으로 색상을 변환하는 역할을 한다. 이는 모니터에서 보는 색상이 인쇄물에서 얻을 수 있는 색상과 거의 일치하게 한다.

5) 프로파일 포함

디지털 카메라로 캡처한 이미지에는 캡처된 색 공간을 설명하는 색상 프로파일이 포함돼 있다. 이러한 내장된 프로파일embedding profiles은 후처리 과정과 다양한 장치에서 이미지를 볼 때 색상이 올바르게 표현될 수 있게 한다.

6) 소프트 프루핑

소프트 푸르핑soft proofing은 특정 프린터와 용지 조합에서 인쇄할 때 이미지가 어떻게 나타나는지 시뮬레이션하는 과정이다. 색상 관리 소프트웨어는 이러한 상황을 시뮬레이션해 사진가가 원하는 결과를 얻고자 인쇄하기 전에 이미지를 조정하고 볼 수 있게 한다.

7) 프린팅

이미지를 프린터로 보낼 때 CMS는 프린터 프로파일을 사용해 이미지 데이터가 프린터의 색 공간으로 정확하게 변환되도록 한다. 이는 화면 표현과 거의 일치하게 출력물을 생성하게 한다.

사진, 그래픽 디자인, 인쇄물 제작 등 색상 정확도가 가장 중요한 산업에서는 색상 관리가 매우 중요하다. CMS는 장치 간에 이미지를 이동하거나 인쇄할 때 색상 변화, 불일치, 예기치 않은 결과를 방지하는 데 도움이 된다. 특히 디지털 사진의 CMS는 색 공간, 프로파일, 보정 및 전문 소프트웨어를 사용해 카메라에서 모니터, 프린터에 이르기까지 다양한 장치에서 색상이 정확하고 일관되게 재현되도록 한다. 이 프로세스는 사진작가가 디지털 이미지와 인쇄 이미지 모두에서 색상 정확도와 일관성, 충실도 측면에서 자신이 의도한 결과를 만들 수 있도록 도와준다.

7.9 CIE 1931 XYZ

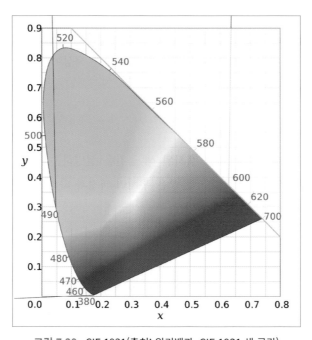

그림 7.20   CIE 1931(출처: 위키백과, CIE 1931 색 공간)

CIE 1931 표준 관찰자 또는 CIE 1931 2° 표준 관찰자라고도 알려진 CIE 1931 XYZ 색 공간은 1931년 CIE^{Commission Internationale de l'Éclairage}에서 설립한 기본 색 공간이다. 인간의 색상 인식은 색상 과학 및 측색 분야의 다른 많은 색 공간 및 색상 관련 계산의 기초를 제공한다. CIE 1931 XYZ 색 공간에 대한 주요 사항은 다음과 같다.

7.9.1 CIE Lab(L*, a*, b*)

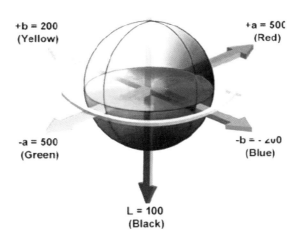

그림 7.21 CIE Lab
(출처: https://www.researchgate.net/figure/The-cubical-CIE-Lab-color-space_fig3_23789543)

CIE Lab(L*, a*, b*)은 인간의 시각과 색상 인식의 원리를 바탕으로 색상을 3차원 모델로 표현하는 색 공간이다. 이는 지각적으로 균일한 색 공간을 제공하기 때문에 색상 과학, 색상 관리, 이미지 프로세싱에 자주 사용된다. 다음은 CIE Lab 색 공간의 구성 요소에 대한 개요다.

- L^{Lightness}(밝기): L 채널은 색상의 밝기를 나타낸다. 범위는 0(검은색)부터 100(흰색)까지다. 값 50은 중간 회색을 나타낸다. 값이 클수록 더 밝은 색상을 나타내고, 값이 낮을수록 더 어두운 색상을 나타낸다.

- a(녹색에서 빨간색으로): a 채널은 녹색–빨간색 축을 따라 색상의 위치를 나타낸다. 양수 값(a* > 0)은 빨간색 또는 따뜻한 색상을 나타내고, 음수 값(a* < 0)은 녹색 또는 차가운 색상을 나타낸다. 값 0은 이 축의 중간 회색이다.

- b(파란색에서 노란색): b 채널은 파란색–노란색 축을 따라 색상의 위치를 나타낸다. 양수 값(b* > 0)은 노란색을 나타내고, 음수 값(b* < 0)은 파란색을 나타낸다. 값 0은 이 축의 중간 회색이다.

CIE Lab은 장치 독립적이고 지각적으로 균일하도록 설계됐다. 즉, Lab 채널 중 같은 숫자 값의 변경은 거의 같은 색상의 지각적 변화에 해당한다. CIE Lab(L*, a*, b*)은 지각적으로 균일하고 장치 독립적인 방식으로 색상을 표현하는 색 공간으로, 컴퓨터에서 정확한 색상 표현, 수정, 관리를 위한 유용한 도구로서 그래픽 디자인, 사진, 인쇄, 정확한 색상 제어가 필수적인 산업 등 다양한 분야에서 필수적인 색 공간이다.

7.9.2 HSB

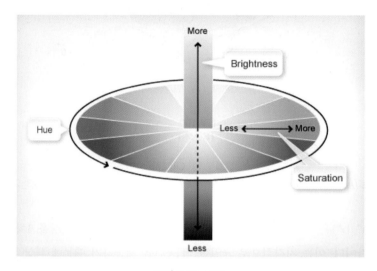

그림 7.22 HSB

HSB는 색조^{Hud}, 채도^{Satusrtion}, 밝기^{Brightness}의 줄임말이다. 색조는 적색 R이 0도, 녹색 G이 120도, 청색 B가 240도로 구성돼 있다. 채도가 높으면 색의 끝 쪽이고, 채도가 낮으면 그림 7.22의 그림에서 볼 수 있듯이 무채색으로 이동하게 된다. H 색조의 경우 수치값이 각도로 표현되는데, 보색을 찾기 위해서 수치값이 180도 이하면 +180도, 180도 이상이면 -180도로 하면 컬러 휠의 반대편 색상인 보색을 찾을 수 있다. 예를 들어, 그림 7.23에서 HSB라면 300, 100, 100으로 설정하면 보색의 값을 찾을 수 있다. Lab 컬러의 경우는 a 값의 정반대 값, b 값의 정반대 값을 표시하면 보색이 된다. Lab 값이 88, -79, 81 라면 Lab 수치를 88, 79, -81로 설정하면 보색을 찾을 수 있다.

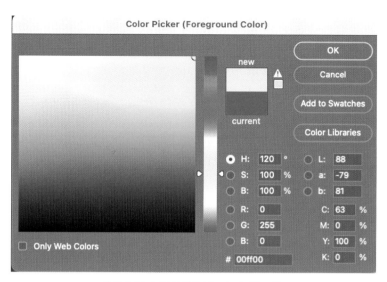

그림 7.23 포토샵에서 본 HSB 녹색 G 값

7.9.3 CMYK 값

CMYK 값은 인쇄에서 주로 다루는 값으로 잉크색인 CMYK는 사이언^{Cyan}, 마젠타^{Magenta}, 옐로^{Yellow}, 블랙(Key=Black) 색을 말한다.

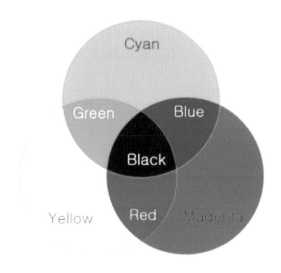

그림 7.24 감색 혼합

이론적으로 CMY의 잉크를 넣으면 블랙이 만들어져야 한다. 하지만 실제로는 진한 회색이 만들어지기 때문에, K^Key 컬러를 넣어서 색을 만드는 원리라고 할 수 있다. 피부 톤 작업을 할 때 옐로와 마젠타의 비율을 확인하면서 컬러를 조절할 수 있다.

7.10 다양한 파일 형식

JPEG, PSD^PhotoShop Document, TIFF, EPS^Encapsulated PostScript는 디지털 이미징 및 그래픽 디자인에 일반적으로 사용되는 파일 형식이다. 각 파일 형식에 따른 고유한 특성, 기능, 일반적 내용은 다음과 같다.

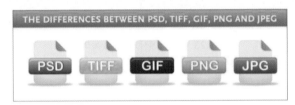

그림 7.25 다양한 파일 형식들

1) JPEG

JPEG는 디지털 이미지에 널리 사용되는 손실 압축 형식이다. 이러한 압축은 일부 이미지 데이터를 제거해 파일 크기를 줄이기 때문에 압축률이 높은 경우 품질이 저하될 수 있다. 그러나 디지털 사진의 표준 파일로 다양한 색상과 그러데이션이 있는 사진 및 이미지에 적합하다. JPEG 파일은 파일 크기가 작으므로 웹에서 일반적으로 사용된다. 정확한 색상 정확도나 편집이 필요한 이미지에는 압축으로 인해 정교한 보정에 적합하지 않을 수 있다. JPEG는 사진 이미지 및 웹 그래픽에 널리 사용되는 형식이다. 높은 압축률이 가능해 파일 크기는 작아지지만, 압축 인공물(결점)로 인해 이미지 품질이 일부 손실된다. 웹에 이미지를 표시하는 데 적합하며 일부 세부 묘사 손실이 허용되는 사진에 적합하다.

2) PSD

PSD는 어도비 포토샵의 기본 파일 형식이다. 레이어, 투명도, 다양한 이미지 편집 기능을 지원하고 저장할 수 있다. PSD 파일은 모든 편집 기능을 유지한 채 저장되므로 계속된 편집 및 디자인 작업에 적합하다. PSD 파일은 크기가 상당히 크지만, 포토샵 내에서 모든 편집 옵션을 유지하는 데 필요하다. 다양한 색상 모드(RGB, CMYK, 회색조)를 지원한다. PSD는 어도비 포토샵의 기본 파일 형식이며 모든 레이어, 마스크, 기타 편집 요소를 유지한 채로 저장한다. 이 파일은 복잡한 이미지 구성, 디지털 아트워크artwork, 디자인 프로젝트 작업에 사용되므로 일반적으로 최종 저장용보다는 편집 및 공동 작업용으로 사용된다.

3) TIFF

TIFF는 고품질 이미지의 무손실 압축과 비압축용 저장 모두에 적합한 파일이며 폭넓게 지원되는 파일 형식이다. 디테일의 손실 없이 고품질 이미지를 저장할 수 있는 기능으로 인해 전문적인 이미지 편집 및 인쇄 제작에 선호된다. TIFF는 레이어, 투명도, 다양한 색상 모드(RGB, CMYK, 회색조)를 지원하며 손실 압축이 없으므로 용량이 클 수 있다.

4) EPS

EPS는 로고, 일러스트레이션, 인쇄 자료에 자주 사용되는 벡터vector 그래픽 형식의 파일이다. 이 파일에는 벡터 요소와 래스터raster 요소가 모두 포함될 수 있다. EPS 파일은 품질 저하 없이 크기를 조정할 수 있으며, 다양한 출력 크기에서 품질을 그대로 유지하므로 그래픽 디자인 및 인쇄에 일반적으로 사용된다. 파일 확장자는 .EPS이고, 일반적으로 압축이 없다(래스터 이미지를 포함할 수 있다). 벡터 및 래스터 그래픽을 모두 지원하며 다양한 색상 모드와 호환된다.

사진 이미지에서는 주로 비트맵 이미지가 사용된다. 벡터 이미지는 일러스트와 같은 프로그램에서 이용된다. 즉, 사진 이미지는 비트맵 이미지로 표현된다. 그래서 확대나 축소를 하면 화질의 지하가 발생할 수 있다.

1) 벡터 이미지

디지털 그래픽의 벡터 기반 이미지는 벡터 그래픽 소프트웨어를 사용해 만든 그래픽이다. 픽셀로 구성되고 개별 픽셀의 색상과 위치에 대한 정보를 저장하는 래스터 이미지(비트맵 이미지라고도 함)와 달리 벡터 이미지는 수학 방정식으로 정의된 경로나 모양으로 구성된다. 이러한 경로와 모양은 점, 선, 기타 기하학적 특성으로 설명된다.

벡터 기반 그래픽의 일반적인 사용 사례는 다음과 같다.

- **로고 디자인**: 로고는 다양한 애플리케이션에 맞게 크기를 조정해야 하는 경우가 많으며 벡터 형식을 사용하면 선명하고 일관되게 유지된다.
- **타이포그래피**: 글꼴은 확장성을 보장하기 위해 벡터 윤곽선으로 생성되는 경우가 많다.

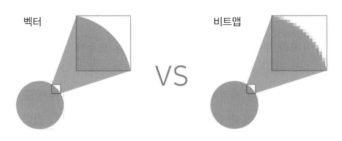

그림 7.26 벡터 이미지와 비트맵 이미지

2) 비트맵 이미지

래스터 이미지라고도 하며 개별 픽셀의 격자로 구성된 이미지다. 래스터 이미지의 각 픽셀에는 특정 색상 정보가 포함돼 있으며 이러한 픽셀의 배열이 전체 이미지를 형성한다. 래스터 이미지의 특징은 측정 단위당 픽셀 수(일반적으로 디지털 이미지의 인치당 픽셀 또는 PPI)에 따라 결정되는 해상도다.

비트맵 기반 이미지의 몇 가지 주요 특징은 다음과 같다.

- **해상도에 따라 다름**: 비트맵 이미지의 해상도는 고정돼 있다. 즉, 너비와 높이 모두 특정 수의 픽셀로 구성된다. 비트맵 이미지의 크기를 조정할 때 픽셀을 추가하거나 제거하면 이미지 품질이 저하될 수 있다. 비트맵 이미지를 확대하면 세부 묘사와 픽셀화가 손실되는 경우가 많고, 크기를 줄이면 이미지가 손실될 수 있다.
- **포토리얼리즘**: 비트맵 이미지는 사진, 자연 장면, 연속 톤이 있는 이미지를 표현하는 데 탁월하다. 미세한 디테일, 질감, 그러데이션을 정밀하게 캡처한다. 따라서 사실적이고 매우 상세한 이미지에 적합하다.

chapter

08

어도비 카메라 로에서
파일 다루기

로 파일로 촬영하면 JPEG로 촬영할 때보다 많은 부분을 컴퓨터에서 제어할 수 있다. 어도
비의 카메라 로는 이미지 센서에서 얻은 가공 및 압축되지 않은 데이터를 사용해 색상 이미
지를 만들고 해당 이미지가 캡처된 방식에 대한 정보(메타데이터)를 갖고 있다. 사진가는 로
파일을 필름의 네거티브로 생각하고 화이트 밸런스, 색조 범위, 대비, 색상 채도, 선명 효과
등을 조정해 자신이 원하는 결과로 만들 수 있다. 포토샵이나 라이트룸에서 로 파일 이미지
를 조정해도 원본 카메라의 로 데이터는 그대로 유지되고, 조정한 내용은 원본 이미지 파일
을 처리할 때 만들어지는 사이드카^{sidecar} 파일(.xmp) 데이터베이스 또는 해당 파일 자체에
(DNG^{Digital NeGative} 형식의 경우) 메타데이터로 저장된다. 이러한 방식은 기존 포토샵을 사용했
을 때 수정 파일을 일일이 저장해야 하는 번거로움을 덜고 로 파일 후보정의 효과적인 기준
을 제공하고 있다.

8장은 기본 도구의 사용에 관해 이야기한다. 그리고 9장, 10장은 자신의 톤을 구현하는 방
법을 제공할 것이다. 8장은 사용 방법을 익히는 것부터 차근차근 알아보겠다. 카메라 로의
경우 전부 알아야 하는 내용이며, 모르는 내용이 하나도 없어야 한다.

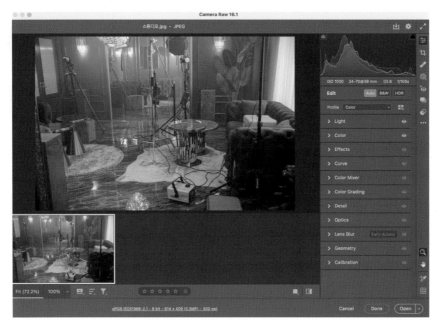

그림 8.1 어도비 카메라 로의 인터페이스

로 파일을 포토샵에서 불러오면 그림 8.1과 같은 화면이 나타난다. 기본적으로 사진 수정할 수 있는 Edit^{편집} 패널의 모습이다. Edit 패널에는 Light^{밝기}, Color^{컬러}, Effects^{효과}, Curve^{커브}, Color Mixer^{컬러믹서}, Color Grading^{컬러 그레이딩}, Detail^{디테일}, Optics^{광학}, Lens Blur^{렌즈 흐림}, Geometry^{기하학}, Calibration^{캘리브레이션} 등의 주요 탭이 있다. 우선 전체적인 탭에 어떤 것이 있는지 알아보고, 하나하나 다시 활용법을 안내하겠다.

"어도비 카메라 로는 톤과 컬러를 수정하는 가장 핵심적 기능을 갖고 있다. 계속적으로 업데이트를 하고 있지만 이 점은 변하지 않는다. 앞으로 업데이트가 되겠지만, 이러한 본질은 변하지 않는다."

Edit 패널에 대한 자세한 내용은 다음과 같다.

- Light: 노출, 콘트라스트, 하이라이트, 암부 등 밝기와 관련된 내용을 조정한다.

- Color: 색온도, 색조, 채도를 조정한다.

- Curve: 곡선을 사용해 톤과 컬러를 조정한다. 파라메트릭^{parametric} 곡선, 포인트 곡선, 빨간색 채널, 녹색 채널, 파란색 채널 중에서 선택해 미세 조정할 수 있다.

- Color Mixer: HSL과 색상 중에서 선택해 이미지의 다양한 색조를 조정한다.

- Color Grading: 컬러 휠을 사용해 어두운 영역, 중간 영역, 밝은 영역의 색조를 정확하게 조정한다. 또한, 색상의 혼합 및 균형을 조정할 수도 있다.

- Detail: 슬라이더를 사용해 선명도, 노이즈 감소, 색상 노이즈 감소를 세부적으로 조정한다.

- Optics: 색수차나 왜곡 및 비네팅vignetting을 제거한다. 또한, 언저리 제거를 사용해 이미지의 보라색 또는 녹색 색조를 수정할 수도 있다.

- Lens Blur: AI 기반 렌즈 흐림 효과를 사용해 사진의 피사계 심도를 조정할 수 있다.

- Geometry: 다양한 유형의 원근 및 레벨 수정을 조정한다.

- Effects: 슬라이더를 사용해 그레인grain 또는 비네팅을 추가할 수 있다.

- Calibration: 섀도의 녹색과 마젠타 조정, 빨간색 기본, 녹색 기본, 파란색 기본에 대한 색조와 채도를 조정할 수 있다.

그림 8.2 카메라 로의 다양한 도구들

그림 8.2의 맨 오른쪽에 보이는 카메라 로의 다양한 도구들을 소개하면 다음과 같다.

- ⬛ **자르기 및 회전**: 종횡비와 각도를 조정하며 이미지를 회전하고 뒤집을 수 있다.
- ⬛ **얼룩 제거**: 이미지의 특정 영역을 복구하거나 복제한다.
- ⬛ **조정 브러시**: 브러시 도구를 사용해 이미지의 특정 영역을 편집할 수 있다.
- ⬛ **적목 현상**: 사람이나 동물의 눈에서 적목 현상을 쉽게 제거할 수 있다. 또한, 동공 크기를 조정하거나 어둡게 할 수 있다.
- ⬛ **스냅숏**: 이미지의 다양한 편집 버전을 만들고 저장할 수 있다.
- ⬛ **프리셋**: 다양한 피부색, 영화, 여행, 빈티지 등의 인물 사진에 대한 프리셋을 적용할 수 있으며, 프리셋 위로 마우스를 가져가면 미리보기가 가능해 적용 강도를 조절할 수 있다.

로 파일의 주요 보정, 수정, 편집은 Light와 Color 탭에서 거의 다 가능하며 도구별 기능은 다음과 같다.

- White balance^{화이트 밸런스}: As shot, Auto, Daylight, Cloudy, Shade, Tungsten, Fluorescent, Flash, Custom의 옵션이 있으며, 이미지에 따라 적용해 화이트 밸런스를 조정할 수 있다.
- Temperature^{색온도}: 이미지의 색온도를 조정해 전체적인 분위기를 따뜻하거나 차갑게 만든다.
- Tint^{틴트}: 녹색 또는 마젠타 색상을 보정한다. 특히 인물 사진의 피부색 색온도 조정에 효과적이다.
- Exposure^{노출}: 전체 이미지 밝기를 조정하며 노출 값은 카메라의 조리개 값(f-스톱)과 같이 증가한다. +1.00 조정은 조리개를 1 스톱 여는 것과 같으며 -1.00 조정은 조리개를 1 스톱 닫는 것과 같다. 원하는 밝기로 슬라이더를 움직여 노출을 조정한다.

그림 8.3 기본 톤 조정을 위한 Basic 탭

- Contrast^{콘트라스트}: 주로 중간 톤에 영향을 주는 이미지의 콘트라스트를 높이거나 낮춘다. 콘트라스트를 높이면 중간에서 어두운 이미지 영역은 더 어두워지고, 중간에서 밝은 이미지 영역은 더 밝아진다. 콘트라스트를 낮추면 이미지 톤이 반대로 영향을 받는다.

- Highlights^{하이라이트}: 밝은 이미지 영역을 조정한다. 슬라이더를 왼쪽으로 이동하면 하이라이트를 어둡게 만들고, 일정 부분 클리핑된 하이라이트 디테일을 복구한다. 클리핑을 최소화하면서 하이라이트를 밝게 하려면 슬라이더를 오른쪽으로 이동해 원하는 톤을 만든다.

- Shadows^{섀도}: 어두운 이미지 영역을 조정한다. 클리핑을 최소화하면서 그림자를 어둡게 하려면 왼쪽으로 슬라이더를 이동한다. 그림자를 밝게 하고 어두운 영역의 세부 정보를 복구하려면 슬라이더를 오른쪽으로 이동한다.

- Whites^{화이트}: 하이라이트의 화이트 클리핑을 조정한다. 하이라이트에서 클리핑을 줄이려면 왼쪽으로 슬라이더를 이동한다. 하이라이트 클리핑을 늘리려면 오른쪽으로 이동한다. 금속 표면과 같은 반사 하이라이트는 화이트 클리핑을 증가시켜 만들기도 한다.

- Blacks^{블랙}: 섀도의 블랙 클리핑을 조정한다. 검은색 클리핑을 늘리려면 왼쪽으로 슬라이더를 이동한다(더 많은 섀도 영역을 순수한 검은색으로 만드는 역할을 한다). 섀도 부분의 클리핑을 줄이려면 슬라이더를 오른쪽으로 이동한다.

- Texture^{텍스처}: 사진의 질감을 의미하며 이미지의 세부 사항을 부드럽게 만들거나 강조하는 기능을 한다. 슬라이더를 왼쪽으로 이동하면 디테일을 매끄럽게 하고, 오른쪽으로 이동하면 디테일을 강조한다. 텍스처 슬라이더는 색상 및 색조를 변경하지 않으면서 질감만을 조정한다.

- Clarity^{클라러티}: 이미지 가장자리 부분의 콘트라스트를 증가시켜 이미지에 입체감을 강조하는 역할을 한다. 특히 인물 사진의 피부 표현에 사용하면 효과적으로 피부 결을 조정할 수 있다.

- Dehaze^{디헤이즈}: 사진에 촬영된 안개를 더 늘리거나 없애는 역할을 한다.

- Vibrance^{바이브런스}: 이미지의 피부색을 최대한 보호(skin color protector 기능 탑재)하면서 이미지의 전체적인 채도를 조정한다.

- Saturation^{채도}: 이미지의 전체적인 채도를 조정한다.

8.1 어도비 카메라 로 기능 구체적으로 알아보기

카메라 로는 포토샵에서 꼭 필요한 기능을 가볍게 사용하도록 만든 라이트룸과 매우 흡사한 구성이며, 포토샵의 가장 강력한 기능인 톤과 컬러를 조절하는 프로그램이다. 원래는 포토샵에서 카메라의 로 파일을 변환하는 프로그램으로 사용됐지만, JPEG 파일도 작업이 가능하다. 다양하고 강력한 기능이 있으므로 이것만 잘 알아도 사진이 좋아지는 것을 느낄 수 있다. 하나씩 자세하게 알아보도록 하겠다.

카메라 로 필터는 계속 업그레이드가 되겠지만, 그 큰 원리는 변하지 않고 계속되니 지금 기본을 잡아간다고 보면 된다.

8.1.1 히스토그램

그림 8.4 카메라로 히스토그램

그림 8.4의 전체적인 구성을 보면 오른쪽에 히스토그램과 촬영 데이터가 있다.

히스토그램은 노출의 과부족을 수치상으로 알려주는 창이라 할 수 있다.

히스토그램

포토샵이나 라이트룸에서 사진을 보정하기 위해서는 히스토그램을 읽고 이해할 수 있어야 한다.

히스토그램이란 이미지의 전체 톤의 값(tonal values of an image)을 그래픽으로 표현한 것으로 가로축이 색조 값 0~255 범위를 나타내고 세로축이 해당 특정 색조 값의 픽셀 수를 나타낸다. 히스토그램은 각 광도 백분율에서 사진의 픽셀 수(특정 밝기 수준을 가진 이미지의 픽셀 수)라고 할 수 있다. 이미지 전체 색조 범위를 평가하고 노출 과다 또는 노출 부족 영역을 판단할 수 있다. 또한, 이미지의 밝기, 콘트라스트, 노출 등을 조정해 원하는 사진을 만드는 데 필요한 정보다.

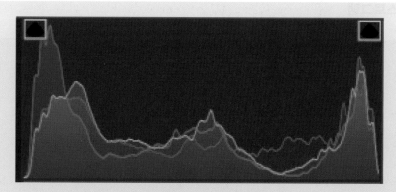

그림 8.5 히스토그램

히스토그램 패널의 왼쪽은 블랙이며 오른쪽은 화이트. 왼쪽 블랙부터 오른쪽 화이트까지 충분한 색조 정보가 나열돼 있다면 그 사진은 전체 색조 범위를 폭넓게 사용하는 톤이 드라마틱한 장면일 가능성이 크다. 반대로 전체 색조 범위를 사용하지 않으며 톤이 한쪽으로 치우쳐 있다면 콘트라스트가 부족한 흐릿한 이미지일 가능성이 크다. 양쪽 끝에 높은 스파이크가 있는 히스토그램은 그림자 또는 하이라이트 클리핑이 있는 사진을 의미한다. 클리핑으로 인해 하이라이트나 섀도에 이미지 세부 정보가 손실될 수 있다. 히스토그램은 빨간색, 녹색, 파란색 색상 채널을 나타내는 세 가지 색상 레이어로 구성된다.

히스토그램을 보면 노출 부분이 어둡게 처리된 것을 볼 수 있다.

그림 8.6 히스토그램 노출 경고

그림 8.6을 보면 촬영 데이터를 알려준다. ISO 200, 24-70, 70mm F3.2, 1/250s로 촬영을 한 데이터를 알려주고 있다. 즉, 감도는 200, 70mm 렌즈로 촬영을 진행했고, 조리개는 3.2로 비교적 오픈을 한 상태이고, 셔터 속도는 1/250초로 촬영을 한 사진이다.

이 사진의 경우 노출이 어둡다고 생각할 수 있다. 그러면 노출을 올릴 수 있다. 하지만 노출이 어둡고 무거운 톤으로 일부러 촬영한 것일 수도 있다. 히스토그램의 왼쪽 위의 삼각형을 눌러보면 노출이 부족한 부분이 파란색으로 나타나는 것을 볼 수 있다.

히스토그램에서 하이라이트 및 섀도 클리핑 미리보기

이미지 보정 작업 중에 사진의 하이라이트/섀도 클리핑을 미리 볼 수 있다. 픽셀의 색상 값이 이미지에서 표현할 수 있는 가장 큰 값보다 크거나 가장 낮은 값보다 낮을 때 발생한다. 지나치게 밝은 값은 클리핑돼 흰색으로 출력되고 지나치게 어두운 값은 클리핑돼 검정으로 출력된다. 그 결과 이미지 세부 정보가 손실된다. 잘린 영역은 완전히 흰색이거나 완전히 검은색이며 이미지 세부 정보가 없다. 클리핑은 히스토그램의 상단 모서리에서 하이라이트/섀도 클리핑 표시기를 볼 수 있다. 이것은 편집할 때 사진에서 너무 밝거나 어두운 영역을 확인할 수 있다.

클리핑 표시기는 ▲ 현상 모듈의 히스토그램 패널 상단에 있다. 검은색(섀도) 클리핑 표시기는 왼쪽에 있고, 흰색(하이라이트) 표시기는 오른쪽에 있다.

"포토샵은 촬영된 파일로 어떻게 이미지의 톤과 컬러를 해석할 것인가를 나타내는 것이다. 카메라 로는 톤을 구성하는 다양한 방식을 제공한다."

히스토그램 아래를 보면 Auto^{자동}, B&W^{흑백}, HDR^{하이다이내믹레인지}이 있다.

포토샵은 매우 오래된 소프트웨어로 그 구성은 중요한 것이 위로 가도록 구성돼 있다. 그래서 꼭 배워야 한다면 위의 것부터 순서대로 공부하면 된다.

8.1.2 카메라 로 자동 기능

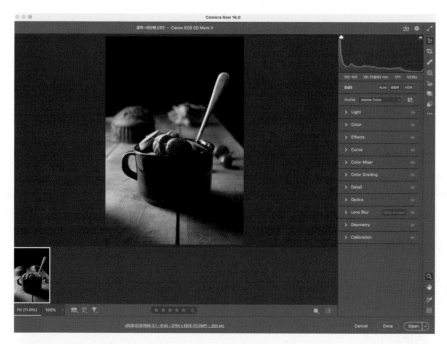

그림 8.7 카메라 로 자동 기능

그림 8.7에서 히스토그램 바로 아래의 Auto를 눌러보자. 그러면 바로 포토샵이 생각하는 좋은 톤의 사진을 만들어준다.

물론 이렇게 만든 이미지가 좋다고 생각할 수 있다. 하지만 이것은 포토샵이 알아서 만들어준 결과다. 때로는 좋을 수 있지만, 자신의 톤과 분위기를 만들지 못하는 때도 있다.

이번에는 흑백 사진으로 변환시켜 보겠다. Auto 버튼 옆의 있는 B&W를 클릭하면 된다.

그림 8.8 카메라로 흑백 변화

이번에는 HDR을 설명하겠다. HDR은 사진의 톤을 풍부하고 다양하게 구성해준다. 톤을 다양하게 구성하는 이유는 톤이 풍부한 사진은 정보가 풍부해 좋은 사진으로 판단할 경우가 많기 때문이다. 이처럼 톤을 다양하게 구성하는 아이디어로 존 시스템zone system이 있다. 필름 시절에 개발된 존 시스템은 흑백의 톤을 10단계로 나누고 그 톤을 개별적으로 조절해 원하는 톤을 만들 뿐 아니라, 톤이 고루 배치되게 하는 것이다. 이처럼 톤이 풍부하면 이미지는 더욱 고급스러운 분위기를 만들 수 있다.

실상 HDR은 디지털 카메라에서 톤 영역을 넓히고자 하는 것이다. 그래서 디지털 카메라로 노출 부족 상태로 촬영해 하이라이트 톤을 살리고, 적정 노출로 중간 톤을 살리고, 노출 과다로 어두운 부분의 노출을 살려서 이러한 톤을 합성하는 방법을 통해 톤을 조절하는 것이다. 하지만 이렇게 세 장을 촬영하는 것은 움직이는 피사체에는 적합하지 않을 수 있다. 하지만 데이터가 비교적 풍부한 카메라 로 파일을 이용해 한 장의 사진으로 이러한 톤의 조절을 하는 것도 가능하다.

그림 8.9 카메라 로 HDR

카메라 로는 매우 핵심적인 톤을 조절할 수 있는 기능이기 때문에 모두 완벽하게 이해해야 한다. 천천히 따라해보자.

8.1.3 프로파일 적용

프로파일은 이미지에 있는 특정한 컬러를 조정하는 것이다. 7장에서 CMS라는 개념을 설명했다. CMS는 붉은색으로 보이는 컬러가 모니터에도 붉은색으로 보이고 프린트했을 때도 붉은색으로 나오게 하는 일련의 시스템을 말한다. 당연히 이렇게 돼야 한다고 생각할 수 있지만, 실상 이것은 엄밀한 의미에서 거의 불가능에 가깝다. 그 이유는 다음과 같다.

우리가 사과를 볼 때 공간에서 반사된 빛으로 사과를 보게 된다. 반사된 사과와, 패널에서 나오는 빛의 사과가 같다는 것은 현실적으로 어렵다. 모니터 회사가 여러 곳이고, 카메라 회사도 여러 곳이다. 예를 들어, 삼성 모니터, 엘지 모니터, 애플 모니터가 같은 색은 아니라는 점이 문제다. 이처럼 장치들의 색 공간이 다르므로 이러한 색 공간을 매칭시키려고 노력하는데, 이것을 CMS라고 한다. 이러한 CMS에서 매칭시키는 파일이 프로파일이다. 프로파일이라는 것을 어렵게 생각하지 말자. 예를 들어, 사과가 모니터에서 원본보다 조금 더 붉게 표현된다면 모니터에 컬러 조정 프로파일을 이용해 일정하게 덜 붉게 조정해주는 것이다.

하지만 카메라 로에서 사용하는 프로파일은 일반적인 CMS 개념의 프로파일이 아니다. 그보다는 일정한 느낌으로 본 사진의 톤과 컬러를 해석하는 방법을 포토샵에서 다양하게 제공해준다고 생각하면 좋을 것이다. 이러한 톤을 제공하는 것은 컬러에 관한 해석과 의미가 늘어났기 때문이다.

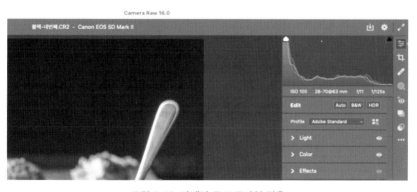

그림 8.10 카메라 로 프로파일 적용

그림 8.11 카메라 로 다양한 컬러 프로파일 적용

이처럼 프로파일을 변경하면 톤과 컬러가 조금 바뀌는 것을 알 수 있다.

오른쪽에 다양한 컬러의 섬네일 이미지처럼 보이는 사진이 있는데 그곳을 눌러보면 다양한 톤의 컬러가 나오는 것을 알 수 있다. 포토샵 카메라 로에서 나온 톤을 바로 저장하면 그 톤 으로 사진을 만들 수 있는 것이다.

8.1.4 파일 저장

다음은 저장에 대해 알아보겠다.

그림 8.11에서 오른쪽 상단의 톱니바퀴(⚙) 옆에 있는 아래로 향한 화살표 있는 버튼(⤓)을 눌러보자.

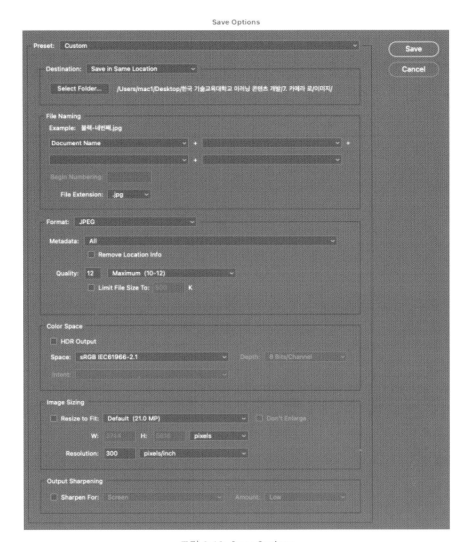

그림 8.12 Save Options

그러면 그림 8.12와 같이 Destination^{저장하는 위치}, File naming^{파일 이름}, Format^{파일 포맷}, Color Space^{색 공간}, Image sizing^{이미지 크기}, Output Sharpening^{선명도 결정} 등을 이용해 저장하는 것이 가능하다.

이처럼 어떻게 저장할 것인가를 결정해서 저장하면 된다. 너무 어렵게 생각하지 말자. 만일 어렵다면 위에 설명한 것 위주로만 결정하고 저장해도 큰 문제는 없다. 예를 들어, 저장 공간, 저장 파일 포맷 정도를 정하고 오른쪽 상단에 있는 Save 버튼을 누른다.

저장 파일 포맷은 다음과 같다.

- JPEG: 컬러를 압축하는 방식으로 범용적으로 사용이 가능한 파일이다.

- PSD: 포토샵 저장 파일이며, 레이어를 저장하는 것이 가능하다.

- DNG: 디지털 네거티브Digital NaGative의 약자이며, 로 파일처럼 많은 정보를 담고 있고, 포토샵에서 호환성이 높다.

- PNG: 투명 레이어를 저장할 수 있는 포맷으로 압축률이 높다.

- TIFF: PSD와 유사하게 레이어를 저장할 수 있고, 데이터 손실이 적은 무압축 방식을 선택할 수 있다. 높은 16비트 사용이 가능하다.

8.1.5 Light

그림 8.13의 Light라이트에 대해 알아보겠다. Light에서는 사진의 밝기를 조절할 수 있다.

그림 8.13 Light에서 밝기와 톤에 관한 조정

- Exposure^{노출 영역}: 전체 이미지 밝기를 조정한다. 이미지가 원하는 밝기가 될 때까지 슬라이더를 좌우로 조정한다. 노출 값은 카메라의 조리개 값(f-스톱)과 같이 증가한다. +1.00 조정은 조리개를 1 스톱 여는 것과 같다. 마찬가지로 -1.00 조정은 조리개를 1 스톱 닫는 것과 같다.

- Contrast^{콘트라스트}: 이미지의 밝고 어두운 부분을 늘리거나 축소해서 밝고 어두운 부분의 차이를 크게 만들거나 차이를 적게 만들 수 있다.

- Highlights^{하이라이트 영역}: 밝은 이미지 영역을 조정한다. 왼쪽으로 드래그해 하이라이트를 어둡게 하고 '날아간' 하이라이트 디테일을 복구한다. 클리핑을 최소화하면서 하이라이트를 밝게 하려면 오른쪽으로 드래그한다.

- Shadows^{섀도 영역}: 어두운 이미지 영역의 밝기를 조정해 세부 묘사를 복구한다. 클리핑을 최소화하면서 섀도를 어둡게 하려면 왼쪽으로 드래그한다. 섀도를 밝게 하고 세부 정보를 복구하려면 오른쪽으로 드래그한다.

- Whites^{화이트 영역}: 사진의 흰색 부분 및 화이트 클리핑을 조정한다. 하이라이트에서 클리핑을 줄이려면 왼쪽으로 드래그한다. 하이라이트 클리핑을 늘리려면 오른쪽으로 드래그한다.

- Blacks^{블랙 영역}: 사진의 검은색 부분과 검은색 클리핑을 조정한다. 검은색 클리핑을 늘리려면 왼쪽으로 드래그한다(더 많은 섀도 영역을 순수한 검은색으로 매핑한다). 검은색 클리핑을 줄이려면 오른쪽으로 드래그한다.

Light에서는 노출, 콘트라스트, 하이라이트, 섀도, 화이트, 블랙을 조절할 수 있다. 이러한 톤의 조절은 위에 있는 히스토그램을 보면서 할 수 있다. 히스토그램을 보면서 존 시스템을 이용해 톤을 다양하게 만들고자 하는 방식으로 톤을 조절해볼 수 있다.

로 파일의 조절은 이러한 톤의 조절이 하나의 방법론이다. 향후에는 자신만의 톤을 만들어 갈 수 있다. 카메라 브랜드마다 지향하는 컬러 톤이 있고, 작가들은 자신의 톤, 스타일이 있다. 이러한 톤은 자신이 만들어가는 것이다.

각 채널에 대해 클리핑된 이미지를 보려면 현상 모듈의 Basic 패널에서 슬라이더를 이동하는 동안 Alt(윈도우) 또는 Option(맥 OS)을 누른다. 복구 및 흰색 슬라이더의 경우 이미지가 검은색으로 바뀌고 잘린 영역이 흰색으로 나타난다. 검은색 슬라이더의 경우 이미지가 흰색으로 바뀌고 잘린 영역이 검은색으로 나타난다. 색상 영역은 하나의 색상 채널(빨간색, 녹색, 파란색) 또는 두 색상 채널(청록색, 다홍색, 노란색)의 클리핑을 나타낸다.

8.1.6 Color

그림 8.14 Color 조정

Color에는 오른쪽에 스포이트 도구(🖋)가 있다. 스포이트를 통해 화이트 밸런스를 맞추는 것이 가능하다. 화이트 밸런스는 흰색이라고 인지하는 곳을 흰색으로 만드는 기능이다. 예를 들어, 사진의 뒤에 있는 벽이 흰색이라고 인지했을 경우 그곳을 스포이트로 클릭하면 화이트 밸런스가 교정된다. 스포이트를 이용한 흰색 균형은 정확한 색 재현을 위해 필수적이다.

하지만 사진가로서 정색 재현을 위해 이미지의 화이트 밸런스 조절 방법에 대해 이해할 필요가 있다. 화이트 밸런스를 바로잡으면 이미지의 기본적인 색상 문제도 함께 해결되기 때문이다.

사진의 화이트 밸런스를 조정하려면 이미지에서 무채색(흰색 또는 회색)으로 지정할 부분을 먼저 판단해야 한다. 무채색이라고 판단한 부분을 선정한 다음에 색상을 조정해 이러한 부분을 중성색으로 만든다. 장면의 흰색 또는 회색 부분은 주변 조명이나 플래시에 의해 다양한 색조를 띠게 된다. 포토샵의 카메라로 Basic 패널에서 화이트 밸런스 도구를 사용해 흰색 또는 회색으로 원하는 부분을 조정할 수 있다. 혹은 스포이트 도구를 직접 중성색으로 원하는 이미지 부분에 클릭해 색온도를 조정할 수 있다.

색온도는 켈빈^{Kelvin} 단위를 사용하며 장면 조명의 기준으로 사용된다. 자연광 및 백열등 광원은 색온도에 따라 원하는 장면의 색조를 만들 수 있다.

- **낮의 빛, 자연광**: 약 5500~6000k

- **아침과 저녁의 붉은빛, 백열등**: 약 3200~3400k

색온도는 촬영에 있어서 매우 중요한 부분이다. 이러한 색온도는 전체적인 이미지의 톤을 조정하기 때문이다. 잘 이해가 되지 않을 수 있다. 예를 들어, 4000k로 카메라에 색온도를 설정하고 촬영을 한다고 생각해보자. 그러면 백열등은 약간 노란색 느낌으로 보일 것이고 외부 자연광은 푸른색으로 표현될 것이기 때문이다. 만약 5000k로 설정하고 촬영을 하면 외부 자연광은 흰색으로 표현이 되고, 3200k의 조명을 쓴다면 이미지에 노란 웜 톤^{warm tone}이 들어가게 된다. 이러한 색온도의 개념이 부족하면 이미지에서 톤 조절이 매우 어려울 수 있다. 9장의 컬러 부분에서 이 내용을 더 다루도록 하겠다.

Color 패널의 White balance 드롭다운 메뉴에는 색조를 보정하기 위한 다음과 같은 세 가지 탭이 있다. 이 탭을 사용해 색상 균형을 미세 조정할 수 있다.

- As shot(샷처럼): 카메라의 화이트 밸런스 설정을 사용한다.
- Auto(자동): 이미지 데이터를 기반으로 화이트 밸런스를 계산해 자동으로 조정한다. 카메라 로그가 카메라의 화이트 밸런스 설정을 인식하지 못하는 경우 As shot 선택은 Auto와 같다.
- Custom(커스텀): 화이트 밸런스를 사용자 지정 색온도로 설정한다.

White balance를 빠르게 조정하려면 White balance 도구를 선택한 다음 중성 회색으로 만들려는 이미지 영역을 스포이트로 클릭한다. 온도 및 색조 속성을 조정해 선택한 색상을 정확히 중간색으로 만들 수 있다. 흰색을 클릭하는 경우 반사 하이라이트가 아닌 중요한 흰색 디테일이 포함된 하이라이트 영역을 선택해야 정확한 결과를 얻을 수 있다.

사진의 밝기 다음으로 컬러는 우리의 인식과 인지에 큰 영향을 주게 된다. 인간이 컬러 변화에 민감하게 반응하게 하는 것은 아니지만, 특정한 컬러는 우리를 공명시켜 감정 반응에 변화를 일으킬 수 있으므로 매우 중요하다. 우리에게 가장 익숙한 컬러는 태양의 컬러다. 태양의 컬러를 표현한 것이 가장 위에 있는 색온도 설정 탭이다. 왼쪽으로 슬라이드를 움직이면 차가운 컬러(Blue)가 만들어지고 오른쪽으로 움직이면 따뜻한 컬러(Yellow)가 만들어진다. 그 아래쪽을 보면 Tint라고 나오고 녹색과 마젠타 색의 조절이 가능하다. 색온도의 파란색과 노란색, 녹색과 마젠타 색을 조절하는 것이 가능한데, 이는 LAB 컬러의 값을 이용한 것이다. 이는 녹색과 마젠타 색, 파란색과 노란색이 동시 지각이 되지 않기 때문에 이러한 톤의 조절이 가능한 체계로 많은 컬러를 조절하는 것이 가능하다. 그 아래로 Vibrance와 Saturation이 있는데 이것은 채도를 약하게 하거나 강하게 하는 것이다.

8.1.7 Effects

그림 8.15 Effects

Effects 탭은 Texture로 전체적인 선명도를 조절한다. Texture나 Clarity를 올리면, 부분의 콘트라스트가 변경돼 선명한 느낌을 조정한다. Dehaze는 큰 콘트라스트가 변하면서 안개가 사라지며 선명하게 보이거나 뿌연 안개 같은 부드러운 톤을 만들 수 있다.

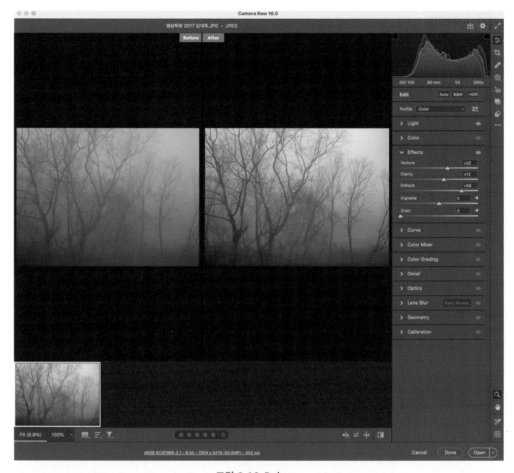

그림 8.16 Dehaze

Dehaze를 사용하면 안개 낀 날의 안개를 제거하는 효과를 만들 수 있고, 수치를 줄여주면 안개가 더 심하게 보일 수 있게 만들 수 있다.

다음은 Vignetting이다. Vignetting은 주변 부위를 어둡게 하거나 밝게 조절하는 것이다. 중심부를 기준으로 외부 부분의 톤을 조절하기 때문에 중심을 강조하는 효과가 있다. 이는 전문적인 사진가들이 많이 사용하는 방법이다. 일반적으로 비네팅을 -1 스톱 정도 만들어주면 주변에 어두운 비네팅이 있다는 것을 잘 눈치채지 못하면서도 주변으로 시선이 빠지는 것을 막을 수 있다. 주목을 위해 많이 사용하는 방법이다.

마지막은 Grain이다. Grain은 입자감을 만든다. 이것은 일정하게 질감을 만들 수 있다. 여전히 필름이라는 톤을 선호하는 사람들이 많이 있다. 이러한 그레인 효과는 이런 필름의 톤을 재현하는 것에도 도움을 준다. 입자감은 일정하게 질감의 느낌을 만들거나 입체적인 느낌을 만드는 것에도 도움이 되는 경우가 있다.

8.1.8 Curve

그림 8.17 Curve

Curve는 포토샵에서 많이 활용되는 톤과 컬러를 조절하는 방법이다. 비선형 방법으로 자연스러운 톤을 조절하는 것에 특화된 방법이다. 포토샵의 제작자들은 위에서 일정하게 큰 톤의 수정을 진행하고 미세하게 원하는 톤을 Curve로 조절할 수 있도록 만들었다. 카메라 로에서의 Curve는 원하는 지점을 선택하고 그 지점을 기준으로 톤을 조절할 수 있도록 만들었다. 그리고 Curve는 밝기뿐 아니라 R, G, B, C, M, Y 컬러를 조절하는 것이 가능하다.

8.1.9 Color Mixer

그림 8.18 Color Mixer

Color Mixer는 특정한 컬러 톤의 영역의 컬러를 변형시키는 것이 가능하다. 포토샵은 자신이 원하는 톤을 만들 수 있다. Color Mixer를 이용하면 원하는 컬러 부분만의 톤을 수정하는 것도 가능하다. 달리 말하면 이것은 컬러 선택이라 할 수 있다. 그림 8.18에서 보면 촬영된 리본의 컬러가 보라색이지만, 포토샵의 눈을 가진 우리는 그것을 파란색으로도 혹은 다른 색으로 볼 수 있는 것이다. 이것을 포토샵의 선 시각화라고 말한다.

그림 8.19 새로 추가된 Point Color

Color Mixer 탭에 새롭게 추가된 기능으로 Point Color^{포인트 컬러}가 있다.

색조^{hue}, 채도, 휘도^{luminance}의 범위를 제어하는 기능을 포함해 색상을 정밀하게 조정할 수 있다. Point Color는 마스킹과 함께 사용할 수도 있어 특정 색상을 더 잘 조정할 수 있다.

8.1.10 Color Grading

그림 8.20 Color Grading

Color Grading은 전체적인 톤 혹은 미드 톤^{midtone}, 섀도 톤, 하이라이트 톤 등에 원하는 컬러를 넣을 수 있다. 여기서 의문이 생길 수 있다. Color, Curve, Color Mixer에서 컬러를 조절할 수 있는데, 왜 또 Color Grading까지 만들었을까? 이것은 컬러의 조절을 매우 세밀하게 하기 위함이다. 이렇게 컬러를 중시하는 것은 컬러가 사진에 주는 영향력이 크기 때문이다. 좋은 사진은 좋은 톤과 컬러를 갖고 있다.

컬러에는 그 컬러만이 갖는 상징적인 이미지가 있다. 예를 들어, 흰색의 컬러는 순수, 적색은 열정 등의 이미지가 있다. 이러한 것을 사진에 넣어볼 수 있다. 시원한 청량감이 느껴지게 하고 싶다면 푸른색을 넣을 수 있다. 따뜻한 느낌을 주고 싶다면 오렌지색을 전체적으로 넣을 수 있다. 이러한 미세한 톤의 변화를 통해 일정한 느낌에 변화를 줄 수 있다. 또한, 컬러에는 컬러 균형이라는 것이 있다.

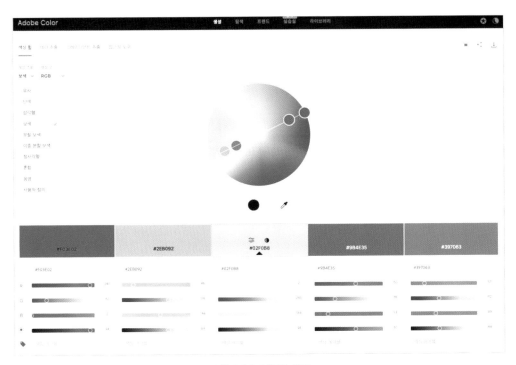

그림 8.21 어도비 컬러

컬러는 보색 균형, 삼각형 균형 등의 일정한 균형점을 잡아갈 수 있다. 다시 말해 색상이 균형 잡히게 사용되면 색감에 있어서 안정적으로 보일 수 있다는 의미다. 조금 더 살펴보겠다.

그림 8.22 컬러 휠 이미지

"컬러의 상징, 컬러의 균형, 컬러의 대비 등의 요소들을 이용해 작업을 한다."

그림 8.23 Color Grading을 통한 톤 조절

그림 8.23에서 왼쪽의 사진은 원본이고 오른쪽 사진은 수정본이다. 아마 왼쪽의 사진은 조금 더 따뜻하다고 느꼈을 것이고, 오른쪽 사진은 크게 이상하다고 느끼지는 않았을 것이다. 만약 오른쪽 사진만을 먼저 봐도 여러분은 사진이 크게 이상하다고 느끼지 못했을 것이다. 왜냐하면 컬러의 균형을 맞췄기 때문이다. 이것은 많이 사용하는 기법으로 보색인 푸른색과 오렌지색을 함께 사용하는 틸 앤드 오렌지 방법을 사용한 사진이다. 이러한 일정한 보색 대비로 인해 인물이 강조될 수 있다.

그림 8.22의 컬러 휠을 시소라고 생각해보자. 그림 8.23에 있는 여인의 컬러는 빨간색과 오렌지색이다. 배경은 회색과 푸른색을 이용하면 컬러의 무게추가 컬러 휠에서 시소의 양쪽 컬러를 사용하는 것처럼 된다. 이러한 방식으로 컬러를 첨가하거나 조절하는 것이다.

사진을 촬영하기 위해서 때로는 모델에게 어떤 의상을 입고 오라고 이야기할 수 있다. 컬러의 균형, 컬러의 상징을 생각해서 말해보면 어떨까? 그러한 컬러에 관한 이해를 바탕으로 포토샵에서 작업을 하는 것이 가능하다.

8.1.11 Detail

그림 8.24 Detail 탭

Detail 탭은 사진의 선명도와 관련이 있다. 디지털 사진은 디지털 수광 소자를 통해 빛을 받아들여야 하므로 기본적으로 화상의 간섭 현상 등 다양한 문제를 갖고 있다. 이러한 결점을 해결하기 위해 디지털 카메라는 선명하게 화상을 만드는 것이 아니라 약간은 흐릿하게^{blur} 상을 만들게 된다. 그래서 모든 디지털 사진은 샤픈^{sharpen}의 과정을 거쳐야 한다. 그래서 카메라 로에서도 여러 곳에 선명도와 관련된 내용이 있다. 중요한 것은 여러 곳에 넣어 두기 때문이다(컬러도 중요하고 비네팅도 여러 곳에 있다).

그리고 노이즈를 줄여주는 기능이 있다. 노이즈는 불필요한 부분에 생기는 픽셀을 제어하는 것이다. 노이즈는 밝기와 관련된 루미넌스^{luminance} 노이즈와 컬러 노이즈로 구분된다. 흥미로운 점은 왜 샤픈과 함께 노이즈 제어가 같은 탭에 들어가 있는가 하는 점이다. 그 이유는 샤픈은 경계부의 콘트라스트를 높여서 선명하지 않은 사진을 선명하게 만드는 방법이고, 노이즈는 불필요하게 변경된 픽셀을 흐릿하게 만들어 조절하는 방식이기 때문이다. 즉, 상보 관계가 있으므로 이를 같은 탭에 넣어둔 것이다. AI 기반의 노이즈 제거 방식도 새로 들어와서 사용의 편리성을 높이고 있다.

8.1.12 Optics

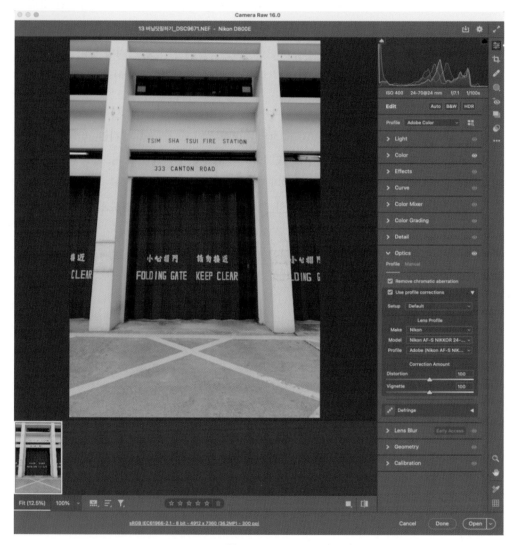

그림 8.25 Optics

Optics^{광학}는 카메라의 렌즈에 따른 왜곡의 수정·보완을 위해 만들어졌다. 그래서 색수차를 제어하고, 렌즈에 따른 왜곡을 수정하는 것이 가능하다. 또한, 여기에는 렌즈의 왜곡과 함께 비네팅이 또 들어가 있는 것을 볼 수 있다. 렌즈는 원형으로 돼 있어서 주변부가 왜곡이 생기고, 조금 어두워지는 현상이 있다. 물론 이러한 효과는 중앙 부분을 집중하게 하므로 때로는 좋은 결과를 맞이하기도 하지만, 렌즈의 측면에서 보면 결점이라 할 수 있다. Optics는 렌즈의 결점을 보완하는 것이다. 자동으로 조절하는 방법이 있고, 수동으로 조절하는 방법도 있다. 슬라이드 탭을 조정해보자. 또한, 색수차를 제어하는 항목도 있다. 색수차라는 것은 중심으로 들어온 빛과 주변부로 들어온 빛이 한 곳으로 결상되지 않아서 생기는 컬러의 비틀어짐 현상을 말한다. 이러한 색수차가 생기면 불필요한 부분에 보라색 혹은 녹색이 만들어지는 것을 관찰할 수 있다.

그런데 초심자라면 어느 정도를 어떻게 조절해야 하는지 결정하기 어려울 것이다. 이것은 보는 눈이 필요하다. 렌즈의 선택으로 생겨나는 왜곡과 느낌을 경험하도록 노력하자.

8.1.13 Lens Blur

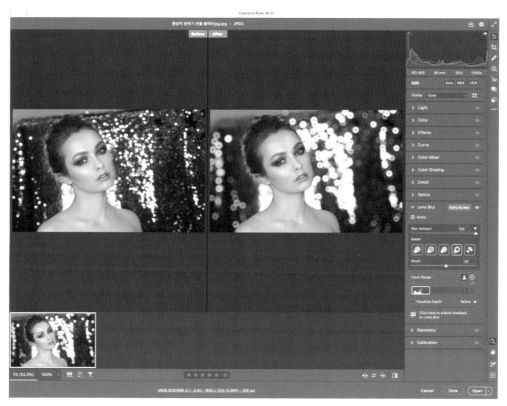

그림 8.26 Lens Blur

Lens Blur는 촬영된 사진을 이용해서 일정하게 아웃포커스 현상을 통해 보케를 조절할 수 있는 것을 말한다. 아웃포커스 현상을 강조하는 것뿐만 아니라 보케의 형태를 조절할 수 있어서 주제를 강조하고 배경을 아름답게 만드는 것에 활용할 수 있다.

어도비 카메라 로는 AI 기반 렌즈 흐림 효과를 사용해 사진의 피사계 심도를 조정할 수 있다. Lens Blur를 사용해 광학적 흐림 및 보케 효과를 추가하는 방법은 다음과 같다.

1. Edit ❯ Lens Blur를 선택한다.

2. Lens Blur를 사용해 흐림 효과의 자동 적용을 선택한다.

   - 자동적으로 흐림 효과가 작동하고, Boost 슬라이드를 조정하면 흐림 효과가 조정된다.

   - Bokeh 효과는 원형circle (⊙), 버블bubble(⊙), 5날5-blade(⊙), 링ring(⊙), 캣츠아이cat's eye(⊙) 등을 선택하는 것이 가능하다.

   - Boost부스트 슬라이더로 초점이 맞지 않는 광원의 밝기를 조정한다.

그림 8.27 Lens Blur

3. Focal Range초점 범위를 사용해 초점이 맞는 깊이 값의 범위를 조정한다.

   - **피사체 초점**subject focus: AI 기반 피사체 감지를 사용해 초점 범위를 자동으로 설정한다.

- Focus Range^{포커스 범위}: 슬라이드를 이용해 포커스의 영역을 설정한다.

4. Visualize Depth^{심도 시각화}를 선택해 심도 맵과 초점 범위를 볼 수 있다. 수동으로 조정하려면 Refine^{다듬기}을 선택한 다음 Brush Size^{브러시 크기}, Feather^{페더}, Flow^{흐름} 슬라이더를 사용해 Focus^{초점} 또는 Blur^{흐림 효과} 양을 조정한다.

8.1.14 Geometry

그림 8.28 Geometry

건물을 촬영하면 일반적으로 아래에서 위로 촬영을 하게 된다. 그러면 아랫부분은 넓게 표현되고 위는 좁아지게 된다. 이처럼 수평과 수직이 맞지 않는 사진을 교정하고 수정하는 것이 Geometry의 기능이다. 만약 이러한 작업을 하기 그림 8.28의 사진처럼 촬영한다면 오른쪽처럼 배경 부분이 더 많이 필요하다는 것을 알 수 있다. 따라서 촬영할 때 더 넓은 부분을 촬영해놓으면 작업하기가 수월하다.

8.1.15 Calibration

그림 8.29 Calibration

Calibration은 카메라의 컬러를 미묘하게 조절하는 방법이다. 다시 말해 R, G, B의 컬러를 조절하는 것이다. 일반적으로 이것을 잘 건드리지는 않지만 필요하다면 미세하게 자신만의 톤을 만드는 것이 가능하다. CMS에서 활용할 수 있다. 쉽게 건드리기 어렵다고 보는 이유는 컬러의 미세 조정은 통제된 환경과 고급 모니터를 사용하지 않으면 확인 자체가 어렵기 때문이다. 환경과 조건이 갖춰지지 않은 상태에서 임의로 톤을 조절하는 것은 오히려 톤의 왜곡을 가져올 수 있기 때문이다.

8.1.16 Preferences

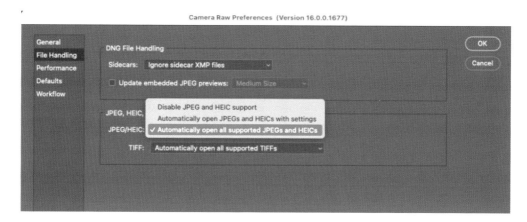

그림 8.30 Preferences

Preferences설정를 조정하기 위해서는 카메라 로의 기본 화면에서 오른쪽 상단에 있는 톱니바퀴 모양을 클릭한다. 그리고 그림 8.30처럼 왼쪽의 File Handling파일 핸들링을 클릭한다.

카메라 로는 원래 raw 파일만 작업이 가능하지만, 작업 편의성을 높이기 위해 JPEG 파일이나 TIFF 파일도 사용할 수 있도록 설정돼 있다. 그림 8.30은 이러한 부분에 관한 설명이다. 자동으로 모든 JPEG 파일을 카메라 로 환경으로 열 수 있는 옵션이다. 그러면 카메라 raw 파일뿐 아니라 JPEG 파일도 카메라 로의 환경에서 편집하는 것이 가능하게 된다. 카메라 로는 포토샵에서 할 수 있는 많은 작업을 조금 더 쉽고 편리하고 빠르게 작업을 하는 것이 가능하므로 중요한 기능이다. raw 파일이 아닌 JPEG 파일로 사용하는 것이 편리한 경우가 많다. 다양한 파일의 일괄 작업을 위해서 카메라 로가 사용되기도 한다.

8.2 어도비 카메라 로 도구

어도비 카메라 로 오른쪽에 보면 사용할 수 있는 다양한 도구가 있다. 이러한 도구는 사진을 자르거나 먼지를 지우거나 선택 영역을 만드는 등 다양하고 기본적인 조정을 가능하게한다. 반드시 필요한 내용이기 때문에 모두 알아야 한다.

8.2.1 Crop

그림 8.31에서 오른쪽 상단을 보면 Crop^{자르기}(🔲) 도구가 있다.

그림 8.31 Crop

Crop 도구를 이용하면 사진을 자르거나 특정한 각도로 틀어보는 것이 가능하다. 또한, 이미지를 왼쪽 오른쪽으로 돌리거나 상하좌우로 뒤집거나 특정한 비율로 자르는 것이 가능하다.

8.2.2 Remove

그림 8.32 Content-Aware Remove

Content-Aware Remove^{내용 인식 제거} 도구는 먼지나 결점을 지우는 도구다. Contents Aware^{콘텐츠 어웨어} 도구, Healing^{힐링} ( ) 도구, Stamp^{스탬프} ( ) 도구의 세 가지 옵션이 있다.

- Remove: 포토샵이 자동 인식한다.

- Heal: 샘플 영역의 텍스처, 조명, 음영을 선택 영역과 일치시킨다.

- Clone: 이미지의 샘플 영역에서 선택 영역에 동일하게 적용한다.

브러시로 클릭을 하면 그 부분의 먼지 결점을 제거 수정해주게 된다. 브러시의 크기와 강도는 조절하는 것이 가능하다. 브러시의 크기는 자판의 p 키 옆의 [키를 누르면 브러시의 크기가 작아지고,] 키를 누르면 브러시의 크기가 커진다. 이는 포토샵에서도 동일하게 작동하는 단축키이니 반드시 알아두기 바란다.

Content-Aware Remove는 포토샵이 고급 알고리듬과 AI를 사용해 사진 내용을 인식하고 편집할 수 있는 도구다. 이 기능을 사용하려면 먼저 올가미 도구 또는 빠른 선택 도구와 같은 선택 도구를 사용해 제거할 영역을 설정한다. 영역이 선택되면 옵션을 선택해 미세 조정을 할 수 있으며, 주변 영역 또는 전체 사진에서 포토샵이 자동으로 내용을 인식하고 제거한다. 또한, 혼합 모드의 조정과 채우기의 불투명도도 설정할 수 있다. 설정 결과를 적용하면 포토샵은 선택한 영역을 주며 배경과 일치하는 콘텐츠로 채워준다. 그 결과 제거된 피사체의 흔적 없이 자연스러운 이미지로 만들어진다.

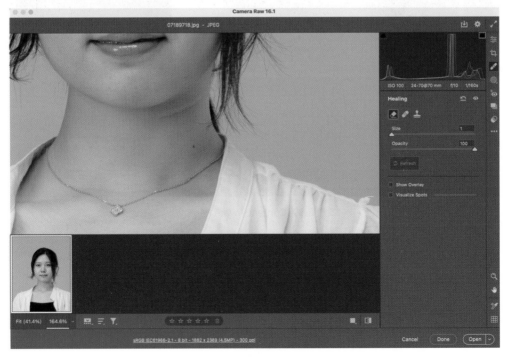

그림 8.33 Healing 도구 설정

1. 그림 8.33에서 먼저 수정하려는 사진을 선택하고 문제점을 파악한다. 그림 8.34의 사진에서 어도비 카메라 로의 Remove 패널에서 Remove를 선택한다.

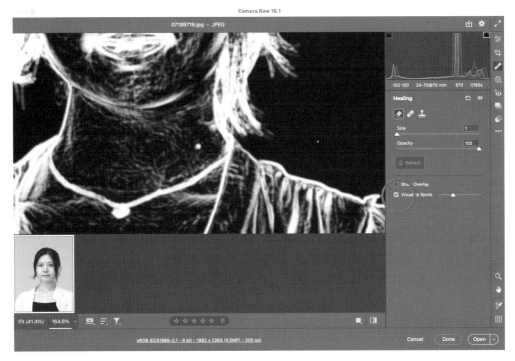

그림 8.34 Visualize Spots

2. 제거할 부분에 맞게 선택할 브러시의 크기 및 불투명도를 정의한다.

3. 내용 인식 제거 도구를 사용해 복구할 영역 위로 브러시를 클릭하고 드래그한다. 어도비 카메라 로가 사진의 다른 부분에서 생성된 가장 적합한 콘텐츠로 선택 영역을 분석하고 채운다(좌-선택 영역, 우-선택 후 드래그한 부분이 주변 내용을 인식해 자연스럽게 채운 모습).

Visualize Spots^{별색 제거} 도구를 사용하면 모니터에서 보이는 대부분의 얼룩 또는 결함을 확인하고 제거할 수 있다. 하지만 고해상도의 사진들은 모니터에서 보이지 않았던 결함이 발생할 수 있으므로 반드시 100% 확대해 확인하는 습관이 필요하다. 이러한 결함들은 카메라 센서의 먼지나 인물의 피부 잡티, 파란 하늘의 새털구름 등 다양한 유형으로 나타날 수 있다. 따라서 그림 8.34처럼 포토샵에서 Visualize Spots 기능을 사용해 눈에 잘 보이지 않는 결함을 제거할 수 있다. 별색 제거를 선택하면 이미지가 반전된 상태, 즉 thresholder 상태(이미지의 컬러 정보를 제거해 장면을 표현)로 나타난다.

그림 8.34처럼 피부를 눈으로 보았을 때 보이지 않던 결점들이 Visualize Spots를 사용하면 보이게 된다. 그러면 좀 더 정밀하게 작업을 할 수 있다. 이를테면 색 표시 슬라이더를 사용해 반전된 이미지의 대비도를 조정할 수 있다. 슬라이더로 대비도를 조정하면서 센서의 먼지나 점 또는 원치 않는 요소 등의 결함을 확인할 수 있다. 11장에서 포토샵을 이용해 정밀 작업을 하는 방법을 자세히 소개하겠다.

8.2.3 Mask

Mask^{마스크}를 이용해 인물, 피사체, 배경을 자동으로 선택할 수 있다.

그림 8.35 Mask를 이용한 다양한 선택

지금까지는 전체의 톤과 컬러를 조절했다면 이번에는 원하는 부분을 선택하고 그 부분의 톤과 컬러에 변화를 줄 수 있다. 사물의 선택, 하늘의 선택, 배경의 선택, 브러시로 선택, 원형 선택 등 다양한 방식의 선택 방법이 있다. 선택하고 나면 그 부분에 대해 톤과 컬러를 수정하는 것이 가능하다.

포토샵에서 마스킹^{masking} 기능을 이해하는 것은 매우 중요하다. 포토샵의 마스킹 기능은 이미지 또는 레이어의 특정 부분을 선택적으로 보이거나 숨기는 데 사용된다. 마스킹의 개념은 마스크를 만든 다음 선택된 영역에 보정을 적용하는 것이다. 그 결과 선택한 영역이 조정의 영향을 받지만 마스크된 영역은 그대로 유지된다.

최신의 마스킹 도구는 다양한 로컬 조정 도구를 하나의 체계적인 패널로 형성했으며 사진의 색상 또는 광도 범위를 정밀하게 조정해 원하는 작업을 할 수 있게 도와준다. 이로 인해 이미지에서 개체를 선택하고 편집할 때 많은 시간과 노력을 절약할 수 있다.

포토샵 카메라 로의 Masking 패널의 인물 선택, 오브젝트 선택, 배경 선택 마스크 기능은 신체의 특정 부위(피부, 치아, 눈 등), 하늘 선택 또는 배경 선택 등을 빠르게 해 작업자의 시간과 노력을 아낄 수 있게 한다.

인물을 선택하는 과정은 다음과 같다.

1. 편집할 사진을 가져온다. Mask > Subject을 선택한다.

2. 카메라 로는 사진의 모든 인물을 자동으로 감지한다. 사진에서 조정할 인물을 선택할 수 있다.

3. 머리카락, 피부, 치아, 눈 등 신체의 특정 부분을 선택하고 보정할 수 있다.

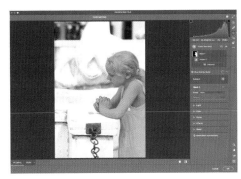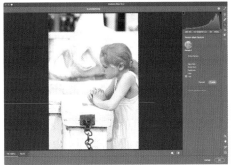

그림 8.36 인물의 선택

4. Masking 패널을 클릭해 마스크를 더 추가하거나 빼기가 가능하다.

5. 오른쪽 패널의 편집 슬라이더를 사용해 선택 항목을 조정한다.

브러시를 이용한 피사체 선택 과정은 다음과 같다.

1. 편집할 사진을 가져온다. Mask > Subject를 선택한다.

2. Brush(선택할 개체 위를 대략 칠해 선택)나 Object^{피사체}(선택할 개체 위에 상자를 만듦)을 선택해 선택 영역을 만든다.

3. 카메라 로가 선택 영역을 기반으로 개체를 분석해 자동으로 마스크를 만든다.

4. Masking 패널에서 마스크를 클릭하면 추가 선택할 수 있으며, 선택 영역에 다른 영역을 추가하거나 빼서 자동 선택 영역을 다듬을 수 있다.

5. 오른쪽 패널에 있는 다양한 편집 슬라이더를 사용해 선택 영역을 원하는 대로 조정한다.

그림 8.37 피사체의 선택

배경을 선택하는 과정은 다음과 같다.

1. 편집할 사진을 가져온다. 오른쪽 패널에서 Mask ❯ Background를 선택한다.

2. 카메라 로가 분석을 진행하고 배경을 자동으로 선택한다. 선택 영역을 오버레이^{overlay}
   로 볼 수 있으며, Masking 패널에 마스크가 생성된다. 그림 8.38에서 왼쪽은 배경 선택
   장면이고, 오른쪽은 배경 선택 후 파란색 오버레이다.

3. Masking 패널에서 마스크를 클릭하면 추가 선택할 수 있으며, 선택 영역에 다른 영역
   을 추가하거나 빼서 자동 선택 영역을 다듬을 수 있다.

4. 선택 항목이 만족스러우면 오른쪽의 편집 슬라이더를 사용해 원하는 대로 다양한 조
   정을 할 수 있다.

그림 8.38 선택

앞에서 살펴봤듯이 마스킹은 사진가의 상상력에 날개를 달아주는 포토샵에서 필수 도구다.
합성에서부터 부분 보정 그리고 다양한 창조적인 작업까지 마스킹은 사진가의 작업 공간을
확대해준다. 마스킹 도구를 사용하면 색상 또는 광도 범위 및 매개 변수들을 정밀하게 조정
하고 사진의 특정 영역을 창의적으로 조정할 수 있다. 또한, 사진에서 피사체나 하늘, 배경
을 자동으로 선택해 해당 부분만 빠르게 조정할 수 있도록 도와주는 피사체 선택, 하늘 선
택, 배경 선택과 같은 AI 기능을 사용할 수 있다. 그리고 카메라 로에서 커브를 마스킹 조정
으로 사용할 수 있다. 이러한 다양한 기능의 조합을 사용하면 사진의 특정 영역에서 원하는
대로 색조를 세밀하게 조정할 수 있다. 특정 톤 선택 및 채널별 RGB 곡선이 모두 지원된다.

도구의 사용 방법은 다음과 같다.

1. Subject^{피사체} **선택**: 어도비 카메라 로에서 수정할 사진을 가져온다. 오른쪽 도구 모음의 Mask를 선택한다. Subject인 산타클로스를 선택한다. 포토샵이 자동으로 산타클로스 피사체를 선택해 마스크를 만든다. 마스킹 영역은 기본적으로 빨간색으로 표시된다. 마스크를 다듬으려면 Add^{추가} 또는 Subtract^{빼기}를 클릭한다. 오른쪽의 편집 슬라이더를 사용해 원하는 대로 조정한다.

그림 8.39 선택의 방법

260

2. Sky^{하늘} **선택**: 오른쪽 도구 모음의 Masking을 선택한다. Sky를 선택하면 포토샵이 자동으로 하늘을 선택해 마스크를 만든다. 마스킹 영역은 기본적으로 빨간색으로 표시된다. 마스크를 다듬으려면 Add 또는 Subtract를 클릭한다. 오른쪽의 편집 슬라이더를 사용해 원하는 대로 조정할 수 있다.

그림 8.40 선택 추가

3. **Background**^{배경} **선택**: 오른쪽 도구 모음의 Masking을 선택한다. Background를 선택한다. 포토샵이 자동으로 배경을 선택해 마스크를 만든다. 마스킹 영역은 기본적으로 빨간색으로 표시된다. 마스크를 다듬으려면 Add 또는 Subtract를 클릭한다. 오른쪽의 편집 슬라이더를 사용해 원하는 대로 조정할 수 있다.

그림 8.41 배경의 선택

4. **마스킹 도구로 다듬기**: 마스킹 도구는 피사체, 하늘, 배경 등의 마스크 특정 영역을 Brush, Linear Gradient^{선형 그레이디언트}, Radial Gradient^{방사형 그레이디언트}, Color Range^{색상 범위}, Luminance Range^{광도 범위}, Depth range^{깊이 범위} 등으로 선택하고 다듬을 수 있다.

5. **Brush**^{브러시}: 원하는 영역을 직접 칠해 선택한다. 브러시 도구를 클릭하고 편집할 영역 위로 마우스를 드래그한다. 다음과 같은 네 가지 브러시의 설정을 지정할 수 있다.

   • **Size**^{크기}: 브러시 크기(브러시 양쪽 끝의 직경을 픽셀로 지정)를 지정한다.

   • **Feather**^{페더}: 브러시가 적용된 영역과 주변 픽셀 사이에 부드러운 가장자리를 만들어준다. 브러시 커서에서 내부 원과 외부 원 사이의 거리는 페더의 양에 해당한다.

   • **Flow**^{플로}: 조정 적용 비율을 제어한다.

   • **Density**^{밀도}: 브러시의 투명도 양을 제어한다.

   Auto Mask를 선택해 브러시 획을 비슷한 색상의 영역으로 제한할 수 있다.

그림 8.42 Brush를 이용한 선택

6. Linear Gradient: 하늘과 같은 부분 자연스럽게 선택한다. Linear Gradient 도구를 클릭하고 편집할 영역에 드래그한다. 도구의 시작 부분이 빨간색 점이고 끝나는 부분이 흰색점이다. 부드러운 전환을 만들어 서서히 옅어지는 패턴으로 하늘처럼 사진의 많은 부분을 차지하는 부분을 자연스럽게 조정하는 데 사용한다.

그림 8.43 Linear Gradient를 이용한 선택

7. Radial Gradient: 원하는 부분을 동그랗게 혹은 타원형으로 선택한다. Radial Gradient 도구를 클릭하고 편집할 영역에 드래그한다. 이 도구는 동그랗게 혹은 타원형 도형으로 영역을 선택해 내부 또는 외부를 조정하고 가장자리를 자연스럽게 만든다. 가장자리는 페더 슬라이더를 조정해 얼마나 부드럽게 할지 선택한다.

그림 8.44 Radial Gradient를 이용한 선택

8. **Color Range:** 선택한 색상과 유사한 범위의 색상을 선택한다. Color Range 도구를 사용해 사진에서 편집할 색상을 정확하게 선택할 수 있다. 다양한 색상이 섞여 있는 장면에서 특정 색상을 선택하기 유용하며 색상 범위를 조절할 수 있다. 조정 브러시 또는 선형/방사형 마스크를 만든 후 영역 내에서 샘플링한 색상을 기반으로 미세 조정할 수 있다.

조정하려는 사진에서 색상 주위 영역을 클릭하고 드래그한다. Shift 키를 누른 상태에서 클릭해 여러 개의 색상 샘플을 추가한다. 이미지를 클릭하는 동안 Shift 키를 눌러 최대 5개의 색상 샘플을 추가할 수 있다. 색상 샘플을 제거하려면 Alt(윈도우)/Option(맥 OS)를 누르고 샘플을 클릭한다.

미세 조정 슬라이더를 조정해 선택한 색상 범위를 좁히거나 넓힐 수 있다.

그림 8.45 컬러를 이용한 선택

마스크를 다듬고 그 효과를 색상 또는 색상 범위로 제한하려면 마스크를 선택하고 Shift 키를 누른 상태에서 Add 및 Substract 버튼을 클릭한다. 다음 Color Range를 선택하고 사진에서 원하는 색상을 클릭한다. 마스크 영역을 더 정확하게 보려면 양 슬라이더를 이동하는 동안 Alt(윈도우)/Option(맥 OS) 키 영역을 눌러 사진을 흑백으로 시각화한다.

9. Luminance Range: 비슷한 밝기 범위를 선택한다. Luminance Range 도구를 사용해 사진에서 편집할 밝기 범위를 스포이트를 이용해 정확하게 선택할 수 있다. Luminance Range는 사진의 특정 부분을 선택해 해당 부분의 명도 값을 선택하거나 사진에서 한 영역을 클릭한 다음 드래그해 명도 값의 범위를 선택할 수 있다. 광도 선택 슬라이더를 조정해 선택한 명도 범위를 세밀하게 선택할 수 있다. Show Luminance Map(광도 맵 표시)을 선택해 사진의 휘도 정보를 흑백으로 표시하면 더욱 쉽게 선택할 수 있다. 그림 8.46의 빨간색(기본색이며 Show Luminance Map를 사용해 변경 가능) 부분은 Luminance Range에 의해 선택된 영역을 표시한다.

그림 8.46 밝기를 이용한 선택

표 8.1 마스킹 키보드 단축키

동작	키보드 단축키
마스킹 패널 열기	M
선택한 마스크 구성 요소 반전	X
일시적으로 마스크 핀 표시	A
핀 및 도구 표시	V
선택된 마스크 또는 마스크 구성 요소의 마스크 오버레이를 일시적으로 표시	Alt(윈도우)/Option(맥 OS) + Y
마스크 목록 탐색	Alt(윈도우)/Option(맥 OS) + 화살표 키
선택되지 않은 마스크 핀 표시 전환	Alt(윈도우)/Option(맥 OS) + V

다음은 여러 가지 로컬 조정 작업 시 유의 사항이다.

- 핀을 클릭해 선택한다. 선택된 핀은 중앙이 검은색이며 선택되지 않은 핀은 단색 흰색이다.

- 선택한 핀을 표시하려면 H를 한 번 누른다. 모든 핀을 숨기려면 H를 다시 누른다. 모든 핀을 표시하려면 H를 세 번 누른다.

- 조정 브러시 도구를 선택하면 조정 핀만 편집할 수 있다. 그러데이션 필터 도구를 선택하면 그러데이션 필터 핀만 편집할 수 있다.

8.2.4 Red Eye

그림 8.47에 보이는 Red Eye 도구는 적목 현상을 제거해주는 도구다. 강한 플래시 빛이 갑자기 사람에게 비추게 되면, 동공이 빠르게 반응하지 못해 눈의 모세혈관이 비치면서 나타나는 현상을 적목 현상이라고 한다. 적목 현상은 사람의 경우 빨간색으로 나타나고, 개와 같은 동물은 흰색으로 나타난다. 이럴 때 적목 현상을 제어하기 위해 빨간색으로 보인 부분을 선택해주면 자동으로 교정되는 것을 볼 수 있다.

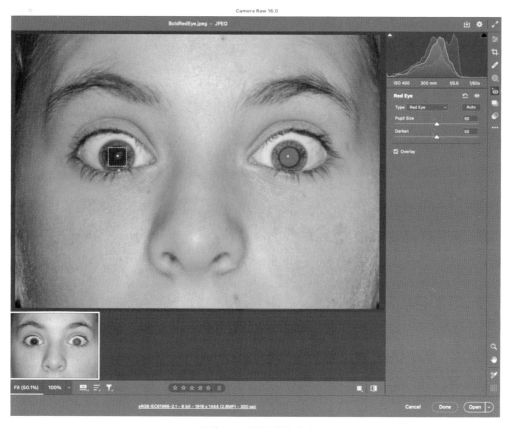

그림 8.47 적목 현상 제거

8.2.5 Snapshots, Presets

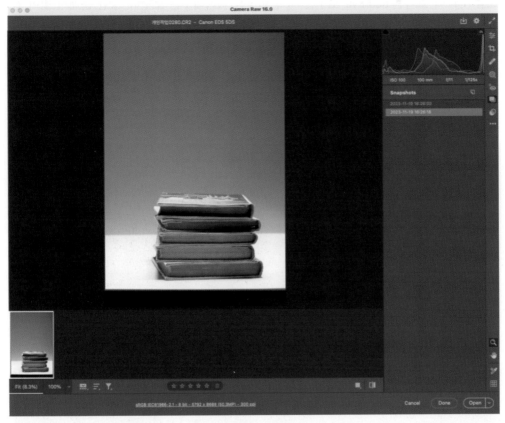

그림 8.48 Snapshots

Snapshots^{스냅숏}은 어떤 조정을 하고 그것을 저장한 뒤 비교해서 확인해볼 수 있는 기능이다.
작업한 내용을 비교해볼 수 있는 장점이 있다.

마지막으로, Presets^{프리셋} 기능이 있다. Presets 기능은 다양한 톤으로 사진을 보여주는 역할을 하는 것이다.

그림 8.49 다양한 Presets 설정

8.2.6 줌 도구, 손 도구, 스포이트 도구, 그리드

다음은 오른쪽 하단에 있는 줌^{zoom}(🔍) 도구를 설명하겠다.

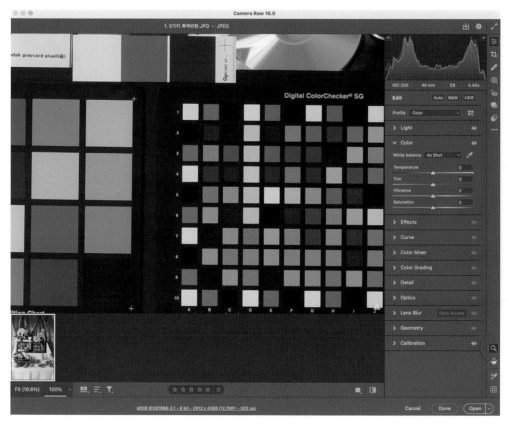

그림 8.50 Zoom 도구

줌 도구는 사진을 확대할 수 있다. 줌 도구 아래에 손바닥 모양의 손^{hand}(✋) 도구가 나오는데 이것은 확대된 사진의 위치를 조정하는 도구다. 스페이스 바를 누르면 줌 도구에서 손 도구로 변형되는 것을 볼 수 있다.

손 도구 아래 있는 **스포이트** 도구는 **컬러 샘플러**^{Color Sampler} 도구로 컬러를 수치상으로 측정하는 도구다. 가장 위에 있었던 히스토그램 도구와 함께 수치상으로 컬러를 이해할 수 있는 도구라고 보면 된다. 그러면 왜 포토샵은 이렇게 수치상으로 톤을 확인하는 것을 여러 곳에 넣어뒀을까? 그것은 우리가 보는 모니터만을 믿을 수 없기 때문이다. 모니터는 고가, 저가가 있고, 제조사마다 컬러가 일정하게 다르다. 따라서 모니터만을 보고 톤과 컬러를 보는 것에 문제가 있을 수 있다. 보는 사람의 상태에 따라 또 달라질 수 있으며, 오늘 본 컬러와 내일 본 컬러가 다르게 느껴질 수 있다. 눈이라는 감각 기관이 느끼는 오늘과 어제의 감성이 동일할 수 없는 것은 당연하다.

스포이트 도구 아래에는 **그리드**(▦) 도구가 있다. 이것은 사각형의 그리드가 나와 있는 것으로 수직 수평을 확인하는 데 도움을 준다.

그림 8.51 그리드 도구를 활성화한 상태

그림 8.52 하단의 확대를 위한 버튼

그림 8.51의 왼쪽 아랫부분을 보면 퍼센트 숫자를 볼 수 있다. 이것은 확대의 퍼센트로 확대 비율을 결정할 수 있다. 그리고 오른쪽 옆에 별 모양이 있는데, 이것을 클릭하면 별점을 매길 수 있다. 이는 나중에 사진의 선정과 관련이 있다.

8.2.7 Camera Raw Preference

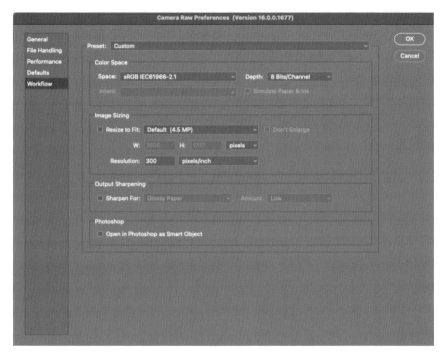

그림 8.53 Camera Raw Preference

Camera Raw Preference^{카메라 로 설정}에서 색 공간을 설정할 수 있다. 색 공간은 S-RGB 색 공간과 Adobe RGB 색 공간으로 볼 수 있다.

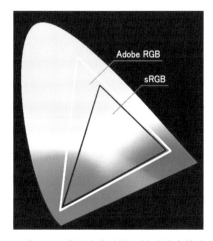

그림 8.54 색 공간에 따른 표현 영역의 차이

색 공간이라는 것은 색을 표현할 수 있는 공간을 의미한다. 색 공간은 일반적으로 넓은 색 공간이 좋다. 가장 많이 사용하는 색 공간은 S-RGB 색 공간이며, 스마트폰이나 일반적인 모니터가 여기에 해당한다. 웹에서 사용하는 부분들은 이렇게 S-RGB 색 공간을 사용하고 있다. S-RGB라고 해서 일반적으로 촬영하는 대상들의 컬러를 담기에 부족함이 있는 것은 아니다. 다만, 초록색과 사이언 색 부분은 Adobe RGB 색 공간이 더 넓다.

그러면 어떤 색 공간을 사용해야 할까? 특별한 경우가 아니라면 S-RGB 색 공간을 사용해도 무방하다. 이는 앞서 언급한 것처럼 S-RGB 공간은 우리가 보는 많은 모니터의 색 공간이기도 하고, 범용적으로 많이 사용되기 때문이다. 하지만 만약 인쇄하는 경우 이러한 컬러를 더욱 잘 표현하기 위해서는 Adobe RGB의 색 공간을 설정할 수 있다.

색 공간은 무조건 넓다고 좋다고 보기는 어렵다. 색 공간이 넓으면 좋기는 하지만, 이것을 볼 수 있는 모니터가 필요하다. 만약 모니터가 S-RGB 색 영역을 갖는데, ProPhoto RGB의 색을 가진 이미지를 볼 수 없으면 이를 이용해 컬러 작업을 하기 어렵기 때문이다. 만약 아이폰 등 맥 제품을 사용한다면 Display P3를 사용할 수 있다. Adobe RGB, ProPhoto RGB, Display-p3 색 공간은 S-RGB 색 공간보다 더 표현이 가능하다. 하지만 제작된 이미지는 자기만 보는 것은 아닐 수 있다. 범용성이 그만큼 중요하다.

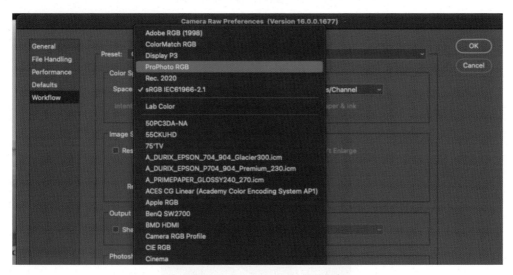

그림 8.55 ProPhoto RGB 색 공간

포토샵의 주요 패널 및 기능

9.1 포토샵 홈 화면

그림 9.1 포토샵 홈 화면

그림 9.1의 포토샵 홈 화면에 대한 설명은 다음과 같다.

- New file^{새로 만들기}: 다양한 크기로 새 작업 문서를 만들 수 있다.

- Open^{열기}: 파일을 불러온다.

- Home^홈: 포토샵의 홈 화면으로 돌아간다.

- Learn^{학습}: 어도비에서 제공하는 포토샵 기본 메뉴얼 및 튜토리얼을 볼 수 있다.

- Your files^{내 파일}: 어도비의 클라우드에 저장된 내 파일을 볼 수 있다. 클라우드에 저장된 파일은 자동으로 동기화돼 다양한 기기에서 작업을 계속할 수 있다.

- Shared with you^{나와 공유됨}: 어도비 클라우드에서 나와 공유된 파일을 볼 수 있다.

- Lightroom photos^{라이트룸 사진}: 라이트룸에서 사용한 파일을 포토샵에서 가져올 수 있다.

- Deleted^{삭제 파일}: 클라우드에서 삭제된 파일을 보관하며 복구하거나 영구 삭제할 수 있다.

- Welcome to Photoshop^{환영}: 포토샵 사용자의 수준에 따라 어도비에서 제공하는 학습 콘텐츠를 보여준다

- Recent^{최근 파일 열기}: 가장 최근에 불러온 파일을 가져온다.

9.2 포토샵 기본 화면

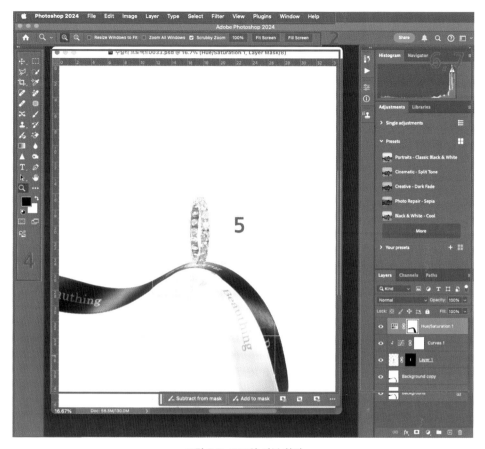

그림 9.2 포토샵 기본 화면

그림 9.2의 포토샵 기본 화면에 대한 설명은 다음과 같다.

1. **메뉴 바**: 포토샵의 모든 메뉴를 기능에 따라 모아서 보여준다.

2. **옵션 바**: 상단에 선택된 도구의 옵션을 보여준다.

3. **작업 화면 선택**: 사용자의 작업 스타일에 따라 화면을 원하는 형태로 만들 수 있다. 자판의 탭 키 혹은 F 키를 누르면 화면이 변경된다. F 키를 여러 번 누르면 다시 기본 화면으로 돌아온다. 혹시 변화가 없다면 자판이 영문으로 변경돼 있는지 확인하자.

4. **왼쪽에 있는 도구 바**: 포토샵에서 가장 많이 사용하는 도구들을 모아놓은 패널이다.

5. **작업 화면, 캔버스**: 실제 파일의 작업 영역이다.

6. **상태 표시줄**: 작업 중인 파일의 확대 비율, 가로세로 픽셀, 해상도 등 정보를 볼 수 있다.

7. **오른쪽에 있는 패널**: 파일 작업 중 필요한 기능과 옵션을 바로 설정할 수 있도록 보여준다. 모든 패널 메뉴는 창^{window}에서 열거나 닫을 수 있다.

이상의 내용이 많이 복잡해보일 수 있다. 지금 이 모든 것을 알아야 하는 것은 아니다. 천천히 하나씩 알아보겠다.

9.3 도구 팔레트 및 각 도구의 사용법

포토샵에 도구가 많이 있는데, 가장 중요하면서 가장 많이 쓰는 도구가 그림 9.3에 보이는 것이다. 많은 인터페이스를 모두 이해하기 어렵다면 그림 9.3 왼쪽에 보이는 도구를 먼저 이해하면 된다.

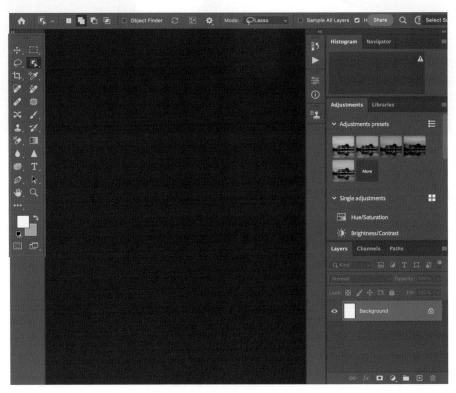

그림 9.3 포토샵 왼쪽에 있는 도구 바

1) 이동 도구 – 선택 영역이나 레이어를 이동

그림 9.4 이동 도구

- Move Tool^{이동 도구}: 선택 영역이나 레이어를 이동시킨다.

- Artboard Tool^{아트보드 도구}: 스마트폰, 태블릿, 컴퓨터의 해상도에 맞게 작업 화면을 만든다.

2) 선택 도구 – 원하는 영역 선택

그림 9.5 선택 도구

- Rectangular Marquee Tool^{사각형 선택 도구}: 원하는 영역을 사각형으로 선택한다.

- Elliptical Marquee Tool^{원형 선택 도구}: 원하는 영역을 원형으로 선택한다.

- Single Row Marquee Tool^{가로선 선택 도구}: 원하는 영역을 1픽셀 크기의 가로줄로 선택한다.

- Single Column Marquee Tool^{세로선 선택 도구}: 원하는 영역을 1픽셀 크기의 세로줄로 선택한다.

3) 올가미 도구 – 불규칙한 영역을 드래그해서 빠르게 선택

그림 9.6 올가미 도구

- Lasso Tool^{올가미 도구}: 자유롭게 드래그해 원하는 모양으로 선택한다.

- Polygonal Lasso Tool^{다각형 올가미 도구}: 원하는 영역을 다각형으로 선택한다.

- Magnetic Lasso Tool^{자석 올가미 도구}: 색상 차이가 분명한 경계선을 따라 자동으로 선택한다.

4) 개체 선택 도구 – 복잡한 영역을 드래그로 한번에 선택

그림 9.7 개체 선택 도구

- Object Selection Tool^{개체 선택 도구}: 사각형 영역으로 드래그해 선택한다.
- Quick Selection Tool^{빠른 선택 도구}: 클릭하거나 드래그해 쉽고 빠르게 선택한다.
- Magic Wand Tool^{마술봉 도구}: 클릭한 지점을 기준으로 인접한 색상을 선택한다.

5) 자르기 도구 – 원하는 대로 사진 자르기

그림 9.8 자르기 도구

- Crop Tool^{자르기 도구}: 필요한 부분을 선택하고 나머지는 잘라낸다.
- Perspective Crop Tool^{원근 자르기 도구}: 자르기 영역에 원근감을 적용해 자른다.
- Slice Tool^{분할 도구}: 이미지를 나눠 각각의 이미지로 저장한다.
- Silce Select Tool^{분할 선택 도구}: 분할 영역을 선택하고 이동, 복사, 삭제한다.

6) 프레임 도구 – 간단하게 마스크 만들기

그림 9.9 프레임 도구

- ⊠ **사각형 프레임**: 사각형 모양의 프레임을 만든다.

- ⊗ **원형 프레임**: 타원형 모양의 프레임을 만든다.

7) 스포이트 도구 – 특정 부분의 색상 값 정보 측정

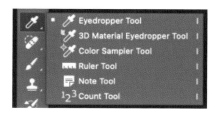

그림 9.10 스포이트 도구

- Eyedropper Tool^{스포이트 도구}: 색상을 추출한다.

- 3D Material Eyedropper Tool^{3D 재질 스포이트 도구}: 3D 오브젝트에서 색상을 추출한다.

- Color Sampler Tool^{색상 샘플러 도구}: 사용자가 선택한 색상을 info 패널에서 분석 혹은 비교한다.

- Ruler Tool^{눈금자 도구}: 드래그해 길이를 확인한다.

- Note Tool^{노트 도구}: 작업 화면에 영향 없이 간단한 메모 가능하다.

- Count Tool^{카운트 도구}: 이미지의 오브젝트 개수를 셀 수 있다.

8) 스팟 복구 브러시 도구 – 질감을 복제해 원하는 곳을 자연스럽게 복구

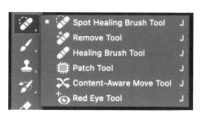

그림 9.11 스팟 브러시 툴

- **Spot Healing Brush Tool**^{스팟 복구 브러시 도구}: 클릭 한 번으로 작은 영역의 이미지를 복구한다 (예, 얼굴의 잡티 제거).

- **Remove Tool**^{제거 도구}: 불필요한 이미지를 지워준다.

- **Healing Brush Tool**^{복구 브러시 도구}: 브러시 형태대로 주변의 색상과 혼합시켜 복제한다.

- **Patch Tool**^{패치 도구}: 복구 브러시와 유사, 원하는 대로 영역을 선택해서 복구하고 싶은 영역에 얹히면 주변 색상과 자연스럽게 혼합하면서 복제한다.

- **Content-Aware Move Tool**^{내용 인식 이동 도구}: 선택 영역으로 지정한 이미지를 원하는 위치로 자연스럽게 이동한다.

- **Red Eye Tool**^{적목 현상 도구}: 빨간 눈동자를 까맣게 복구한다.

9) 브러시 도구 – 붓처럼 원하는 색상으로 그리기

그림 9.12 브러시 도구

- **Brush Tool**^{브러시 도구}: 브러시 크기와 속성을 설정하고 원하는 대로 드로잉한다.

- **Pencil Tool**^{연필 도구}: 브러시 도구와 같으며 가장자리가 딱딱하다.

- **Color Replacement Tool**^{색상 대체 도구}: 브러시가 지나가는 영역을 추출해 다른 색상으로 교체한다.

- **Mixer Brush Tool**^{혼합 브러시 도구}: 브러시 색상을 혼합한다.

10) 복제 도장 도구 – 특정 부분을 도장처럼 다른 위치에 복제

그림 9.13 복제 도장 도구

- Clone Stamp Tool^{복제 도장 도구}: 원하는 곳을 지정해 자연스럽게 복제한다.

- Pattern Stamp Tool^{패턴 도장 도구}: 드래그한 부분에 특정한 패턴을 채운다.

11) 작업 내역 브러시 도구 – 작업의 전 단계로 돌아가기

그림 9.14 작업 내역 브러시 도구

- History Brush Tool^{작업 내역 브러시 도구}: 효과를 적용한 이미지를 원래 이미지로 복구한다.

- Art History Brush Tool^{미술 작업 내역 브러시 도구}: 회화 기법으로 이미지를 표현해 원래 이미지로 복구한다.

12) 지우개 도구 – 지우고 싶은 영역을 클릭 드래그해 지우기

그림 9.15 지우개 도구

- Eraser Tool^{지우개 도구}: 드래그한 영역의 이미지를 지운다.

- Background Eraser Tool^{배경 지우개 도구}: 드래그하면 이미지의 제거된 부분이 투명해진다.

- Magic Eraser Tool^{자동 지우개 도구}: 자동 선택 도구와 지우개 도구가 합쳐진 지우개다.

13) 그레이디언트 도구 – 두 가지 이상 색상을 자연스럽게 혼합하기

그림 9.16 그레이디언트 도구

- Gradient Tool[그레이디언트 도구]: 두 가지 이상의 색을 혼합한다.

- Paint Bucket Tool[페인트 도구]: 전경색 혹은 패턴으로 영역을 채운다.

- 3D Material Drop Tool[3D 재질 놓기 도구]: 3D 오브젝트에서 특정 영역을 전경색이나 패턴으로 채운다.

14) 선명도 관련 도구 – 이미지를 흐릿하게 혹은 선명하게 만들기

그림 9.17 선명도 관련 도구

- Blur Tool[블러 도구]: 클릭 혹은 드래그한 부분을 흐릿하게 만든다.

- Sharpen Tool[샤픈 도구]: 클릭 혹은 드래그한 부분을 선명하게 만든다.

- Smudge Tool[스머지 도구]: 드래그한 방향으로 이미지를 문지르는 효과를 낸다.

15) 닷지 도구 – 이미지를 어둡게 혹은 밝게 만들기

그림 9.18 닷지 도구

- Dodge Tool[닷지 도구]: 클릭 혹은 드래그한 부분을 밝게 만든다.

- Burn Tool[번 도구]: 클릭 혹은 드래그한 부분을 어둡게 만든다.

- Sponge Tool[스펀지 도구]: 클릭 혹은 드래그한 부분의 채도를 높이거나 낮춘다.

16) 펜 도구 – 원하는 영역을 세밀하게 패스를 그려서 선택 영역 만들기

그림 9.19 펜 도구

- Pen Tool^{펜 도구}: 패스를 그린다.

- Freeform Pen Tool^{자유 형태 펜 도구}: 브러시 도구처럼 클릭 드래그한 형태로 패스가 만들어진다.

- Curvature Pen Tool^{곡률 펜 도구}: 곡선과 직선 패스를 빠르게 만든다.

- Add Anchor Point Tool^{기준점 추가 도구}: 기존 패스에 기준점을 추가한다.

- Delete Anchor Point Tool^{기준점 삭제 도구}: 기존 패스에 기준점을 삭제한다.

- Convert Point Tool^{기준점 변환 도구}: 패스 기준점의 속성을 바꾼다.

17) 문자 도구 – 문자 입력

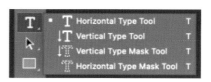

그림 9.20 문자 도구

- Horizontal Type Tool^{수평 문자 도구}: 가로 방향으로 문자를 입력한다.

- Vertical Type Tool^{세로 문자 도구}: 세로 방향으로 문자를 입력한다.

- Vertical Type Mask Tool^{세로 문자 마스크 도구}: 세로 문자 형태대로 선택 영역을 지정한다.

- Horizontal Type Mask Tool^{수평 문자 마스크 도구}: 가로 문자 형태대로 선택 영역을 지정한다.

18) 패스 선택 도구 – 패스를 선택, 이동, 변형

그림 9.21 패스 선택 도구

- Path Selection Tool^{패스 선택 도구}: 패스의 전체 기준점을 선택한다.

- Direct Selection Tool^{직접 선택 도구}: 패스의 베지어^{Bezier} 곡선과 기준점을 선택한다.

19) 전경색/배경색 – 색상 선택

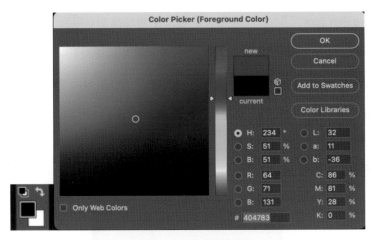

그림 9.22 전경색/배경색

- Defalut color^{기본 색상}: 전경색을 검은색, 배경색을 흰색으로 지정, 포토샵의 기본 색상으로 설정한다.

- Switch color^{전경색/배경색 위치 변경}: 전경색과 배경색을 바꾼다.

- Foreground color^{전경색}: 브러시 등의 도구를 이용해 직접 칠하거나 문자를 입력하거나 도형을 그릴 때 사용되는 색상이다.

- Background color^{배경색}: 그러데이션을 만드는 경우 지정된 배경색과 전경색을 함께 사용한다. 지우개 등의 도구를 이용해 지운 영역에 색상을 채울 때 나타나는 색상이다.

288

색상 박스를 클릭하면 Color picker 대화상자가 표시되고 중간에 있는 그러데이션 바에서 색상을 지정한 후 왼쪽 사각형에서 명도와 채도를 선택할 수 있다. 색을 클릭해 원하는 색상으로 지정할 수 있다.

20) 마스크 변환 – 브러시 혹은 선택 도구로 빠르게 선택

그림 9.23 마스크 변환

- **마스크 변환**: 브러시 도구와 선택 도구를 사용해 선택 영역을 쉽게 추출할 수 있으며 Quick mask^{퀵 마스크} 모드가 있다.

21) 화면 모드 변경 – 작업 화면 보기 변경

그림 9.24 화면 변경 단축키는 F 키

- Standard Screen Mode^{표준 화면 모드}: 포토샵의 기본 화면 모드다.

- Full Screen Mode With Menu Bar^{메뉴 바와 패널이 있는 전체 화면 모드}: 포토샵이 주요 요소만 보여주므로 넓은 공간을 확보한다.

- Full Screen Mode^{전체 화면 모드}: 모든 패널이 사라지고 배경이 검은색으로 바뀌어 작업 이미지만 보이게 된다.

키보드에서 탭 키(도구, 패널)와 F 키(화면)를 누르면 도구와 화면의 변화를 볼 수 있다.

9.4 이미지 불러오기 방법

1) 파일 불러오기/단축키

포토샵을 실행하고 Open 버튼을 클릭하거나 단축키 Control+o를 누른다. 그림 9.25와 같이 대화상자가 나타나면 원하는 이미지를 불러온다.

그림 9.25 이미지 불러오기

2) 파일 폴더에서 드래그해 끌어오기

이미지가 있는 파일 폴더에서 열고자 하는 파일을 선택해 포토샵 화면으로 드래그한다.

그림 9.26 파일 열기

3) 새 탭으로 불러오기

포토샵에서 작업 중인 이미지가 있다면 새 탭으로 이미지를 불러올 수 있다. 파일 이름이 있는 탭으로 이미지를 드래그한다.

그림 9.27 드래그를 통한 파일 열기

4) 어도비 브리지

어도비 브리지^{Adobe Bridge}는 사진을 선정하고 프리젠테이션하는 기능이 있다. 주로 사용되는 기능은 사진을 빠르게 보고 기본적인 초점 등을 확인하고 선택해서 포토샵으로 작업하는 과정을 거칠 수 있다.

포토샵 메뉴 바의 File ❯ Browse in bridge를 선택하면 어도비 브리지가 실행된다. 브리지는 다양한 파일(JPEG, PSD, TIFF, EPS, AI 등)을 미리보기해 선택할 수 있으며, 포토샵으로 연동해 사용할 수 있도록 한다. 어도비 브리지는 어도비 크리에이티브 클라우드^{Adobe Creative Cloud} 데 스크톱 앱에서 다운로드할 수 있다.

그림 9.28 어도비 브리지

292

5) 이미지 크기 조정과 해상도 설정

이미지의 크기를 조정하기 위해서는 포토샵의 메뉴 바에서 Image ❯ Image Size를 선택한다. Image Size 기능에서는 이미지의 크기와 해상도를 사용자가 원하는 대로 조정할 수 있으며, Canvas Size를 조정하면 이미지는 그대로 유지한 채 캔버스 크기만 조절할 수 있다.

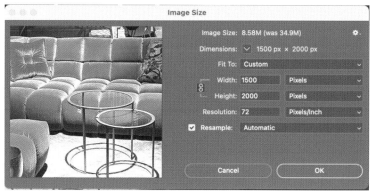

그림 9.29 Image Size 조정

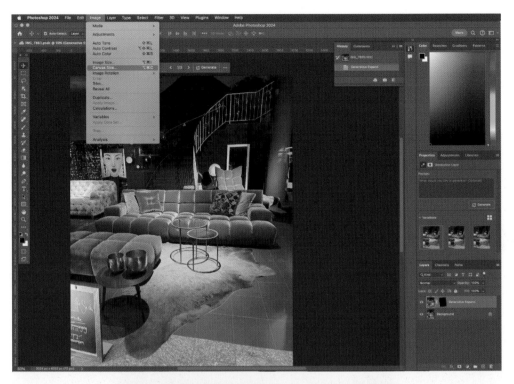

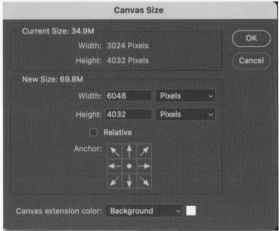

그림 9.30 Canvas Size 조정

9.5 이미지 저장하기 및 다른 형식으로 변환하기

포토샵에서 이미지의 저장하기 위해서는 File > Save 또는 File > Save As, 단축키 Command, Control+S를 선택한다.

그림 9.31 파일 저장하기

파일을 저장하는 위치는 어도비 클라우드 문서, 내 컴퓨터 중에 어디로 저장할지를 사용자가 결정할 수 있다. 작업한 파일을 어도비 클라우드 문서에 저장하면 자동으로 동기화돼 인터넷이 되는 환경에서는 자유롭게 파일을 다운로드받아 작업할 수 있다.

여기에서는 File ❯ Save As를 적용해 대화상자가 나타나면 사용자가 원하는 위치와 파일 형식으로 저장할 수 있다.

그림 9.32 Save As로 파일 저장하기

9.6 새롭게 보강된 기능

9.6.1 제너레이티브 필 및 제너레이티브 익스팬드

어도비의 생성 AI 기술인 파이어플라이^{Firefly} 기반 제너레이티브 필 및 제너레이티브 익스팬드$^{Generative Expand}$는 100개 이상의 언어로 애플리케이션 내에서 간단한 텍스트 프롬프트를 사용해 사진을 비파괴적으로 추가, 확장 또는 제거함으로써 다양한 이미지로 만들 수 있다. 제너레이티브 필은 이미지의 원근, 조명, 스타일을 자동으로 일치시키고 새로 생성된 콘텐츠는 생성 레이어로 만들어져서 포토샵에서 다양한 합성 및 보정을 할 수 있다. 파이어플라이는 어도비 스톡[Adobe Stock]의 수억 개의 전문가급 고해상도 이미지를 상업적으로 안전하게 사용할 수 있다.

그림 9.33 제너레이티브 필

9.6.2 Remove Tool의 새로운 기능

제거하고 싶은 영역을 대략 선택하면 포토샵이 알아서 제거하기 때문에 브러시를 사용할 때 시간이 절약되며 선택의 오류를 줄일 수 있다. 제거 영역을 선택하는 동안 실수로 다른 영역까지 선택했을 때 옵션 막대의 Brush Stroke[브러시 스트로크] 모드를 덧셈에서 뺄셈으로 변경해 수정할 수 있다.

9.6.3 마스킹 및 생성 AI

워크플로에 도움이 되는 상황별 작업 표시줄(캔버스 표시줄의 공통 도구 및 작업)이 새로 추가됐다. 상황별 작업 표시줄이 추가돼 마스킹 및 생성 AI 워크플로를 통해 다음 단계를 수행하는 데 도움이 된다.

그림 9.34 제너레이티브 필에 원하는 내용을 넣으면 그 내용으로 채워진다.

9.7 포토샵 레이어

9.7.1 레이어

어떠한 소프트웨어든 구조와 작동의 기본 근간이 되는 핵심 원리가 있다. 포토샵에서는 그것이 레이어 개념이다. '한 장의 사진'이라는 말에서 알 수 있듯이 우리는 사진을 한 장의 인화지에 보이는 이미지로 인식한다. 포토샵에서는 한 장으로 작업할 수도 있고 여러 장으로 작업할 수도 있는데, 여기서 '장張'이 바로 레이어다.

이 각각의 레이어는 기본적으로 투명하며 여러 겹으로 위로 쌓을 수 있고, 한 장으로 압축시킬 수도 있으며, 순서를 마음대로 바꿀 수 있다. 빔 프로젝터beam projector 앞에 여러 장의 투명 슬라이드 위에 그림이나 글씨를 써놓고 보는 것을 떠올리면 이해가 쉬울 것이다. 또한, 밑의 레이어는 그 위에 위치한 레이어의 상태에 따라 보이거나 가려지거나 하는데, 이 레이어들 간의 상관관계(masking or blending mode)에 따라 독특한 효과가 나타나기도 한다.

레이어는 픽셀 레이어pixel layer와 조정 레이어adjustment layer로 나눌 수 있는데, 픽셀 레이어는 투명한 필름에 이미지나 텍스트가 있는 레이어이고, 조정 레이어는 색상과 색조를 조정하는 비^{非}픽셀 레이어다. 이와 더불어 뒤에서 설명할 마스크까지 Layers 패널에서 생성, 제어, 편집한다.

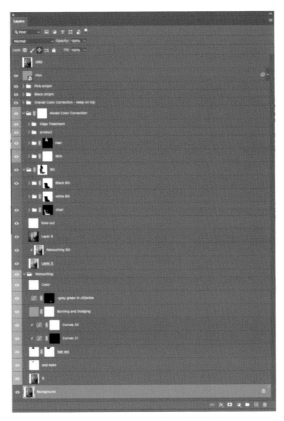

그림 9.35 여러 레이어로 작업한 예

9.7.2 레이어 패널과 프로퍼티 패널

레이어를 만들고, 편집하며, 레이어의 관계를 조정해주는 모든 일을 Layers 패널에서 할 수 있다. 따라서 작업 시에 항상 사용하는 필수 패널이다. Properties 패널은 현재 선택한 도구 또는 레이어에 대한 속성 및 옵션을 표시하는 패널이다. 그림 9.36에서 왼쪽이 Layers 패널이고 오른쪽이 Properties 패널인데, 동일 파일을 띄워놓은 상태일지라도 어떤 부분(Pixel layer, Adjustments layer, Mask)을 선택하는가에 따라 Properties 패널이 변하는 것이 보일 것이다. 작업 시에 이 패널을 나란히 띄워두고 하면 매우 편리하다.

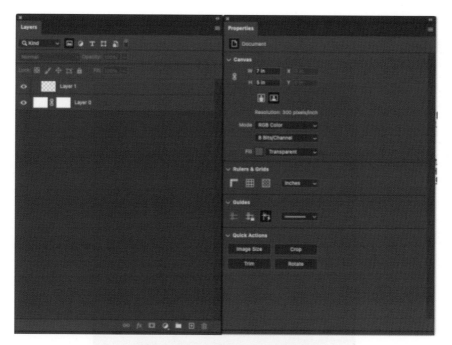

그림 9.36 Layers 패널과 Properties 패널

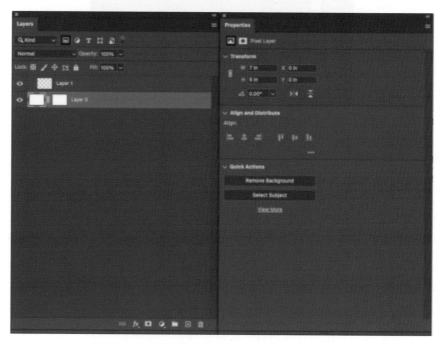

그림 9.37 픽셀이 선택된 경우 - Properties 패널에 보이는 것

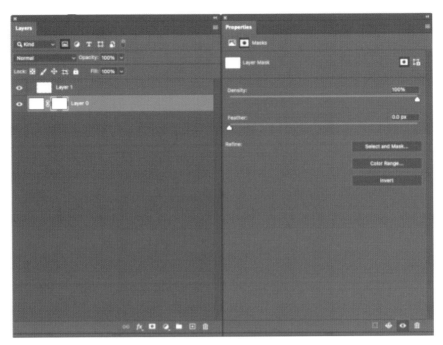

그림 9.38 같은 이미지, 같은 레이어이지만 마스크가 선택된 경우

9.7.3 패널에서 짚고 넘어가야 할 것들

Opacity^{투명도}와 Fill^{채우기}의 결과물은 동일하다. 차이점은 레이어 스타일이 적용됐을 때 나타나는데, Opacity는 적용된 스타일을 포함한 전체 레이어의 투명도를 조절하고, Fill의 경우에는 스타일에 아무런 영향을 미치지 않는다는 데 있다. 레이어 스타일이 쓰이는 곳이 주로 텍스트나 일러스트 등의 디자인 분야이기 때문에 사진 편집에서 특별히 양자를 구별해 사용하는 경우는 없다고 봐도 무방하다. 유사하게 보이는 Opacity와 Flow는 브러시 도구 등에도 있는데 차이가 있다. Opacity는 브러시의 농도를 의미한다. 즉, 50%로 하면 반투명한 색으로 표현된다. Flow의 경우는 채워지는 속도로 이해할 수 있다. 즉, 50% 브러시로 100% Flow를 설정하면 계속적으로 채워져서 100%가 채워지는 형식이다. 하지만 Opacity 50%로 50% Flow를 설정하면 한번 클릭을 누른 상태에서는 50% 이상의 톤이 짙해지지 않는다. 물론 한번 더 클릭해서 누르면 겹쳐져서 새로운 50%가 칠해지게 된다.

9.7.4 레이어 블렌딩 모드

레이어 창의 상단에 기본값으로 Normal의 블렌딩^{blending} 모드가 있고 이것을 누르면 여러 가지 블렌딩 모드로 변경이 가능하다.

그림 9.39 블렌딩 모드

레이어 블렌딩 모드는 한 레이어의 내용을 다른 레이어와 혼합하는 여러 가지 방법이다. 이미지의 색상, 투명도, 조도를 제어해 다양한 시각적 효과를 낼 수 있다. Layers 패널 상단 두 번째 드롭 박스에서 설정할 수 있으며, 레이어 각각에 개별적으로 적용 가능하다.

1) Normal Modes(표준 모드): 가장 기본 모드라고 할 수 있다.

- Normal^{표준}: 디폴트 값으로, 위쪽의 레이어가 아래쪽의 레이어를 100%로 가려버린다. 각 픽셀을 편집하고 브러시로 색상으로 만든다.

- Dissolve^{디졸브}: 위쪽의 레이어 투명도가 100%일 때 아무런 변화가 없으나, 투명도가 낮아질수록 아래쪽의 레이어가 보이는데, 이때 나타나는 디졸브 패턴은 랜덤으로, 적용할 때마다 다른 패턴을 보여준다.

2) Darken Modes(어두운 효과 모드): 주로 어둡게 하는 역할을 한다.

- Darken^{어둡게 하기}: 두 레이어 중 어두운 부분만 표시한다. 각 채널의 색상 정보를 보고 혼합 색상 중 어두운 색상을 선택한다.

- Multiply^{곱하기}: 색상을 곱해 어두운 효과를 만든다. 흰색의 경우에는 효과가 없다.

- Color Burn^{색상 번}: 색상을 이용해 더 어둡게 만든다. 역시 흰색과 결합했을 때 효과가 없다.

- Linear Burn^{선형 번}: 위의 두 모드보다 더 심화된 효과를 만든다. 각 채널의 명도를 감소화한다.

- Darker Color^{어두운 색상}: Darken 모드와 비슷한 효과를 만든다. 차이라면 모든 채널에 영향을 미친다는 점이다. 혼합 색상에서 가장 어두운 색을 선택한다.

3) Lighten Modes(밝은 효과 모드): 주로 밝게 하는 역할을 한다.

- Lighten^{밝게 하기}: 두 레이어 중 더 밝은 부분만 표시한다. 혼합 색상 중 밝은 색상을 선택하면 어두운 픽셀은 밝은 톤으로 대체된다.

- Screen^{스크린}: 색상을 반전해 밝은 효과를 만든다. 50% 회색보다 어두운 부분은 더 밝아진다. 여러 장의 슬라이드 필름을 섞어 투영하는 효과를 만든다.

- Color Dodge^{색상 닷지}: 색상 정보에서 기본 색상을 밝게 혼합한다. 검은색과 혼합하면 색상 변화가 없다.

- Linear Dodge(Add)^{선형 닷지 추가}: 명도를 증가시켜 기본 색상을 밝게 한다.

- Lighter Color^{밝은 컬러}: 혼합 색상에서 가장 밝은 색을 선택한다.

4) Contrast Modes(대비 효과 모드): 혼합 색상에서 콘트라스트가 높아진다. 밝은 부분은 더 밝아지고, 어두운 부분은 더 어두워진다. 톤과 컬러의 조정, 이미지 합성에 사용된다.

- Overlay^{오버레이}: Multiply와 Screen의 효과를 같이 보여준다. 색상은 기본 색상의 밝고 어두운 부분을 유지한다.
- Soft Light^{소프트 라이트}: 50% 회색보다 밝으면 이미지는 닷지의 효과를 주고, 50% 회색보다 어두우면 번의 효과를 준다. 부드럽게 혼합해 대비를 높여준다.
- Hard Light^{하드 라이트}: 이미지에 강한 조명을 비추는 것처럼 콘트라스트가 높아진다. 혼합 색상이 50% 밝으면 Screen 효과가 있고, 50% 어두우면 Multiply 효과가 있다.
- Vivid Light^{선명한 라이트}: 혼합 색상이 50% 회색보다 밝으면 대비를 감소시켜 밝게 한다. 혼합 색상이 50% 회색보다 어두우면 대비를 증가시켜 어둡게 한다.
- Linear Light^{선형 라이트}: 혼합 색상이 50% 이상이면 명도를 증가시키고, 50% 이하이면 명도를 감소시킨다.
- Pin Light^{핀 라이트}: 혼합 색상으로 색상이 대치된다.
- Hard Mix^{하드 혼합}: 콘트라스트를 극단으로 합성하는 모드다. 하드 믹스의 경우 특정 구간마다 톤의 변화(posterization) 현상이 있다.

5) Difference Modes(차이 모드)는 레이어를 구분하고자 하는 경우에 사용한다. 합성의 경우 차이가 나는 부분을 확인할 수 있다.

- Difference^{차이}: 두 레이어 간에 차이가 나는 부분을 표시해준다. 완벽하게 같으면 검은색으로 표현한다.
- Exclusion^{제외}: 차이 모드와 유사하지만 대비가 낮다.
- Subtract^{빼기}: 베이스에서 위의 레이어 색상 값을 뺀다.

- Divide^{나누기}: 채널의 값을 255로 나눈 값을 갖는 방식으로 스케치와 같은 이미지를 제작하는 활용 예가 있다.

6) Color Modes(색상 효과 모드): 주로 색상을 제거하거나 색상 효과만을 주는 경우에 사용한다.

- Hue^{색조}: 베이스 레이어의 루미넌스와 Saturation 값을 유지하고 위 레이어의 Hue 값만 적용한다.
- Saturation^{채도}: 베이스 레이어의 루미넌스와 Hue 값을 유지한 채 위 레이어의 Saturation 값을 적용한다.
- Color^{색상}: 베이스 레이어의 루미넌스는 유지한 채 위 레이어의 Hue + Saturation 값을 적용한다.
- Luminosity^{광도}: 베이스 레이어의 Hue와 Saturation은 유지한 채 위의 레이어의 Luminance만 적용한다.

레이어 블렌딩 모드는 Normal, Lighten, Darken, Overlay, Deference, Color로 나눌 수 있다. 큰 틀에서는 레이어 블렌딩 모드를 바꿀 경우, Lighten은 밝게 만드는 것, Darken은 어둡게 만드는 것, Overlay는 색상, 톤 합성과 관련된 것, Deference는 형태 합성 시의 위치를 확인하는 것, Color는 색상과 관련된 사항을 조정하는 것이다. 레이어 블렌딩 모드는 개념적으로 이해하는 것이 쉽지 않기 때문에 실제 활용 사례를 통해 설명해보겠다.

9.7.5 레이어 블렌딩 모드 활용 예

1) 레이어를 통해 버닝 닷징 효과 만들기

그림 9.40 빈 레이어 만들기

빈 레이어를 만들어보자. 그림 9.40에 보이는 레이어 창에서 오른쪽 하단의 쓰레기통 왼쪽
의 + 버튼을 클릭하면 빈 레이어가 만들어진다.

그림 9.41 Edit - Fill- 50% 회색

빈 레이어를 선택하고, 상단의 **Edit** 메뉴에서 Fill을 선택한다. 그림 9.41의 Fill 옵션을 클릭하면 50% 회색을 선택할 수 있다. 레이어에 50% 회색으로 칠을 한다.

그림 9.42 레이어 블렌딩 모드 Overlay

레이어 블렌딩 모드를 Overlay 혹은 Soft Light로 변경한다.

그림 9.43 검은색 브러시, 흰색 브러시를 이용해 리터칭하기

레이어 블렌딩 모드를 Softlight 혹은 Overlay로 변경하고, 레이어에 검은색, 흰색 브러시를 이용해 칠을 한다. 검은색은 버닝 효과처럼 어둡게 표현이 되고, 흰색은 닷지 효과처럼 밝게 표현이 된다.

2) 레이어 모드를 스크린으로 이용하는 경우(빛의 효과를 넣기)

빈 레이어를 만들고 레이어에 검은색을 칠한다.

그림 9.44 빈 레이어 만들기

빈 레이어를 이번에는 앞의 방법과 다른 방법으로 만들어보자. 상단의 Layers 메뉴에서 New 메뉴에 레이어를 선택해도 빈 레이어가 만들어진다. 단축키로는 Shift 키와 Command, Control 키를 누른 상태에서 N 키를 누르면 된다.

그림 9.45 Edit - Fill - 검은색 선택하기

빈 레이어에 검은색을 칠한다. 단축키는 Shift 키와 키보드 상단의 기능 키^{function key}인 F5 키를 누르면 된다. 이번에는 검은색을 선택해본다.

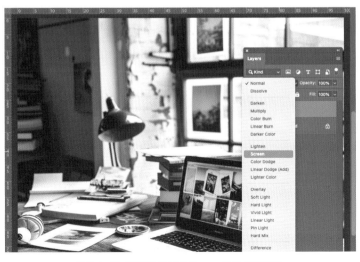

그림 9.46 레이어 모드를 Screen으로 변경한다.

그림 9.47 Color Picker에서 색상 선택

레이어 모드를 Screen으로 변경한다. 그러면 원래 검은색 판이었지만, 검은색은 보이지 않고 투명한 판으로 보이게 된다.

그림 9.48처럼 브러시를 선택하고 컬러판에서 노란색을 선택한다. 이후 상단부의 옵션 부분을 이용해 브러시의 크기를 조절해서 검은색 판 부분에 칠해준다.

그림 9.48 브러시를 이용해 클릭

그리고 그림 9.48과 같이 브러시를 이용해 색상을 칠한다.

여기서 색상의 사용이 중요한데, 우선 넓게 노란색을 선택한다. 그리고 전구의 핵심 부분은 색상을 명도가 높은 노란색으로 다시 선택한다. 이렇게 3~4개의 빛으로 칠을 해야 톤이 자연스럽게 된다.

그림 9.49 다양한 브러시 톤으로 작업을 한 모습

3) 필름 그레인 효과와 같은 노이즈 레이어 만들기

빈 레이어를 만들고 50% 회색을 칠해준다.

그림 9.50 빈 레이어 만들기

빈 레이어를 만든다.

그림 9.51 Edit - Fill- 50% 회색

빈 레이어에 회색을 칠해준다.

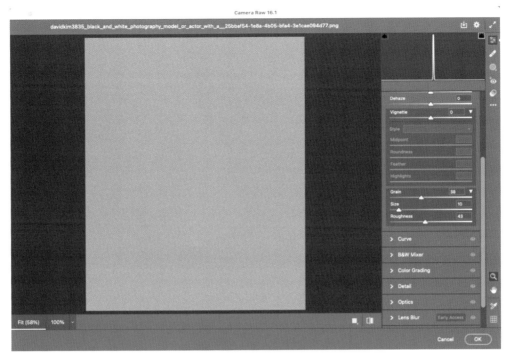

그림 9.52 Camera Raw - Grain 효과

빈 레이어에 상단 메뉴에 필터 Camera Raw를 선택한다. 그러면 Camera Raw의 창이 나오는 것을 볼 수 있다. Camera Raw에서 노이즈를 추가하면 된다.

그림 9.53 Layers 모드를 Soft Light로 변경

Layers 모드를 Soft Light로 변경해보자. 꼭 Soft Light를 사용해야 하는 것이 아니라 Overlay, Hard Light 등 다양하게 설정해 볼 수 있다.

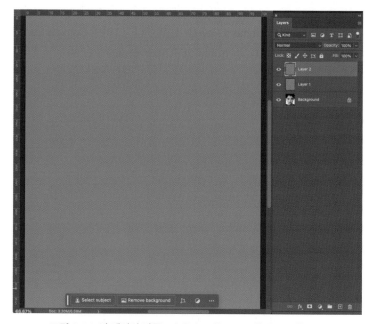

그림 9.54 빈 레이어 만들고 Edit ❯ Fill - 50% 회색으로 칠하기

다시 회색 빈 레이어를 만들어보자. 이번에는 상단 메뉴 Filter에 있는 Filter Gallery로 가서 Grain을 선택한다.

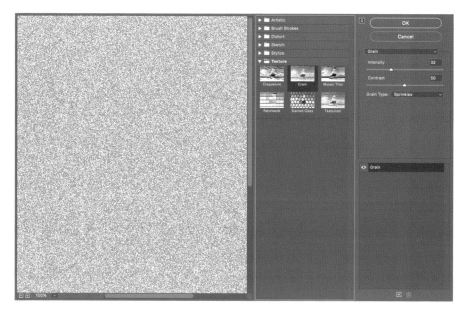

그림 9.55 Filter - Filter Gallery - Grain

그림 9.56 레이어 모드를 Soft Light로 변경

레이어 모드를 Soft Light로 변경해보자. 레이어의 Opacity를 조절해서 2개의 레이어를 믹스해서 사용한다. 여기서는 30%로 조정해 봤다. 정해진 값이 있는 것은 아니므로 100%로 확대하고 이미지에 따라 적절한 값으로 조정을 해보자. 이렇게 레이어를 섞어서 작업하는 것도 가능하다.

4) Stamp 도구를 이용해 피부 톤 리터칭하기

촬영된 피부는 얼굴의 형태, 조명 등의 영향으로 어둡고 밝은 영역이 아름답지 않거나 끊어져 보이는 곳이 생길 수 있다. 이러한 피부의 톤을 고르게 하기 위한 방법으로 Stamp 도구를 사용할 수 있다. 이러한 영역의 변화는 매우 미세하고 부드럽게 조금씩 하는 것이 중요하다.

레이어 모드 중 Lighten 계열 블렌딩은 밝은 것 위주로만 표현이 된다. 레이어 모드 중 Darken 계열 블렌딩은 어두운 것 위주로만 표현이 된다.

그림 9.57 Stamp 도구를 이용한 작업

원본 레이어를 복사한다. 레이어를 복사하는 단축키는 Command, Control + J다. 원본 레이어를 복사하면 원본이 손상되는 것을 막을 수 있고, 다시 원본으로 돌아가는 것이 쉽다.

316

Stamp 도구를 선택한다. 그리고 Stamp 도구가 아래 레이어 전체에 영향을 주도록 설정한다. 그림 9.57처럼 Stamp 도구의 설정은 인물이기 때문에 부드러운 선택을 하는 것이 좋다. 따라서 Stamp 도구의 Opacity와 Flow의 퍼센트를 낮게 설정한다. 그리고 브러시의 Hardness^하^{드니스}를 0으로 한다.

그림 9.58 레이어 모드를 Lighten으로 적용

레이어 모드를 Lighten으로 설정하고 어두운 영역을 이용해 영역을 칠해주면 밝은 톤 부분 위주로만 Stamp 도구가 만들어진다.

레이어 모드를 Darken으로 선정하고 어두운 영역을 이용해 영역을 칠해주면 어두운 부분 위주로만 Stamp 도구가 만들어진다.

그림 9.57과 그림 9.58의 이미지를 잘 비교해 보면 코 위의 미간 부분이 밝게 리터칭된 것을 볼 수 있다. 이러한 레이어 모드를 설정하지 않으면 그대로 복제가 되지만, Lighten이나 Darken을 이용하면 상대적으로 원본 레이어(아래 레이어)보다 어두운 부분 또는 밝은 부분만을 리터칭하게 된다.

5) Color Fill 레이어를 이용해 빛 효과 만들기

그림 9.59의 사진에서 전등에 불이 켜진 효과를 강화해보고자 한다.

그림 9.59 전등 효과

Color Fill 레이어를 불러와 전등의 색과 비슷한 색을 선택해준다. 빛의 궤적을 굵고 소프트한 퀵마스크 브러시로 그려서 선택한다. 그리고 마스크에 적용해준다. 이 레이어를 Soft Light 블렌딩 모드로 바꾸면 그림 9.60과 같은 모습이 된다.

그림 9.60 Color Fill 레이어와 마스크를 이용한 전등 효과

6) 조정 레이어의 특수 효과

조정 레이어를 선택한다. 블렌딩 모드를 다양하게 바꿔보면 마치 필터를 썼을 때와 같은 효과를 가져오는 것을 알 수 있다. 이것이 원래 목적은 아니었을지라도 응용해 보면 독특한 자기만의 룩look을 만들어낼 수 있다. 룩은 자신만의 톤과 컬러를 말한다. 일정하게 자신의 스타일로 톤을 관리할 수 있다는 의미다.

그림 9.61 조정 레이어를 이용

Adjust Layer^{조정 레이어} 조정 값을 적용하지 않아도 Hue/Saturation 레이어의 블렌딩 모드를 Overlay로 바꾸기만 해도 콘트라스트와 채도가 극적으로 바뀌는 효과를 볼 수 있다.

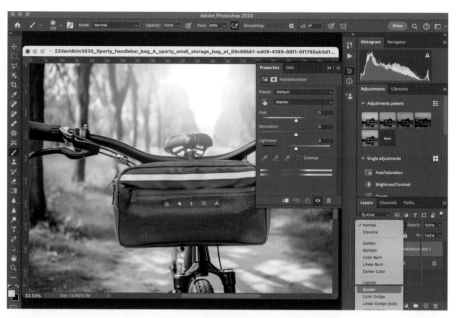

그림 9.62 레이어 모드의 변경에 따른 톤의 변화

7) Black & White Conversion

디지털 캡처로 만든 이미지들은 기본으로 RGB 컬러 정보를 갖고 있기 때문에 그 정보들을 유지한 채 프로세스를 한 후, 포토샵에서 흑백 사진으로 바꾸는 방법이 좋다. 흑백으로 바꾼 후 프로세스를 하고, 리터칭 작업을 한 후에 컬러로 바꾸려고 하면 힘들지만, 컬러 정보는 유지한 채 조정 레이어로 흑백을 만들어주면 컬러와 흑백 두 가지 선택 옵션을 끝까지 유지할 수 있기 때문이다.

현재 포토샵에서 가능한 흑백 변환 방법 중 가장 좋은 방법은 Black & White Adjustment Layers를 이용하는 방법이다. 레이어를 적용했을 때 디폴트 값은 그림 9.63과 같고, 디폴트 드롭박스를 클릭하면 흑백 필름으로 촬영할 때 렌즈 앞에 끼워 사용하는 각종 필터 테크닉을 흉내내는 필터들이 보인다.

"흑백의 경우도 그림 9.63의 프리셋을 한번 확인하자. 좋은 시작점이 될 수 있다."

320

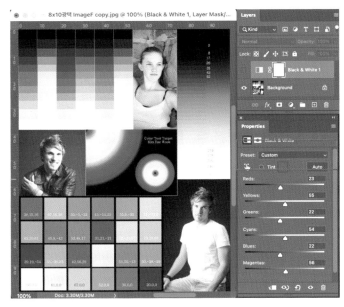

그림 9.63 흑백 변환 방법

뚜렷이 부각되는 각 컬러의 대비 효과가 Black & White 필터 적용 시에는 확연히 줄어드는 것을 알 수 있다.

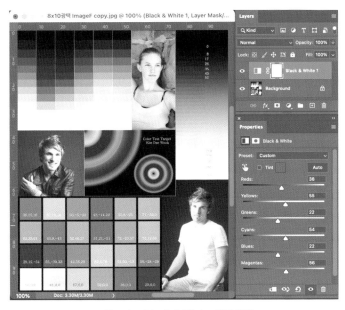

그림 9.64 Black & White 필터 적용

컬러 이미지를 흑백으로 변환할 때 가장 큰 문제점은 개별 색상 자체가 주는 대비 효과가 사라지면서 이미지가 플랫^{flat}(콘트라스트가 낮아져 평평하게 보인다는 의미)해 보이게 되는 것이다. 과거에 흑백 변환 시에는 Hue/Sat에서 desaturation -100으로 색상을 없애 그레이스케일^{grayscale}화하는 방법을 사용했다. 개별 색상과 콘트라스트 조절을 하기 위해서는 다른 Adjustment의 도움 없이는 불가능했으나, Black & White Adjustment Layer는 이것 하나만으로도 조절이 가능하게 됐다. 그러나 전통적인 흑백 필름 사진은 컬러 사진과 완전히 구분되는 독특한 질감과 다이내믹한 콘트라스트가 특징이므로 그 효과를 최대한 비슷하게 내기 위해서는 개별적으로 콘트라스트를 더욱 강조해줄 수 있는 조정 레이어를 같이 사용해줘야 한다.

컬러를 흑백으로 변환할 때 앞에서 언급한 메모리 컬러를 다시 한번 상기해보자. 우리가 기억하고 있는 익숙한 색상들은 우리의 의식 속에 실제보다 더욱 강력하게 각인돼 있다. 따라서 색상이 흑백으로 변환될 때 기억 색상들을 강조해 번역(번역이라기보다는 번안에 가까운)해야 한다. 예를 들어, 하늘이 많이 보이는 풍경 사진의 경우 과거에 흑백 필름으로 촬영할 때 각종 필터를 이용해 톤을 많이 눌렀었는데(하늘 톤을 더욱 어둡게), 그와 같은 효과를 컬러에서 흑백으로 변환할 때 염두에 두면 좋을 것이다.

8) Layer Style

레이어를 두 번 클릭하면 Layer Style^{레이어 스타일} 패널이 뜨게 된다. 이곳에서 레이어에 특수한 효과를 줄 수 있는 기능들을 왼쪽 칼럼에서 찾아볼 수 있는데, 주로 텍스트나 일러스트에 적용하는 것들이다. 사진 편집에서 조정 레이어를 적용할 때 그림 9.65처럼 패널 오른쪽 제일 하단에 있는 Blend if: Gray(RGB channel)를 잘 사용하면 컬러 작업에 좋은 옵션이 될 수 있다.

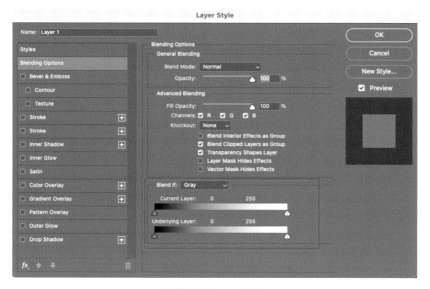

그림 9.65 Layer Style

Layer Style에서 그림자를 만들거나 경계를 표현하는 다양한 방법이 있다. 그리고 레이어 간의 톤 합성에 관한 옵션을 활용할 수 있다.

9) Link Layers

여러 레이어를 갖고 작업하다 보면 이것들을 한눈에 보기 쉽게 잘 정리하면서 효율적으로 관리하는 방법이 절실해진다. 이를 도울 몇 가지 레이어 기능을 살펴보겠다.

여러 레이어를 함께 움직여야 할 때 이들을 한데 묶어 놓으면 작업하기에 편하다. 그림 9.66과 같이 레이어들을 모두 선택한 후 마우스 오른쪽을 클릭하면 드롭다운 메뉴 가운데 Link Layers가 보인다. 이를 선택하면 레이어들 오른쪽에 링크 아이콘( )이 뜨게 된다. 하나의 레이어를 움직이면 링크돼 있는 다른 모든 레이어가 함께 움직인다.

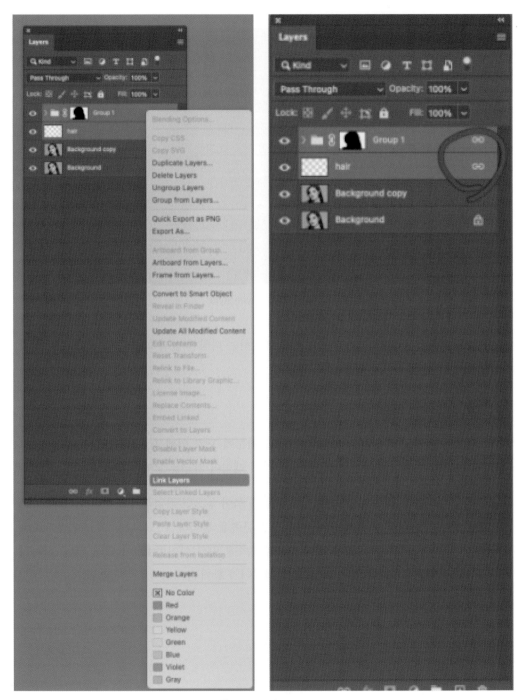

그림 9.66 Link Layers

10) 그룹 폴더

여러 레이어를 하나의 폴더 안에 넣어서 정리하면 편리하고 보기에 좋다. 그러나 동일한 마스크를 여러 번 적용할 경우, 예를 들어 그림 9.67의 보기와 같이 배경 마스크를 만들고 배경에 다양한 Adjustment 레이어를 적용한 경우, 각각의 레이어마다 마스크를 적용해야 한다면 번거롭다. 그리고 나중에 마스크를 수정해야 할 때 어려울 수 있다. 이럴 경우, 폴더 안에 넣어 정리한 후 폴더 자체에 마스크를 해주면 편리하다. 레이어를 선택하고 Command, Control 키와 G 키를 누르면 한꺼번에 선택 가능하다.

그림 9.67 그룹 폴더

11) 레이어 클리핑

그림 9.68 레이어 클리핑(layer clipping)

여러 레이어가 있을 때 한 레이어에 Command+Option+G 혹은 메뉴에서 Layer ❯ Create Clipping Mask를 선택하면 바로 밑에 위치한 레이어에 클립된다. 바로 밑에 위치한 레이어만 영향을 주고 싶을 때 편리하게 사용할 수 있다.

9.8 선택

포토샵에서 작업하는 것을 단순히 표현하면 '선택한 다음 바꾸기^{select and edit}'로 축약될 수 있다. 선택^{selection}은 수많은 다른 복잡하고 정교한 작업으로 가기 위한 출발점이기 때문에 선택을 만드는 도구도 다양하고, 가짓수도 가장 많다. 최근에 들어서 업데이트되는 AI를 이용한 기능들 가운데에서도 선택 기능의 발전이 두드러진다.

> "포토샵을 한마디로 이야기한다면 선택과 변형이라 할 수 있다."

선택은 이미지 일부분을 특정해 지정하거나 분리하는 작업인데, 일단 선택 영역이 만들어지면 그 안쪽만 조작이 가능하고 선택 밖의 부분은 영향을 받지 않는다. 포토샵에서 선택은 움직이는 점선^{marching ant}으로 표현된다. 도구 상자^{tool box}에서 어떠한 선택 도구를 사용하든 선택된 부분은 움직이는 점선인데, 이것은 일시적이란 뜻이다. 이 점선들 바깥쪽으로 한번 만 클릭해보면 흔적도 없이 사라지는 것을 볼 수 있다. 선택을 만들 수는 있어도 이것을 영속적으로 이용하기 위해서는 어떠한 형태로든 저장해야 할 것이다.

이러한 선택이 저장되는 방법과 형태에는 알파 채널^{Alpha Channel}, 마스크^{Mask}, 패스^{Path}가 있다.

이러한 선택 영역을 한 번에 선택하면 좋겠지만, 때론 선택 영역을 여러 번에 걸쳐서 선택해야 하는 경우도 있다. 그래서 마스크의 개념도 등장하고, 펜 도구로 선택한 영역을 워킹 패스로 저장하기도 하고, 다른 방식으로 선택을 한 경우 알파 채널에 저장해놓기도 한다.

상당히 복잡하게 보일 수 있지만, 선택 영역을 어떻게 저장해놓고, 이것을 불러와서 합치거나 빼거나 하는 방식을 택하는 개념이라고 보면 된다.

"다만 선택의 경우 저장해놓지 않으면 다음 작업에서 지워지기 때문에 필요한 선택을
저장하는 방법은 알아야 한다."

9.8.1 도구를 이용한 선택 방법

선택 방법은 사람이 직접 선택하는 방법, 완전 자동화된 선택 방법, 톤이나 컬러를 이용한 선택 방법 등 매우 다양하다. 이처럼 다양한 선택 방법이 존재하는 이유는 선택이 쉽지 않은 영역이기 때문이다. 물론 포토샵의 자동화된 선택 툴이 점차 발전하고 있기는 하다.

"선택 방법들에는 도구 사용 직접 선택, 자동화된 선택,
컬러를 이용한 선택, 채널을 이용한 선택 등이 있다."

Marquee Tool^{마퀴 도구}, Lasso Tool^{라소 도구}, Quick Selection Tool^{퀵 셀렉션 도구}, Magic Wand Tool^{요술봉 도구}, Pen Tool^{펜 도구} 등 다양하게 있다.

도구 상자의 선택 도구로 수동화돼 있는 툴들이 있다. 원하는 영역을 일정하게 선택할 수 있다.

1) 수동의 Marquee Tool, Lasso Tool

Marquee Tool(◻️)이나 Lasso Tool(◯)의 경우 도구 상자에서 선택을 하고 이미지에서 클릭해서 드래그하면 선택 영역이 만들어진다. Marquee Tool은 사각형이나 원형의 선택이 가능하고 Lasso Tool은 그림을 그리듯 선택하면 된다.

그림 9.69 Marquee Tool을 이용한 선택

그림 9.70 Lasso Tool을 이용한 선택

2) 자동화된 Object Select Tool

Object Select Tool(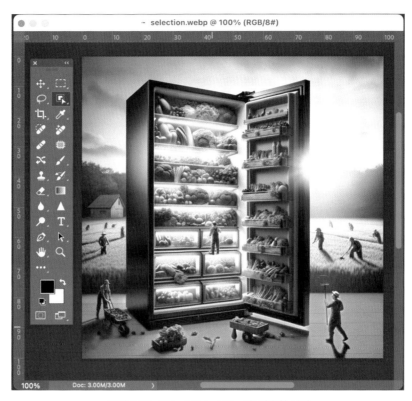오브젝트 셀렉트 도구, Quick Selection Tool, Magic Wand Tool의 경우 일정하게 자동화돼 선택되는 도구라 할 수 있다.

이러한 선택은 도구를 선택하고 클릭을 통해 영역을 지정하는 것이 가능하다.

그림 9.71 Object Select Tool을 이용한 선택

그러면 자동화된 도구가 좋아 보이기는 하지만, 컴퓨터가 사람의 마음을 완벽하게 이해하기 어렵기 때문에, 모든 것을 완벽하게 선택하지는 못한다. 그래서 수많은 다른 방법들이 있다.

3) 부드러운 선택

선택 영역으로 무엇을 할 수 있을까? Lasso Tool을 이용해 대략적으로 선택하고 이러한 선택 영역을 부드럽게 만들면 톤을 자연스럽게 조절하는 것이 가능하다.

그림 9.72는 이마 부분의 톤을 올려서 밝게 표현하고자 한다. 모양을 이마의 모양으로 선택해야 하기 때문에 Lasso Tool을 선택한다.

그림 9.72 Lasso Tool을 이용한 부드러운 선택

Lasso Tool을 이용해 필요한 영역을 선택한다.

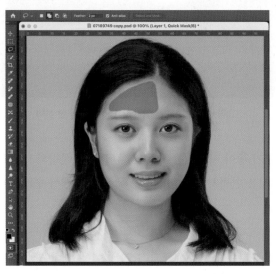

그림 9.73 왼쪽 하단 Quick Mask 모드로 변경

그림 9.73의 왼쪽 하단에 Quick Mask(▣)^{퀵 마스크} 버튼을 누르면 선택된 영역이 어떤 식으로 선택돼 있는지 붉은색으로 표현되는 것을 볼 수 있다. 여기서 보이는 붉은색은 부분이 선택돼 있다는 것을 보여준다. 이러한 선택은 경계 부위가 선명한 매우 딱딱한 선택이라는 것을 시각적으로 알 수 있다.

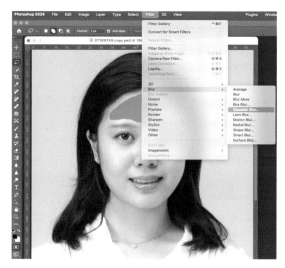

그림 9.74 Gaussian Blur 적용

이러한 상태에서 Filter ❯ Blur ❯ Gaussian Blur를 적용한다.

그림 9.75 Gaussian Blur를 통해 부드러운 선택

그림 9.75와 같이 Gaussian Blur의 수치를 조정하면 부드럽게 경계 부분이 변경되는 것을 알
수 있다.

그림 9.76 Quick Layer Mask 버튼 클릭

그림 9.76과 같이 다시 Quick Layer Mask^{퀵 레이어 마스크} 버튼을 클릭하면 점선의 선택 영역으로
변경된다. 우리 눈에 보이지는 않지만 부드럽게 선택이 된 상태다.

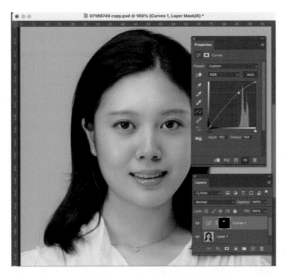

그림 9.77 조정 레이어 선택

선택이 된 상태에서 조정 레이어를 선택하면 레이어 마스크 형태로 조정 레이어가 만들어지게 된다. 커브 값을 조금 조정해주면 이마 부분이 밝게 변하는 것을 알 수 있다.

4) Pen Tool을 이용한 정교한 선택

Pen Tool(🖊️)은 선택의 유일한 벡터적 접근으로, 아직도 제품 사진이나 그래픽 작업에서 가장 중요하고 많이 쓰이는 도구이며, 현재까지 이것을 대체할 다른 벡터 선택 도구는 없다. 따라서 Pen Tool을 잘 알아두는 것이 좋다. 벡터는 수학적 위치를 판별하는 방법으로 벡터 이미지는 사이즈가 커져도 깨짐 현상이 없다. 다만 부드러운 픽셀의 느낌이 사진에서는 자연스럽게 보이지 않을 수 있다. 이 때문에 Pen Tool로 선택하고 영역을 부드럽게 조정할 필요가 있기도 하다.

그림 9.78 Pen Tool로 선택

Pen Tool은 패스와 연결이 되는데 선택을 하고 나서 패스에 선택 영역을 저장할 수 있다.

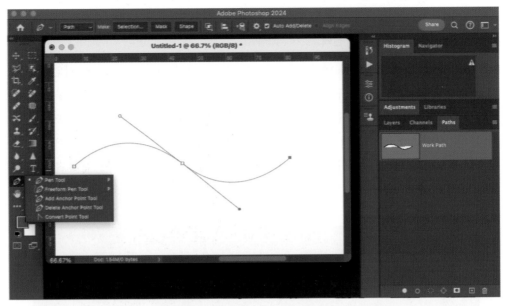

그림 9.79 Pen Tool을 이용한 곡선

그림 9.79와 같이 Pen Tool은 직선뿐 아니라 곡선을 표현하고 선택을 하는 것도 가능하다. 머리카락과 같은 부분을 제외하고는 수동으로 픽셀 단위의 선택이 가능하다. 다만, 선택을 하는 목적에 따라 선택 영역을 잘 결정해야 한다. 선택 영역이라는 것이 경계 부분을 갖게 되기 때문에 그 부분의 선택은 이후 작업을 이해하고 그에 따른 선택을 할 수 있다.

9.8.2 상단 메뉴를 이용한 선택 방법

눈으로 보고 그림을 그리듯이 선택하는 방식도 있지만, Color Range를 통한 선택 방법도 있다. 상단의 메뉴에서 Select > Color Range를 선택하면 특정 컬러를 선택하는 것이 가능하다. 이러한 선택 영역의 범위를 설정할 수도 있다.

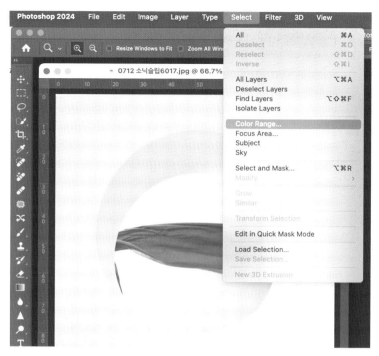

그림 9.80 Color Range를 통한 선택

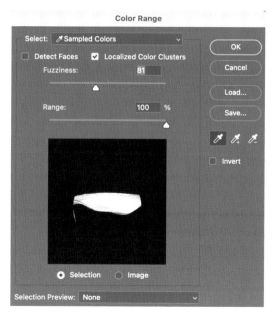

그림 9.81 Color Range

Color Range는 Fuzziness 값에 따라 선택 영역이 달라지게 된다. 그림 9.81의 스포이트 도구를 이용해 원하는 부분을 클릭하면 클릭한 곳의 컬러 영역이 선택되는 것을 볼 수 있다.

OK 버튼을 누르면 선택 영역이 만들어지게 된다. 선택이 되고 나면 톤을 바꾸는 것이 쉽게 진행될 수 있다.

그림 9.82 조정 레이어 선택

포토샵에서 가장 중요한 기능은 선택이라 할 수 있다.

그 이유는 정확하고 부드러우며 적절하게 선택한 영역은 톤과 컬러를 변형시키거나 합성을 하거나 그림자를 만드는 것 등 다양한 작업의 시작으로 가는 선택이기 때문이다.

선택은 선택 도구로 선택, 컬러로 선택, 포토샵의 서브젝트 선택, 자동 선택, 특정 영역 자동 선택 등의 방법이 있다.

또한, AI를 이용해 새롭게 추가된 기능도 있는데 다음과 같다.

- Object Selection: 포토샵에서 자동 선택을 통해 선택한다.

- Focus Area: 포커스가 맞아 있는 부분을 선택한다.

- Subject: 포토샵이 피사체라고 생각하는 부분을 자동 선택한다.

- Sky: 포토샵에서 하늘이라고 판단하는 부분을 자동 선택한다.

AI를 이용한 자동 선택 기능이 늘어나고 있는데, 이것은 그만큼 선택이 중요하고 어렵다는 것을 말한다.

이렇게 선택된 영역을 세부 조정하는 것으로는 마스크의 개념에서 리파인 마스크^{refine mask}를 자동적으로 톤으로 하는 방법과, 수동적으로 브러시로 보면서 하는 방법, 톤 조정 레이어를 이용한 방법 등이 있다.

9.8.3 상단 옵션을 이용한 클라우드 선택 방법

최근에는 데이터를 이용한 클라우드^{cloud} 선택이 있다. 클라우드를 이용한 선택의 경우 일반 선택보다 조금 더 정교한 선택이 가능하다. 자동 선택을 위해 도구 창의 Object Selection( ) 을 선택한다.

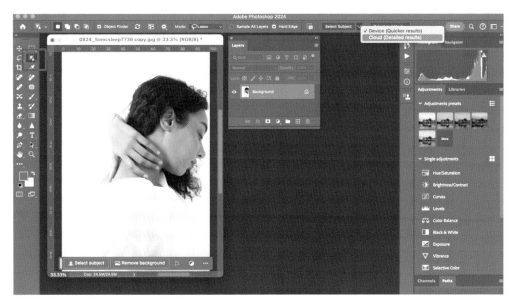

그림 9.83 클라우드를 이용한 선택

그림 9.83 오른쪽 상단의 Subject Select를 클릭하면 하위 메뉴로 Cloud(Detailed results)를 선택할 수 있다.

그림 9.84 Layer masks 버튼을 사용

선택된 레이어에서 그림 9.84와 같이 Layer masks(▣) 버튼을 클릭한다.

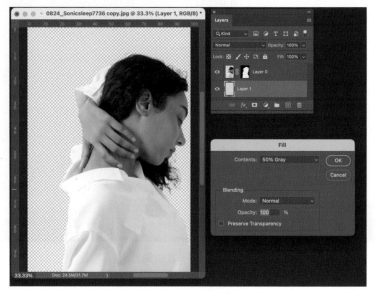

그림 9.85 빈 레이어에 배경 만들기

그림 9.85와 같이 빈 레이어를 만들고 레이어를 아래쪽으로 드래그해서 놓는다. Edit > Fill – 50% 회색. 빈 레이어에 50% 회색으로 칠해주도록 하겠다.

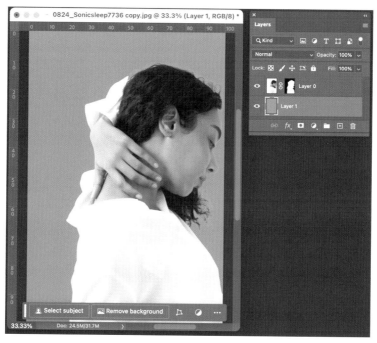

그림 9.86 빈 레이어에 회색 배경 합성

그림 9.86에서 회색 배경에 합성된 것을 볼 수 있다. 자세히 보면 머리카락 부분이 완벽하게 선택되지 않은 것을 볼 수 있다. 또한, 머리카락 부분에 흰색 배경의 컬러 찌꺼기가 있는 것도 볼 수 있다. 이처럼 예민하게 톤을 살펴야 한다. 뒤에서 조금 더 다루도록 하겠다.

9.8.4 Select and Mask 패널

선택을 완벽하게 하는 것은 어려울 수 있다. 그래서 때로는 Pen Tool로 패스를 만들기도 하고 다양한 방법을 선택하게 된다. 선택은 1차적으로 하고 그 이후 수정 보완을 한다. 그중 비교적 자동화된 것이 Select and Mask 셀렉트 앤드 마스크 패널이다. Select and Mask 패널의 경우 시각적으로 확인을 하면서 선택하는 것이 가능하다. 이전에 채널, 마스크를 이용해 수동으로 하던 부분들이 비교적 자동화된 패널로 들어온 것이다.

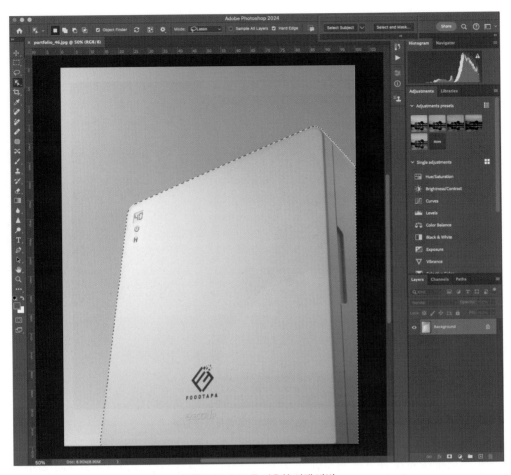

그림 9.87 도구를 이용한 선택 방법

그림 9.87과 같이 왼쪽 도구 바에서 Marquee, Lasso, Subject Selection Tool 중 하나를 이용해 선택을 한다. Subject Selection Tool을 선택하고, 오른쪽 상단에 있는 클라우드를 이용한 선택을 하는 것이 가능하다. 그리고 오른쪽에 있는 Select and Mask 버튼을 누르면 그림 9.88처럼 선택을 조정하는 패널을 볼 수 있다.

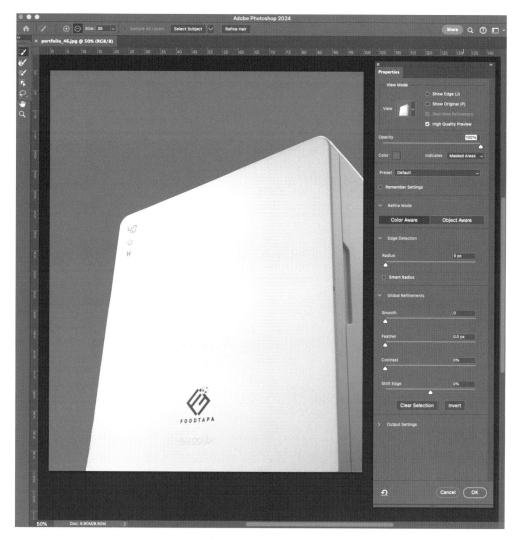

그림 9.88 Select and Mask

그림 9.88에서 패널의 왼쪽을 보면 선택 도구들이 있다. 이 도구들은 자동화된 도구가 위에 있고, 아래쪽으로 가면 수동화된 도구를 볼 수 있다. 이러한 도구들를 이용해서 선택을 추가 하거나 제거하는 것이 가능하다.

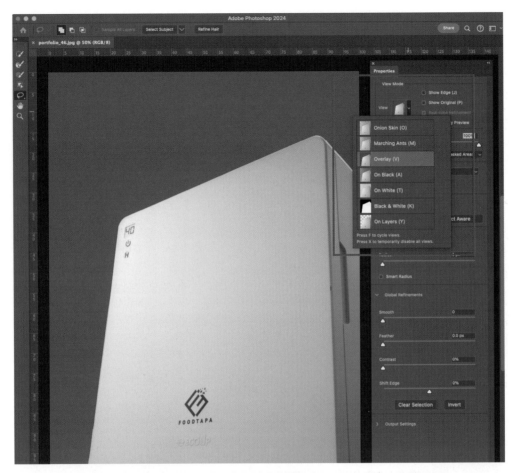

그림 9.89 뷰 옵션

그림 9.89의 오른쪽을 보면 눈으로 보는 메뉴를 선택할 수 있다. 눈으로 보면서 선택을 하기 때문에 다양한 선택에 관한 뷰를 볼 수 있다. 지금 보이는 붉은색은 선택이 되지 않은 부분이다.

그림 9.90 투명 레이어

그림 9.90과 같이 투명 레이어를 통해 볼 수도 있다. 이처럼 다양한 뷰가 있다. 상황에 따라
이것을 잘 골라야 한다.

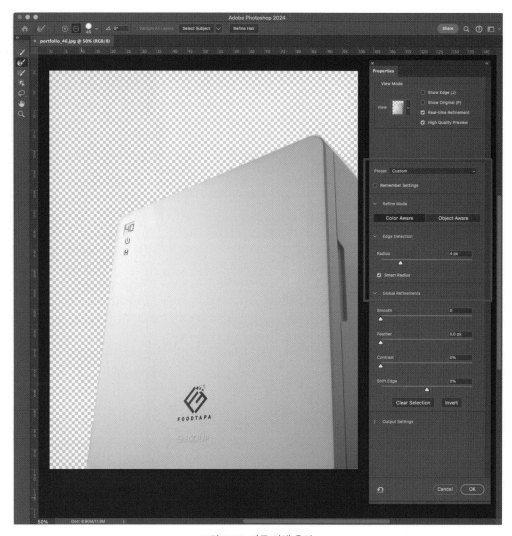

그림 9.91 자동 선택 옵션

선택의 영역을 조정하는 방법으로 자동으로 선택을 하는 옵션이 있다. 그림 9.91과 같이 선택 영역을 컬러 혹은 물체에 따라서 자동 선택을 한다. 왼쪽 툴을 선정하고 이것에 관한 자동 선택의 범위를 설정할 수 있다. 자동화된 툴의 선택은 좋아지고 있기는 하지만, 완벽하지 않은 경우도 많다. 즉, 눈으로 보면서 수동으로 조절하는 것이 때로는 더 쉬울 수 있다.

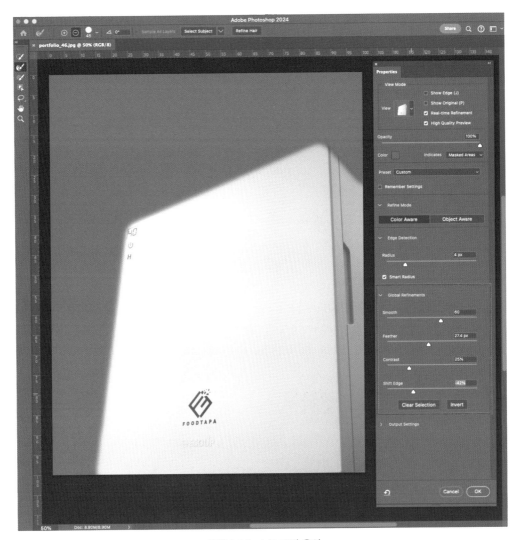

그림 9.92 수동 조절 옵션

그림 9.92는 수동으로 눈으로 보면서 선택된 영역에 대해서 조절하는 것이다. 일반적인 방법은 클라우드를 이용한 선택을 하고 선택 영역을 Select and Mask로 미세 조정하는 것이다. 선택이 미진한 부분 혹은 어려운 부분들은 Smart Radious 같은 자동화된 방법으로 선택을 정교하게 시도해보자. 어느 정도 선택이 좋아졌다면 그림 9.92처럼 다시 한번 전체적으로 정리, 조절할 수 있다. 이것은 전체적인 조절이기 때문에 우선 선택이 잘 돼 있어야 한다. Smooth, Feather, Contrast, Shift Edge로 조정한다.

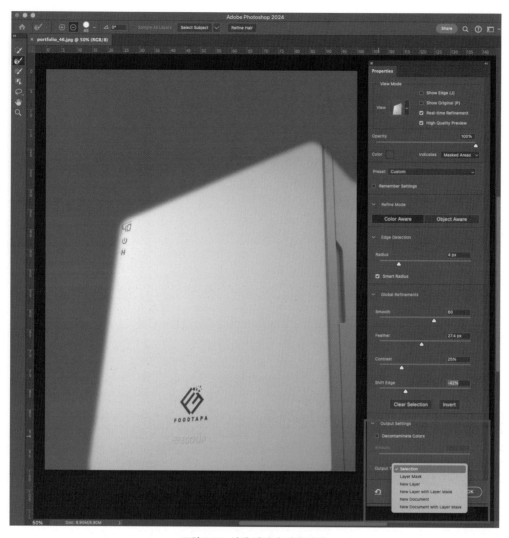

그림 9.93 선택 레이어 저장 방법

마지막으로, 저장을 Selection으로 만들거나 혹은 Layer Mask로 만드는 등으로 조정이 가능하다.

9.8.5 머리카락 선택

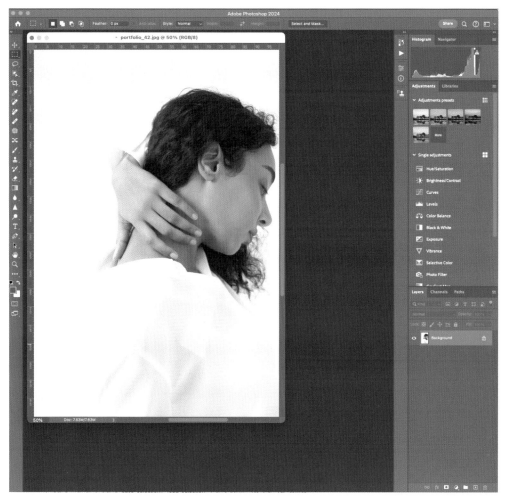

그림 9.94 머리카락 선택

가장 까다로운 선택은 머리카락 선택이다. 머리카락 선택은 채널을 이용한 방법도 있지만,
우선 비교적 자동화된 방법부터 소개하겠다.

그림 9.95 클라우드를 이용한 선택

이번에도 클라우드를 이용한 선택을 하겠다. 저자의 경험상 클라우드의 선택은 빠른 자동 선택으로 매우 효과적인 초기 선택이 가능하다.

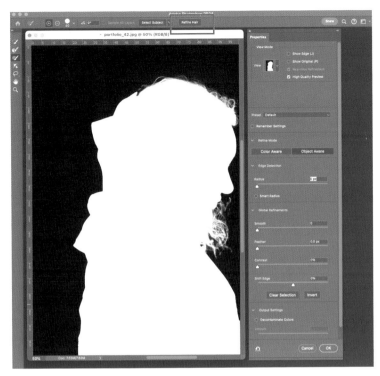

그림 9.96 머리카락 재교정

그림 9.96에서 선택 영역은 흰색으로 선택되지 않은 부분이 검은색으로 표현돼 머리카락의
디테일을 잘 볼 수 있도록 했다. 그리고 상단에 있는 Refine Hair^{리파인 헤어}를 클릭했다. 머리카락
의 선택이 가장 어려운 선택이기 때문에 Refine Hair를 클릭하면 자동으로 머리카락을 조금
더 정교하게 선택하게 된다. 물론 자동화된 결과는 좋을 수도 있고 그렇지 않을 수도 있다.

그림 9.97 Refine Hair 버튼 누르기 전

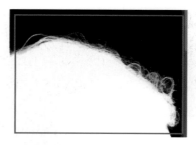

그림 9.98 Refine Hair 버튼 누른 후

Refine Hair를 사용하니 머리카락의 디테일이 더 생기는 것을 확인할 수 있다.

머리카락 부분은 배경색이 묻어서 생기게 된다. 즉, 흰색 배경에서 촬영한 사진은 머리카락에 흰색이 반사돼 있다. 이러한 배경색을 다른 색으로 합성할 경우 색상이 달라서 문제가 발생한다.

그림 9.99 머리카락 부분의 배경색 찌꺼기 제거

그림 9.99의 오른쪽 하단에서 Determination Color^{오염된 색상}라는 항목을 볼 수 있다. 이것을 통해서 묻어 있는 색상을 제어하게 된다.

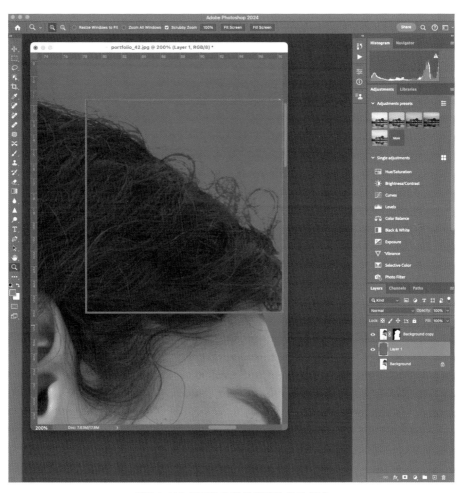

그림 9.100 일정하게 흰색 찌꺼기 색이 있다.

그림 9.100의 사진은 흰색 배경에서 촬영하고 나서 파란색 배경을 합성한 것이다. 합성을 하면 흰색 컬러 찌꺼기가 만들어지게 되는데 그림 9.99의 Determination Color 옵션을 활성화하면 이것이 제어되는 것을 알 수 있다. 이러한 것을 수동으로 하는 방법도 있으니 이어서 소개하겠다.

그림 9.101 일정하게 흰색 찌꺼기 색이 있다.

그림 9.102 머리카락의 색상 찌꺼기를 제어한 모습

9.8.5 채널을 이용한 그 외의 선택: RGB 채널, Image Calculation

선택을 하는 다른 방법으로 채널을 이용하는 방법이 있다. 채널을 이용하는 방법은 채널을 통해 선택 영역을 정하는 것이다. 선택 영역에서 검은색은 선택이 된 것이고 흰색은 선택이 되지 않은 것이다.

우선 채널을 눌러보면 RGB 채널이 있는 것을 알 수 있다. 이러한 채널의 경우 다양한 흑백 이미지로 보이게 되는데, 이 중에서 자신이 생각하는 것과 가장 가까운 영역을 선택한다. 이러한 선택 영역의 톤을 커브나 레벨 혹은 브러시를 이용해 조정한다. 때로는 버닝과 닷징을 이용하기도 한다. 채널에서 보이는 흑백의 이미지는 이미지가 아니라 선택으로 보아야 한다. 즉, 흑백을 선택으로 바라보는 것이 가장 핵심이라고 볼 수 있다. 채널을 이용하는 이유는 즉각적으로 매우 디테일한 이미지의 선택이 만들어지기 때문이다. 또한, 선택 영역의 저장이 가능한 장점도 있다.

"가장 핵심은 어떤 방법을 쓰든 블랙과 화이트로 구분을 만들면 이것은 선택이 된 것이다."

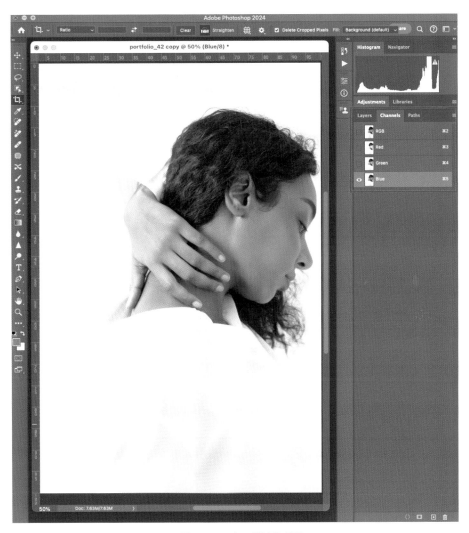

그림 9.103 Blue 채널을 선택

그림 9.103과 같이 Channels에서 가장 콘트라스트가 커서 검은색과 흰색으로 분리하기 쉬운 채널을 선택한다.

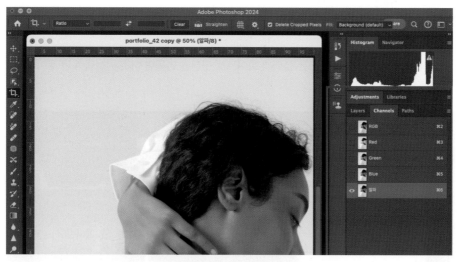

그림 9.104 레이어를 복사해서 채널을 하나 더 생성

그림 9.104와 같이 선택한 레이어를 끌어서 하단에서 + 버튼에 복사를 하게 한다. 그리고 이름을 '알파'라고 수정했다.

그림 9.105 새로 만든 채널의 값을 레벨로 조정

그림 9.105에서는 알파 채널에 레벨을 이용했는데 커브 같은 다른 작업을 통한 조정을 이용해도 된다.

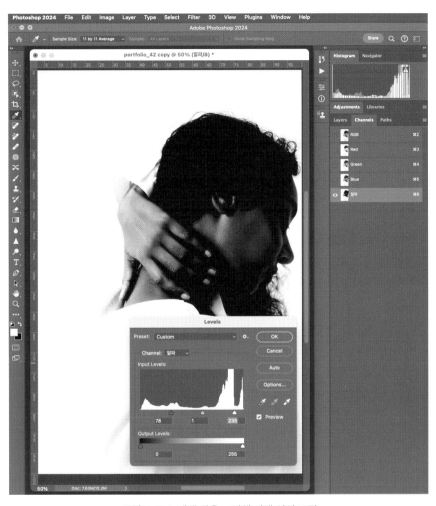

그림 9.106 레벨 값을 조정해 선택 영역 조정

그림 9.106과 같이 레벨 값을 이용해 콘트라스트를 높이기 위해 아래의 슬라이드 바를 이용해 톤을 조정한다. 조정은 머리카락 디테일을 잃지 않으면서 흰색과 검은색으로 잘 구분되게 조정한다. 이러한 조정을 위해 닷지 도구를 이용했다. 닷지 도구는 밝은 영역, 중간 영역, 어두운 영역으로 구분해서 밝게 만들 수 있다. 밝은 영역을 선택하면 머리카락의 어두운 영역에는 영향을 거의 미치지 않고, 회색보다 밝은 부분에 닷지 효과를 주게 된다.

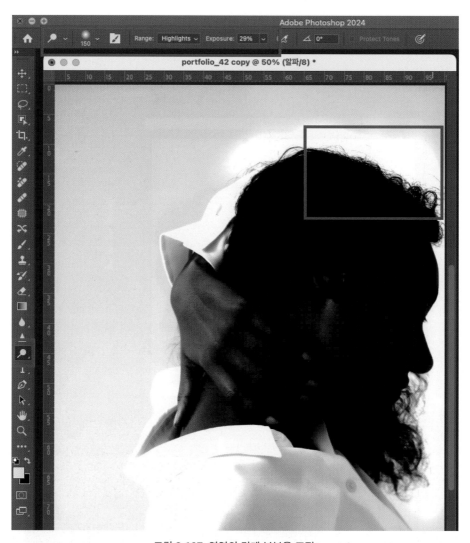

그림 9.107 영역의 경계 부분을 조정

그림 9.107과 같이 닷지 도구를 선택하고 알파 채널의 하이라이트에 영향을 주도록 상단처럼 Range를 설정하고 닷지를 선택해서 경계를 조정한다. 중요한 것은 경계 부위를 찾아내고 그것을 통해 인물과 배경을 분리하는 것이다.

이번에는 상단 메뉴 Image에서 Duplicate^{이미지 복제}를 선택해 2개의 동일한 파일을 만든다.

그림 9.108 레이어 복제

그림 9.108과 같이 상단 메뉴에서 Calculations를 선택하고 조정을 해본다.

그림 9.109 Calculations을 이용해 레이어를 합치는 작업

그림 9.109는 2개의 파일에서 1개는 RGB 채널로 작업하고, 다른 1개는 CMYK로 변경하고, 이 둘의 내용을 합성, 계산하는 것을 통해 이미지를 분리해 내려는 작업이다.

Calculations는 2개의 레이어의 채널을 합치고 이를 통해 콘트라스트를 조절하는 것이 가능하다. 사실 이렇게까지 하는 것이 중요한 것은 아니다. 다만 이러한 방식을 사용해서 피사체가 검은색과 흰색으로 구분되면 이것은 선택이 된 것이기 때문에 이 부분이 중요하다.

이러한 선택 영역의 변형은 채널에서 알파 채널을 사용하든 레이어 마스크를 사용하든 상관없다. 채널이든 마스크든 패스든 모두 선택 영역을 저장해서 갈 수 있으므로 작업 상황에 따라 사용하면 된다.

9.8.6 색상을 이용한 정밀한 선택

선택 중에 가장 까다로운 부분이 머리카락과 같은 털 부분이다. 매우 작고 디테일이 복잡하기 때문에 선택이 쉽지 않다. 이번에는 Background Eraser Tool^{배경 지우개 도구}을 이용한 선택을 해보자.

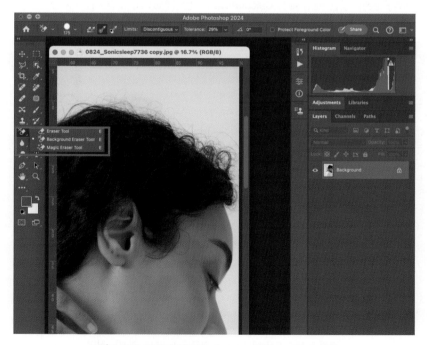

그림 9.110 중간에 있는 Background Eraser Tool 선택

그림 9.110과 같이 도구 바에 있는 Eraser Tool을 누르면 3개 중에 선택이 가능하다. 이 중 가운데 있는 Background Eraser Tool를 선택한다.

그림 **9.111** 상단의 옵션에서 스포이트 중 가운데 스포이트를 선택(Discontiguous, Tolerance 30%)

이것은 색상을 이용해 지우는 방법이다. Background Eraser Tool을 선택하면 화면에서 브러시 가운데 + 모양을 볼 수 있다. 이곳에서 선택된 색상을 지워주게 된다. 여기에서 Tolerance^{허용} 값이 높아지면 조금 덜 예민하게 선택을 하고, 낮아지면 더 예민하게 선택을 하게 된다. 이 도구의 장점은 직관적으로 선택 영역이 만들어지는 장점이 있지만, 선택하려는 영역과 배경의 색이 비슷하면 선택이 어려울 수 있다.

9.8.7 다양한 선택 방법

1. 직접 선택한다. 선택 툴을 이용해 선택한다.

2. 자동화된 선택 툴을 이용해 선택한다.

3. 채널을 이용해 이미지로 선택을 진행한다.

4. 선택된 부분을 변형 수정한다.

5. 선택 툴을 이용해 수동 혹은 자동으로 선택을 추가하거나 축소한다.

- 레벨이나 커브를 이용해 선택을 추가하거나 축소 변형한다

- 픽셀의 확장 축소를 이용한다.

- 필터를 이용해 블러를 주는 방법으로 수정한다.

그림 9.112 Lasso Tool을 이용해 창문 선택

그림 9.112와 같이 왼쪽 도구 바의 Polygonal Lasso Tool^{폴리그널 라소 도구}을 이용해 직접 선택한다. 창문의 모양이 사각형이기 때문에 Polygonal Lasso Tool이 가장 적합하다.

그림 9.113 Object Selection Tool을 이용해 선택

이번에는 그림 9.113과 같이 왼쪽 도구 바의 Object Selection Tool을 이용해 선택한다. 가운데 있는 의자를 선택한 것을 볼 수 있다.

그림 9.114 상단 메뉴를 이용한 선택

그림 9.114와 같이 상단 메뉴 중에서 Select ❯ Subject를 선택한다. 자동 선택이기 때문에 결과가 좋을 수도 있고, 그렇지 않을 수도 있다.

그림 9.115 채널을 이용한 선택

그림 9.115와 같이 채널을 이용해 선택한다. Blue 채널을 선택하고 Command, Control 키를 누른 상태로 채널을 클릭하면 선택 영역이 만들어진다.

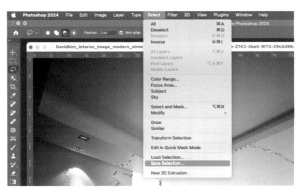

그림 9.116 채널을 이용한 선택 저장

그 상태에서 그림 9.116과 같이 Select ▶ Save Selection셀렉션 저장하기을 선택하면 채널에 선택 영역을 저장할 수 있다. 이것은 어떤 선택도 가능하다. 즉, Marquee Tool을 이용해 그냥 사각형을 선택하고 선택을 저장하면 채널에 저장하는 것이 가능하다. 주요 선택을 저장해놓으면 선택 영역의 합성, 톤의 변화가 가능하다.

그림 9.117 선택 영역을 저장

그림 9.118 저장된 선택 영역

저장된 영역은 반전돼 표시가 되는 것을 볼 수 있다. 선택 영역은 검은색으로 선택된다. 이러한 채널에 의한 선택은 이미지를 이용한 선택이며, 선택 경계 부분이 부드럽고 투명도가 있다.

그림 9.119 저장된 선택 영역 추가

그림 9.119에서 왼쪽의 선택 도구를 추가하거나 빼거나 교집합 등을 하는 것이 가능하다. 왼쪽 선택 도구를 이용해 선택을 하면 상단에 선택 옵션이 나타나게 된다. 여기서 추가하기, 빼기, 교집합 등이 가능하다. 이처럼 선택된 것을 수정할 수 있다.

선택된 영역이 점선으로 표시가 되는데 이 상태에서 그림 9.119 오른쪽 하단 Mask (⬚) 버튼을 누르면 마스크로 표현되는 것을 볼 수 있다.

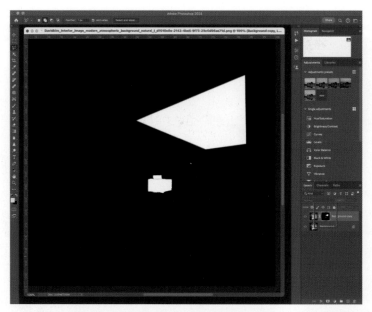

그림 9.120 저장된 선택 영역 추가 및 조정

Mask 버튼과 함께 Alt, Option 키를 클릭하면 마스크 상태를 볼 수 있다. 마스크 상태에 변형을 준다는 것은 선택 영역이 바뀌는 것이다.

그림 9.121 저장된 선택 영역 커브를 이용한 추가 및 조정

마스크 영역에 커브를 이용하면 톤의 변화가 생기면서 선택 영역의 변화가 생기게 된다. 이러한 변화는 톤 영역에 의한 선택 영역의 변화다.

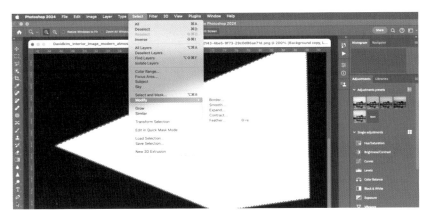
그림 9.122 저장된 선택 영역 Modify를 이용한 추가 및 조정

영역을 선택하고, 선택 수치를 입력해 수정하는 방법이 있다.

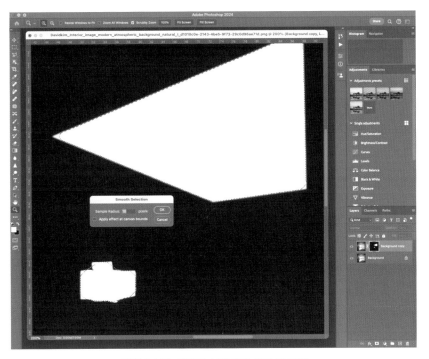
그림 9.123 저장된 선택 영역 추가 및 조정

상단 메뉴의 Select에서 Smooth Selection^{부드러운 선택}을 선택했다.

그림 9.124 저장된 선택 영역에서 Blur를 통해 추가 및 조정

이번에는 그림 9.124와 같이 선택을 해제하고, Gaussian Blur를 주면 선택 영역에 블러가 만들어지게 된다.

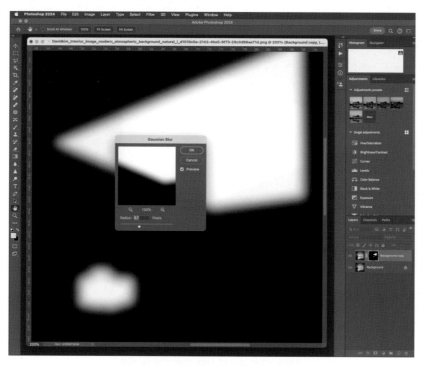

그림 9.125 선택 영역에 Gaussian Blur 적용

그림 9.125와 같이 선택 영역의 조정을 Blur를 통해 할 수 있다.

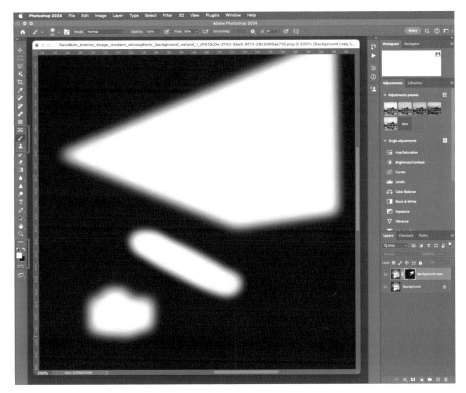

그림 9.126 선택 영역에 브러시로 그려서 적용

그림 9.126과 같이 흰색 브러시를 통해 선택 영역을 추가할 수 있고, 검은 브러시를 이용하면 선택 영역을 줄이는 것이 가능하다.

9.9 선택, 알파 채널, 패스, 마스크의 상관관계

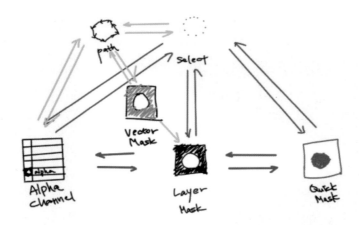

그림 9.127 다양한 선택 영역의 관계

선택 영역의 변형은 채널에서 알파 채널을 사용하든 레이어 마스크를 사용하든 상관없다. 채널이든 마스크든 패스든 모두 선택 영역을 저장해서 갈 수 있으므로 작업 상황에 따라 사용하면 된다.

일시적인 선택을 영속적으로 저장해 계속 쓰고, 또 변형시킬 수 있다면 얼마나 좋을까? 저장하는 방법에는 알파 채널로서 저장하는 방법과 마스크로 변환시키는 방법이 있다. 포토샵 상단부의 메뉴에 보면 Select 부분에 Save Selection, Load Selection이 알파 채널로 저장하게 하는 경로다. Save Selection을 클릭하면 그림 9.128의 왼쪽 박스가 뜨는데, 이 상태로 저장하게 되면 Alpha 1이라는 채널이 새로 만들어졌음을 채널 패널에서 확인할 수 있다.

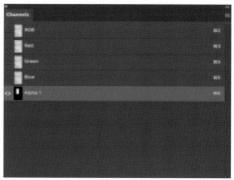

그림 9.128 Save Selection

그래서 만드는 선택 단축키 Q를 누르거나 포토샵 도구 상자의 제일 하단 바로 위에 있는 Quick Mask 아이콘(▣)을 누르면 퀵 마스크 모드로 변환된다. 퀵 마스크는 브러시 도구로 칠을 해서 선택 영역을 만드는 것이 가능하다. 여기서 두 가지 점에 주의해야 한다. 우선 브러시의 색상이다. 브러시의 색상이 진하면 강하게 표현될 수 있다. 브러시가 검은색이면 그림 9.129의 오른쪽 사진에 선택한 붉은색으로 표현되고, 브러시가 흰색이면 붉은색을 지우게 된다. 즉, 브러시의 색상 농도에 따라 브러시의 강도가 달라지게 된다. 브러시를 사용하기 때문에 브러시의 크기, 가장자리의 소프트한 정도, 브러시 투명도를 확인하고 작업해야 한다. Quick Mask 아이콘(▣)을 두 번 클릭하면 옵션 박스가 뜨는데, 이때 마스크의 색깔이나 투명도를 원하는 대로 바꿀 수 있고, 브러시로 칠한 부분을 마스크된 부분(제외하는 부분)으로 할 것인지, 선택된 부분으로(이것을 선택하고 나머지를 제외하는) 할 것인지 고를 수 있다. 저자의 경험으로는 Selected Areas(브러시로 칠한 곳이 곧바로 선택 영역이 되는)로 작업하는 것이 편리하다.

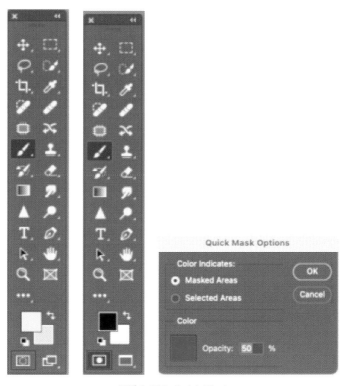

그림 9.129 Quick Mask

"조금 어렵게 느껴질 수 있지만, 선택 방식을 하나씩 배워가면 된다.
그리고 이 모든 방식을 한꺼번에 다 알아야 하는 것은 아니다. 자신이 편한 방식을 하나 배우고,
필요하면 다른 방식들도 배워가는 방식으로 공부하면 된다."

그림 9.130 선택 영역 Quick Mask 적용 전

Quick Mask 모드로 중앙의 상자를 칠한 부분이 채널 패널에서 퀵 마스크로 보인다.

그림 9.131 선택 영역 Quick Mask 적용 후

Quick Mask 모드를 벗어나면 브러시로 칠한 중앙 상자를 제외한 나머지 부분이 선택이 돼 있는 것이 보인다. 이 선택은 일시적인 것이며, 유지하려면 저장해야 한다.

9.10 레이어 마스크와 벡터 마스크

레이어 마스크는 픽셀 기반의 마스크다. 일반적으로 마스크라고 부르는 것은 대부분 레이어 마스크라고 보면 된다. 레이어 마스크는 레이어 마스크 버튼을 한 번 누르면, 흰색의 마스크가 만들어지는 것을 볼 수 있다. 이러한 마스크는 검은색을 칠하면 아래쪽 레이어가 보이는 투명한 상태가 되는 것이고, 흰색을 다시 칠하면 위쪽 레이어의 영향력이 들어가게 된다. 50% 회색으로 칠하면 절반 정도 투명한 상태가 된다. 벡터 마스크vector mask는 여기서 한 번 더 레이어 마스크 버튼을 누르면 만들어지게 된다.

9.10.1 래스터와 벡터의 차이

래스터는 비트맵으로 이미지를 저장하는 방식이다. 즉, 픽셀화된 정보로 컴퓨터에서 화상 정보를 표현하는 방법이다. 이미지를 2차원 배열 형태의 픽셀로 구성한다. 이때, 한 줄의 픽셀들의 집합을 래스터라 할 수 있다. JPEG, GIF, PNG 등 실사 이미지 작업의 파일들은 대부분 이러한 형태라고 볼 수 있다.

벡터는 기준이 되는 점의 좌표를 수학적으로 인식하는 방법으로 화면에 정보를 표현하는 방식이다. 그래서 이미지 크기가 커지는 경우 수치적인 값으로 계산해서 이미지를 만들기 때문에 화질이 유지된다. AI, EPS, SVG를 확장자로 하는 파일들이 있다.

그림 9.132 레이어 마스크 버튼을 누른다.

레이어 마스크 버튼(▣)을 누르면 흰색 레이어 마스크가 생성된다.

374

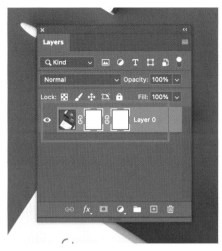

그림 9.133 한 번 더 레이어 마스크 버튼을 누르면 벡터 마스크가 생성된다.

여기서 한 번 더 레이어 마스크 버튼을 누르면 벡터 마스크가 생성된다.

그림 9.134 레이어 마스크에 검은색을 칠한 모습

그림 9.134와 같이 부드러운 브러시를 이용해 검은색으로 칠을 하면 투명 레이어처럼 변하는 것을 볼 수 있다.

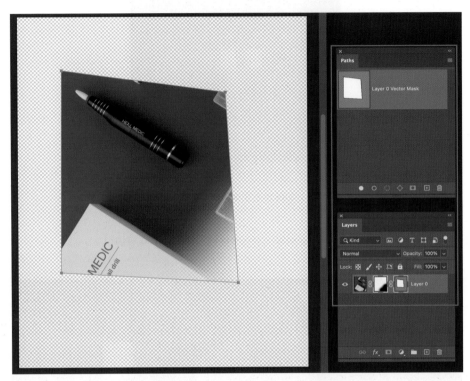

그림 9.135 벡터 마스크에 Pen Tool로 작업한 모습

벡터 마스크는 패스에서 작용을 한다. 그래서 Paths를 클릭하고, Pen Tool을 이용해 조정을 하면 이처럼 벡터 형태의 마스크가 만들어지는 것을 알 수 있다.

9.11 다양한 필터

사진 편집을 하는 데 있어서 유의미한 필터들 가운데 사용 빈도수와 중요도를 기준으로 구분해 선택적으로 소개하고자 한다.

1) Smart Filter

그림 9.136 Smart Filter

Smart Filter^{스마트 필터} ❯ Smart Object^{스마트 오브젝트} 화된 필터: 여러 번 되돌아가 필터 적용을 조정
할 수 있다. 나중에 참고하기도 쉽고, 다른 이미지에 복사 적용하기 쉬워서 시간을 절약할
수 있다. 단점은 스마트 오브젝트가 그렇듯이 파일 크기가 커지면서 컴퓨터 사양이 높지 않
을 경우, 작업 시간을 느리게 할 가능성이 있다는 것이다. 사용 방법은 그림 9.137처럼 객체
^{object}를 스마트 객체로 변환한다.

그림 9.137 Convert to Smart Object

그림 9.137과 같이 레이어 창에 마우스 오른쪽 버튼을 클릭하고 Convert to Smart Object^{스마트}
_{객체로 변형}를 선택한다.

그림 9.138 Gaussian Blur 적용

스마트 오브젝트로 변하고 나서 필터를 적용한다. 그림 9.138과 같이 Gaussian Blur를 적용하겠다.

그림 9.139 Gaussian Blur에서 반경 3.5 적용

그림 9.139와 같이 Gaussian Blur에서 반경을 3.5로 적용한다.

그림 9.140 Gaussian Blur 재적용

적용을 하고나서 스마트 필터를 클릭하면 Gaussian Blur를 다시 적용할 수 있다. 즉, 픽셀화된 데이터의 수정이 가능하게 되는 것이다. 이것은 완전히 변형된 것이 아니고 수정이 계속되는 것을 말한다.

2) 다양한 블러 필터

포토샵 초창기부터 있었던 오래된 필터들이지만, 간편하면서도 강력한 효과를 가져오기에 여전히 많이 쓰이는 블러 필터들이 있다. 이들은 포토샵의 핵심 기능들이기에 시간이 지남에 따라 대체되지 않고, 다양하게 발전하고 추가돼 존재하고 있다.

- Gaussian Blur^{가우시안 블러}: 수학자 가우스^{Gauss}의 이름에서 유래했으며, Amount(흐림 정도)와 Radius(효과를 적용할 인접 픽셀 반경)로 조정한다. 단순하지만 가장 쉽고 편리하다. 범용으로 많이 쓰인다.

380

- Motion Blur^{모션 블러}: 필터 갤러리의 Path Blur^{패스 블러}와 비슷한 기능을 갖는다. 빠르고 쉬운 적용으로 활용도가 높다.

- Lens Blur^{렌즈 블러}: 카메라 렌즈 조리개를 많이 열었을 때 나타나는 얕은 심도 효과를 낼 수 있다. 인물 사진에 사용할 때 좋은 효과를 얻을 수 있다. 특히 노이즈를 넣을 수 있는 옵션이 있어서 블러 사용 시 나타나는 포스터라이제이션^{posterization}을 완화시킬 수 있고, 자연스러운 느낌의 블러가 적용된다.

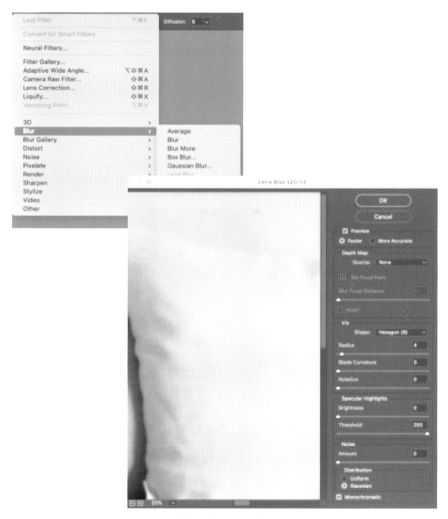

그림 9.141 Lens Blur

- **Blur Gallery**^{블러 갤러리}: 대형 카메라 무브먼트와 렌즈 심도에서 나온 필터들로 다양한 블러 필터가 있다.

그림 9.142 Field Blur

- Field Blur^{필드 블러}: 피사계 심도에 따른 블러와 유사한 효과를 만들어주기 위한 블러다. 빛의 번짐 효과 등을 조절하는 것이 가능하다.

그림 9.143 Iris Blur

- Iris Blur^{아이리스 블러}: 조리개를 열어서 생기는 얕은 심도 효과를 흉내낸다. 다중 초점도 만들 수 있다. 둥근 모양으로 블러가 발생하는 것을 볼 수 있다.

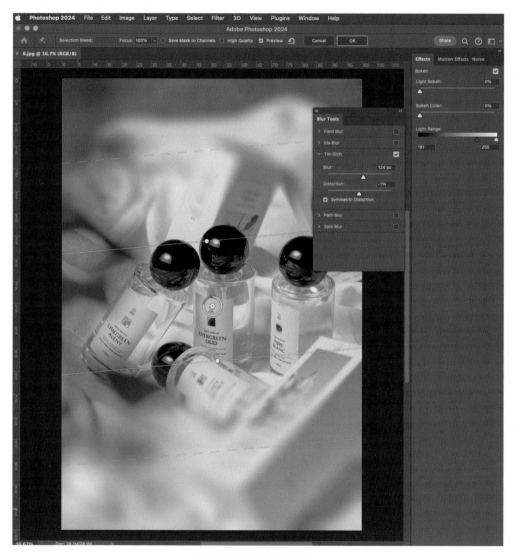

그림 9.144 Tilt-shift Blur

- Tilt-shift Blur^{틸트 시프트 블러}: 블러의 3차원적 적용이다. 초점으로부터의 거리에 따라 흐림 정도가 달라지는 것을 만들어낼 수 있다. 이전에는 전체 이미지에 동일한 정도의 블러 적용만이 가능했으나, 이것의 등장으로 카메라로 사진을 촬영할 때 렌즈의 조리개로 조절하는 피사계 심도의 조절을 흉내낼 수 있게 됐다. 이것은 대형 카메라의 틸트 기능과 시프트 기능을 모방해서 만든 것이다.

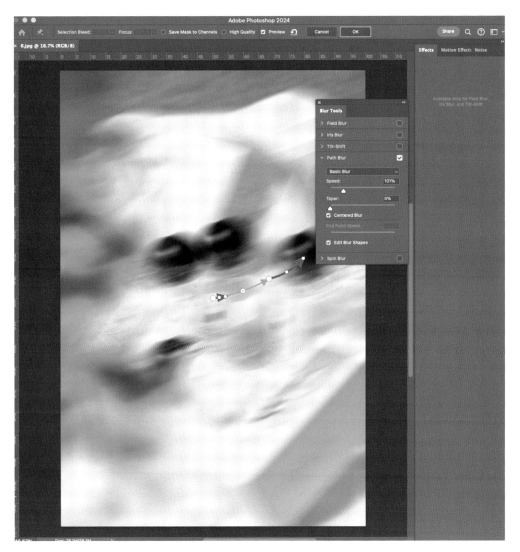

그림 9.145 Path Blur

Path Blur^{패스 블러}: 카메라의 무빙에 따른 낮은 셔터 스피드로 움직이는 물체를 촬영했을 때의 블러 효과를 표현한 것이다.

3) 다양한 샤픈 방법과 샤픈이 의미하는 것

샤픈은 포토샵에서 선명하지 않은 사진을 선명하게 만드는 것처럼 보이게 하는 것이다. 그렇다면 선명하다는 것은 어떤 것일까? 지금 읽고 있는 글자가 선명하게 보일 것이다. 그러한 이유는 경계부의 콘트라스트가 높기 때문이다. 경계의 콘트라스트는 농도의 콘트라스트와 색상의 콘트라스트를 말한다.

그림 9.146 펜화와 수묵화의 선명도 차이

경계부의 콘트라스트가 강한 펜화는 경계부가 부드러운 수묵화보다 선명한 느낌을 주게 된다. 이러한 방식으로 선명한 효과를 만들어내는 것이 Sharpen 필터다. Sharpen 필터는 선명 효과와 초점을 또렷하게 만드는 착시 현상을 만들어낸다.

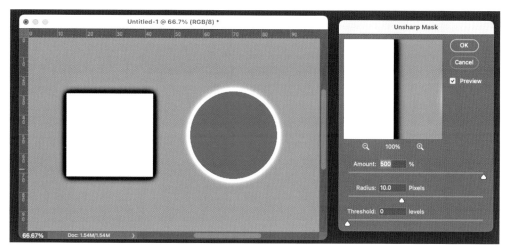

그림 9.147 Unsharpen Mask 효과

포토샵에서의 Unsharp Mask^{언샤픈 마스크}는 그림 9.147처럼 회색 판에 흰색 사각형과 파란색 원형에 샤픈을 강하게 주면 경계부의 색과 톤의 콘트라스트, 즉 반대색을 표시해서 경계를 만들어주는 것이다. 이처럼 경계의 콘트라스트가 만들어지면 선명한 느낌을 주게 된다.

이러한 샤픈은 디지털 카메라에서 무조건 해줘야 하는 중요한 과정이다. 디지털 카메라는 모아레^{moiré}와 같은 광학적 현상, 적외선 제거 때문에 일정하게 흐릿하게 촬영이 되도록 제작돼 있다. 최근 나온 미러리스 카메라의 경우 이러한 로 패스 필터^{low pass filter}를 제거하기도 한다. 카메라의 구조적 문제뿐 아니라 인지적으로도 선명한 사진을 선호하는 경향이 있다. 그래서 샤픈은 포토샵에서 중요하게 다루고 있으며, 여러 곳에서 샤픈 효과를 줄 수 있게 만들어놨다. 개인적 생각으로 샤픈 효과를 충분하게 주는 것이 좋다고 생각한다. 다만, 앞서 언급한 것처럼 초점이 맞지 않은 이미지를 초점을 맞게 하는 기술이 아니고, 원래 없던 픽셀의 경계 부분에 콘트라스트를 만드는 형식이기 때문에 너무나 과도하게 샤픈 효과를 주면 깨져 보일 수 있다. 그래서 지정된 부분만 샤픈 효과를 줄 수 있는데 그 방법이 High Pass^{하이패스}를 이용하는 방법이다.

그림 9.148 High Pass를 위한 레이어 복제

High Pass를 위해 레이어를 단축키 Command, Control+J로 복제한다.

그림 9.149 Fillter > Other > High Pass

High Pass를 선택한다.

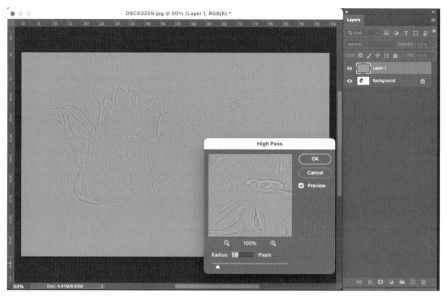

그림 9.150 High Pass 경계 값 적용

High Pass를 통해 경계부의 콘트라스트가 만들어진 것을 볼 수 있다.

그림 9.151 레이어 모드 조정

레이어 모드를 Overlay, Soft Light, Hard Light 등으로 변경해보면 선명한 정도가 달라지는 것을 볼 수 있다. 이것은 High Pass의 경계부의 톤에 콘트라스트를 조정해서 샤픈의 효과를 수동으로 만드는 방법이다.

이 방법의 경우 High Pass로 만든 레이어는 회색, 밝은 회색, 어두운 회색으로 만들어지는데, 선명화 작업이 불필요한 부분은 50% 회색 브러시를 통해 칠해주면 효과가 없어진다.

4) 그레인 노이즈

노이즈라는 것은 촬영 시에 없던 불필요한 정보 값으로 이미지의 선명도를 해치는 현상이다. 그러나 디지털 사진은 그레인을 목말라하고 있는 것 같다. 이는 필름 때문이다. 필름은 빛에 대해 민감한 할로겐화은$^{silver\ haloid}$이라는 입자들이 빛을 받아서 표현한 것이며, 필름 유제는 매우 작은 입자로 구성돼 있다. 그래서 필름으로 촬영한 사진은 입자감이 있게 표현된다. 하지만 디지털 사진은 이러한 입자감이 없다. 따라서 매우 깔끔하고 깨끗한 느낌의 이미지를 만들게 된다. 이러한 입자감은 디테일로 느껴지는 부분이 있기 때문에 질감 표현에 있어 유리하기도 하다. 예를 들어, 피부를 너무 깨끗하게 리터칭하면 질감이 사라지는 느낌을 줄 수 있다. 최근 유행하고 있는 이러한 그레인 효과는 테더^{tether} 프로그램의 강자인 캡처 원$^{Capture\ One}$에서 촬영하면서 추가해서 만들 수 있다.

그림 9.152 캡처 원에서 필름 입자 사용하기

그림 9.153 왼쪽 원본, 오른쪽 필름 그레인 추가

포토샵에는 그레인을 넣는 방법을 여러 곳에 만들어놨다. 동일 기능을 여러 곳에 넣는다는 것은 그만큼 중요하다는 것이다. 카메라 로에서 그레인의 정도, 크기, 거친 정도를 교정하는 것이 가능하다.

그림 9.154 카메라 로에서 노이즈 넣기

필터에 있는 Add Noise...^{노이즈 추가}를 이용해 노이즈를 넣어보자.

그림 9.155 Filter - Noise - Add Noise

그림 9.156 Noise 값 설정

다양한 노이즈 추가 방법 중 Filter Gallery...^{필터 갤러리}에 있는 노이즈를 이용해 그레인을 넣어보자.

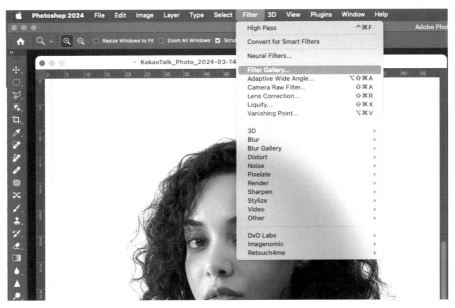

그림 9.157 Filter Gallery를 이용한 그레인

그림 9.158 Filter Gallery - Texture - Grain

노이즈와 그레인을 포토샵을 통해 넣을 수 있다. 디지털 사진에는 그레인이 없지만, 디지털 사진의 단점으로 볼 수 있는 노이즈라는 것이 있다. 노이즈는 사진의 결점으로 표현되기도 한다. 하지만 그레인은 매우 깔끔한 디지털 사진에 필름과 같은 아날로그 감성을 불어넣는 효과를 갖게 된다. 실제 필름의 그레인을 촬영한 뒤 디지털 파일로 만들어 판매하는 곳도 있다. 자신만의 그레인 효과를 만들어보는 것도 흥미로운 일이 될 것이다. 그런데 어느 정도의 그레인이 적당한 것일까? 이 부분에서 초심자는 참고 이미지^{referance image}를 이용하는 것이 좋을 것 같다. 필름의 그레인은 감도에 따라 느낌이 달라지고, 현상의 방식과 시간에 따라 달라질 수 있다. 그렇게 해서 만들어진 것이 필름의 느낌이다. 그림 9.159, 그림 9.160을 살펴보면 그러한 느낌을 이해할 수 있다.

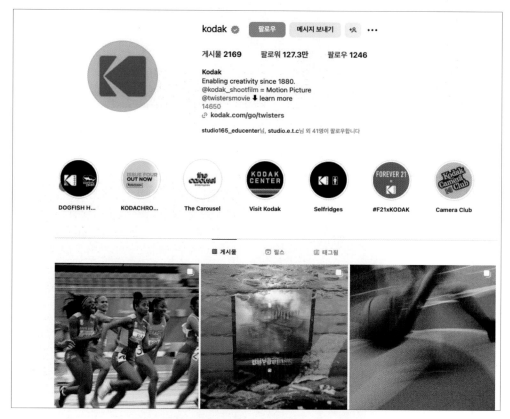

그림 9.159 코닥 인스타그램(Instagram)

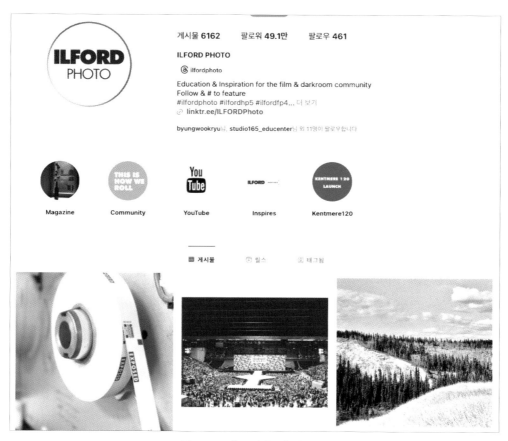

그림 9.160 일포드(Ilford) 인스타그램

9.12 형태의 변형 이미지 에디팅 Liquify

9.11.1 형태를 합성하는 방식의 조정

이미지 형태의 조정에는 합성을 이용한 조정과 픽셀을 이동시키는 방식의 조정이 있다. 형태를 합성하는 방식으로 이미지의 크기나 위치를 조정해보겠다.

그림 9.161 이마 부분을 선택

이마 부분을 조금 줄여보고자 머리와 이마 부분을 선택한다. 선택을 한 후 Command, Control+J 키를 눌러 선택 영역을 오려 낸다. 그림 9.162처럼 Move Tool을 이용해 아래쪽으로 이동시킨다.

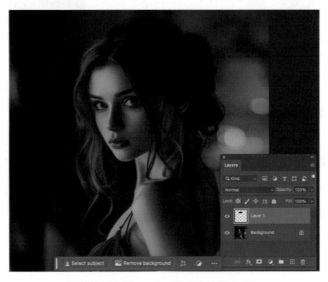

그림 9.162 Move Tool을 이용해 형태 이동

그림 9.163 마스크를 이용해 경계부 조정

마스크를 이용해 경계부를 부드럽게 합성한다.

그림 9.164 눈을 선택

이번에는 눈을 선택해서 위치와 크기를 조정해보겠다. 눈은 크기를 크게 하는 것이 일반적이지만, 이번에는 눈의 크기를 작게 조정해보겠다. 그림 9.164처럼 눈을 Lasso Tool을 이용해 선택한다. 원본 레이어에서 Command, Control+J를 통해 레이어를 복제한다.

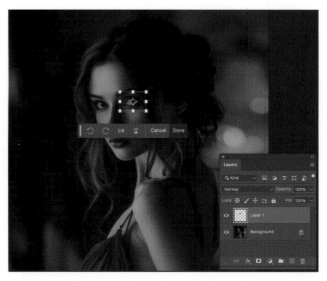

그림 9.165 복제한 레이어를 Command, Control+T를 이용해 크기 조정

복제한 레이어를 Command, Control+T를 이용해 크기를 조정한다. Move Tool을 이용해 위치를 조정하는 것도 가능하다. 동일하게 마스크 작업으로 조정한다.

그림 9.166 그룹을 이용해 레이어를 정리

이처럼 형태의 일부분을 오려서 붙이는 방식을 통해 눈, 코 입, 등의 크기를 조절하는 것이 가능 하다. 이는 다음에 배울 Liquify^{리퀴파이}를 이용하는 방법과 차이가 있다. 필요에 따라 두 가지 방식을 적절하게 활용해볼 수 있다.

9.11.2 형태의 픽셀을 이동, 확대, 축소하는 방식의 조정

'픽셀 유동화'라고 하는 Liquify는 아마도 포토샵의 악명을 높이는 데 일등공신의 역할을 한 기능일 것이다. 일반 대중에게도 익숙한 '뽀샵'이라는 명예롭지 못한 별명을 포토샵이 얻게 된 데에는 Liquify를 사용해 인물 사진을 과도하게 수정, 특히 신체 윤곽과 형태를 많이 바꾼 사진을 쉽게 볼 수 있기 때문이다. Liquify는 강력한 효과를 볼 수 있는 도구일 뿐만 아니라 직관적 이해가 가능하기 때문에 입문자들 뿐만 아니라 광고 및 에디토리얼^{editorial} 등 프로 레벨에서도 많이 쓰이고 있다. Liquify는 필터 메뉴에 속하고 있고, 클릭하면 개별 워크스페이스^{workspace}가 뜨게 된다.

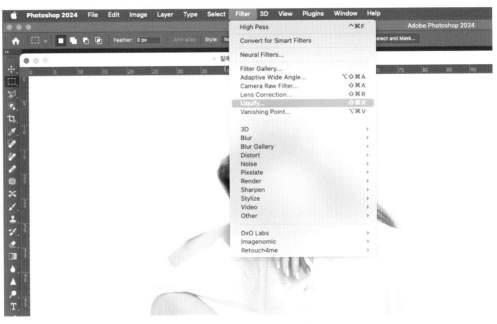

그림 9.167 Filter ❯ Liquify

모든 Liquify 작업은 이 워크스페이스에서 진행되고, 작업을 종료하려면 오른쪽 최하단에 있는 OK 버튼을 눌러야 한다. 맨 왼쪽에 위치한 아이콘들이 이 워크스페이스에서 사용 가능한 도구들인데, 가장 중요하며 많이 쓰이는 도구가 이들 중 제일 위에 보이는 Forward Warp Tool뒤틀기 도구이다. 아이콘이 설명하는 그대로 누르면 누르는 대로 들어가는 직관적인 도구다. 이 도구는 브러시로서 작동하는데, 워크스페이스 오른쪽 최상단에 보이는 Brush Tool Options브러시 도구 옵션에 보이는 Size(붓 크기), Density(브러시 조밀도: 브러시 가장자리의 부드러움 정도 조절), Pressure(브러시 압력: 브러시로 밀 때 밀리는 압력), Rate(브러시를 떼지 않고 계속 유지할 때 적용되는 속도)를 원하는 대로 조절해서 사용할 수 있다. 도구 옵션 밑에 Mesh Options메시 옵션이 있는데, 메시란 적용한 리퀴파이 동작 전체를 이르며 이 일련의 동작들의 궤적은 저장했다가 다른 이미지에 저장할 수도 있고, 마스크에 적용할 수도 있다. 예를 들어, 인물 사진에 마스크를 적용한 레이어들을 첩첩이 쌓아 작업할 경우가 있다. 인물의 신체 라인을 Liquify를 사용해 변화시켰을 때 마스크들도 같이 수정해줘야 하는데, 픽셀 레이어에 적용한 Liquify를 저장해뒀다가 마스크에도 동일하게 적용해주면 따로 일일이 새로운 마스크를 만들거나 수정할 필요 없이 클릭 한 번으로 해결할 수 있게 된다.

그림 9.168 Face-Aware Liquify

Liquify는 쓰기도 쉽고 효과가 엄청나기 때문에 오용/과용될 소지가 많고, 부주의하게 사용 시에는 실수가 눈에 띄기 쉽다. 적용 부위의 픽셀이 뭉개져 보이거나 직선이나 아웃라인 outline이 우글우글하게 보이는 경우가 대표적인 경우다. 적정한 크기의 브러시를 선택해 최소한의 적용을 하는 것을 추천한다(너무 작은 브러시를 사용하는 것보다는 적용 범위보다 좀 더 큰 사이즈로 선택하는 것이 좋다).

Face-Aware Liquify 얼굴 인식 리퀴파이 기능은 포토샵이 자동으로 인식한 얼굴의 윤곽이나 비율, 눈, 코, 입 등의 크기와 형태를 손쉽고 빠르게 바꾸는 것을 가능하게 해준다.

포토샵이 얼굴 인식을 자동으로 하기 때문에 따로 선택 지정할 필요도 없고, 얼굴에만 변화를 가져온다. 이 기능을 쓰는 방법에는 두 가지가 있다. 첫 번째는 화면 핸들을 이용하는 방법이다. 도구 패널에서 얼굴 아이콘( ) 모양의 도구인 Face Tool을 선택하면 얼굴 주변에 흰 라인이 나타난다. 이 라인 안의 눈, 코, 입 주변에 포인터를 두면 직관적인 화면 컨트롤이 표시되는데, 이를 조정해 적용한다. 두 번째는 패널 오른쪽 중앙에 위치한 Face-Aware Liquify 슬라이드 바들을 이용하는 것이다. 이는 눈, 코, 입, 얼굴 윤곽, 이마 광대까지도 자세한 조정이 가능하게끔 돼 있다.

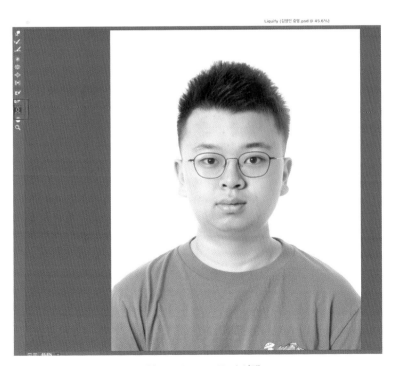

그림 9.169 Face Tool 선택

chapter

10

포토샵과 색상

10장에서는 사진 전문가가 포토샵을 이용해 조정하는 모든 것을 다룬다. 사진의 해석을 이용한 색상 조정과 형태 조정의 방법을 소개하겠다. 감히 말하지만 포토샵에서는 이것이 전부다. 이를 위한 선택 방법들과 레이어, 마스크, 레이어 모드, 도구, 필터를 사용한다. 방법적인 노하우보다는 해석과 바라보는 느낌을 아는 것이 더 중요하다. 10장에서는 가급적 세세한 설명보다는 큰 줄기를 잡아나가려 한다. 그러니 혹여 모르는 용어가 나오면 앞장을 살펴보기 바란다.

우선 작업을 위해서는 포토샵의 구성^{work space}을 사진으로 조정하겠다. 그리고 포토샵의 언어는 영어로 설정하기 바란다. 영어로 하는 것은 포토샵에 관한 자료가 한글 자료보다는 영어 자료가 더 많고, 어차피 번역돼도 영어로 직번역한 것이 많기 때문이다.

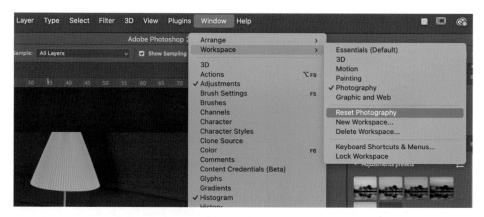

그림 10.1 사진 재설정

그림 10.1처럼 Window ❯ Workspace ❯ Photography, Reset Photography를 누르면 사진가들이 많이 사용하는 모드로 변경된다. 화면이 다르다면 항상 이 부분을 체크해주기 바란다.

10.1 포토샵을 이용한 색상 보정

포토샵에서 사진에 수행하는 색상 작업은 색상 조정 혹은 색상 보정color correction과 색상 만들기creative color manipulation/making로 나뉜다. 색상 조정은 사진 전체 혹은 일부분이 노출 이상, 색반사, 잘못된 광원의 색온도 등의 여러 이유로 잘못된 색을 적절하게 조정해주는 것을 말한다. 따라서 색에 대한 배경 지식과 이해를 바탕으로 수행하는 기술적인 작업이다. 색상 만들기는, 말 그대로 창조적으로 본인이 구현하고자 하는 톤과 색상을 만드는 것이다.

"색상의 교정(잘못된 색을 수정) + 색상 만들기(자신이 원하는 톤을 구현) = 색상 작업"

404

그림 10.2 조정 레이어

조정 레이어를 사용해서 포토샵에서는 색상 밝기를 쉽게 조정할 수 있다. 포토샵에서는 이러한 색상과 톤을 조정하기 위한 조정 레이어를 여러 개를 쌓아서 만들 수 있다. 그러한 이유는 미세한 톤의 조정을 가능하게 하기 위함이다.

포토샵에는 다양한 조정 레이어가 있고, 주로 이 레이어들을 단독 혹은 혼합 사용해 색상을 만지게 된다. 포토샵에는 히스토리라는 언제든지 뒤로 돌아가 정정할 수 있는 기능이 있기에 이미지에 직접 적용할 수도 있지만, 색상 작업을 할 때는 작업하고자 하는 픽셀 이미지 위에 따로 조정 레이어를 얹어서 하는 것을 원칙으로 한다. 색상 작업은 한 번에 끝나는 것이 아니고 여러 번 그리고 다양한 시도를 통해 완성된다. 색상 조정 레이어들을 픽셀 레이어에 합쳐서 작업하지 않도록 한다. 또한, 픽셀 레이어들과 뒤죽박죽 혼합시키지 말고, 레이어들 맨 위쪽에 항상 띄워놓도록 한다. 여러 번에 걸쳐 작업할 예정이라면 레이어를 살려둔 PSD 파일로 저장하고 작업하는 것이 원칙이다.

"어제 본 느낌과 오늘 본 느낌은 다를 수 있다."

"레이어 작업을 하는 이유는 더욱 미세한 톤의 조절을 위해서이기도 하고,
원본을 보전하는 의미도 있다. 그리고 무엇보다 언제든 작업의 변화를 레이어에서
각각 줄 수 있는 것이 필요하다."

그림 10.3 레이어 작업을 하는 그림

레이어 작업의 경우 기본적인 아이디어는 레이어를 최소화하고, 픽셀 레이어 위로 조정 레이어를 만들어가는 것이다. 그리고 특별한 이유가 없으면 픽셀 레이어와 조정 레이어를 섞어서 넣지 않는다. 픽셀화된 레이어를 만들면 그 아래 레이어는 영향을 받지 않기 때문이다. 이렇게 될 때 나중에 조절이 더 복잡해질 수 있다. 리터칭의 경우 작업을 며칠 동안 할 수도 있다. 따라서 향후 작업에 변형을 쉽게 줄 수 있는 것이 좋다.

색상을 조정하거나 만들 때 사용하는 조정 레이어들은 이미지 자체에 작업을 하는 경우가
드물다. 만약 이미지 자체에 톤과 색상을 변형하고자 한다면 조정 레이어의 모든 기능이 그
림 10.4처럼 들어갈 수 있다.

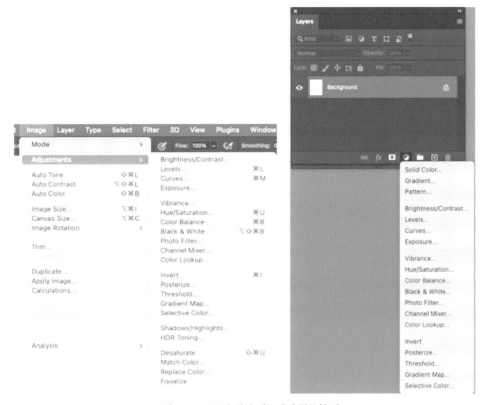

그림 10.4 포토샵 상단 메뉴에서 접근할 때

그림 10.4의 왼쪽처럼 이미지에 직접 색상 작업을 하는 경우는 별로 없다. 일반적으로 레이
어에 작업을 하게 된다. 그 이유는 이미지에 직접 작업을 하면 픽셀에 색상 정보 값이 변형
되고 정보 값을 잃기 때문이다.

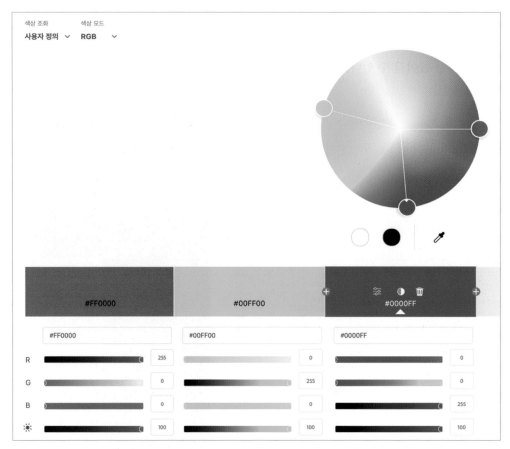

그림 10.5 어도비 컬러 휠

포토샵에서 색상을 조정하는 것은, RGB 그리고 CMYK 값을 조정하는 것이라 볼 수 있다. 따라서 이 색상 채널들의 역학관계를 잘 이해하고 기억하고 있는 것이 좋다. 그림 10.5와 같은 어도비 컬러 휠을 보면서 작업하는 것도 도움이 된다. 컬러 휠은 색의 균형을 확인할 수 있고, 톤에 관한 아이디어를 얻을 수 있기 때문이다.

앞서 언급한 것처럼 색상을 교정하거나 톤을 넣는 작업이 중요한데, 이때, 다양한 색상을 조정하는 색상 조정 레이어를 이용할 수 있다.

"색 조정을 위해서는 어떤 색이 들어가 있는지 자세히 보아야 한다."

사이언^{Cyan}, 마젠타^{Magenta}, 옐로^{Yellow}는 인쇄에서 사용되는 CMYK 모델에서 온 것으로, RGB 와 각각 보색 관계를 이룬다. 레드^{Red}를 빼면 사이언^{Cyan}이 증가하고, 블루^{Blue}를 올려주면 옐 로가 감소하는 식이다. 이러한 보색 관계를 직접적으로 이용하는 것이 Adjustment 중 Color Balance$^{색상 밸런스}$가 있다.

또한, 컬러 휠에서 한 가지 색은 양옆의 다른 두 색을 배합하면 만들어진다. R=M+Y, G=Y+C, B=M+C 이러한 관계를 잘 이용해서 색상 조정을 가능하게 해주는 것이 Selective Color$^{색상 선택}$ 다.

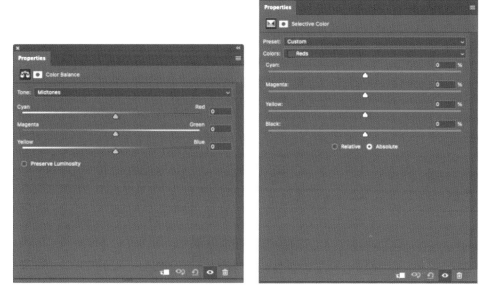

그림 10.6 Color Balance, Selective Color

포토샵에서 색상 보정을 많이 하고 능숙해질수록 Curve를 많이 사용하게 된다. 직관적이고 효과적이며 큰 효과를 볼 수 있기 때문인데, 처음 접했을 때는 사용하기 쉽지 않을 수도 있 다. Curve를 이용한 색상 보정이 어렵게 느껴진다면 그림 10.6의 두 Adjustment들로 RGB CYM 값을 더하고 빼는 연습을 먼저 많이 해보는 것이 좋다.

Red, Green, Blue는 빛의 3원색으로 가산 혼합$^{additive color}$의 세 채널이며 이 세 색상이 최 고 강도로 혼합되면 흰색이 된다. 각 RGB 채널의 강도는 0(값 없음)에서 255(최댓값)까지로, R(255), G(255), B(255)가 되면 흰색이 된다.

"무슨 말인지 이해가 전부 되지 않아도 된다. 색상을 조정하는 다양한 방식이 있다는 것만 알고, 그것을 눈과 데이터 값으로 함께 봐야 한다는 것만 기억하자."

대부분의 작업에서 RGB 값을 말하는데, 이는 색상을 눈으로 보는 것이 아니라 데이터로 인식하는 것이다. 예를 들어, 머리카락 부분의 데이터를 스포이트를 통해 확인했는데, R, G, B 값이 0, 0, 0이라면 이것은 완전한 검정색을 의미한다. 만약 R, G, B 값이 255, 255, 255라면 완전한 흰색을 의미한다. 이처럼 R, G, B 값은 0부터 255까지 256단계의 농도를 갖게 된다. 이러한 데이터가 의미가 있는 것은 눈으로 보이는 것이 인쇄에서 어떻게 보일지, 그리고 다른 사람의 모니터에서 어떻게 보일지를 생각할 수 있기 때문이다.

예를 들어, 검은색 의류를 스포이트로 찍어보니 R, G, B 값이 20, 20, 20 정도의 데이터를 가진다면 모니터상에 서는 질감이 보인다고 하더라도 인쇄 시 디테일이 사라질 수 있다. 그래서 데이터 값 R, G, B 값이 30, 30, 30 이하이거나 248, 248, 248 이상이면 프린트나 인쇄를 할 경우 디테일에 문제가 생길 수 있기 때문에 조심해야 한다. 즉, 장치에 따라 디테일을 표현할 수 있는 범위가 다르기 때문에 이에 관해 이해할 필요가 있다.

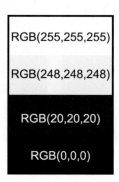

그림 10.7 데이터 값에 따른 톤의 표현

모니터의 경우도 이러한 현상이 있을 수 있다. 저자의 경험으로는 R, G, B 값이 15, 15, 15 이하이거나 250, 250, 250 이상일 경우 모니터에 따라 디테일 표현이 어려운 경우도 있었다. 여기서 중요한 것은 자신의 모니터와 다른 사람의 모니터가 다를 수 있고, 자신의 눈과 다른 사람의 눈은 다를 수 있다는 점을 이해해야 한다는 것이다. 색맹과 색약인 사람이 있는 것처럼 색상을 보는 능력은 동일하지 않다는 것을 인정해야 한다. 하지만 대부분의 사람은 작업을 하면서 자신처럼 다른 사람들도 색상을 볼 것으로 착각한다. 포토샵의 색상 작업의 시작은 자신과 다른 사람이 색상을 다르게 인지할 수 있다는 것을 이해하고 장치의 색상이 다르게 표현될 수 있다는 것을 아는 것이다.

"착각하지 말자. 자신이 보는 것과 다른 사람이 보는 것은 완전히 다르다. 삼성 모니터와 애플 모니터의 색상과 농도는 다르다. 오늘 생산된 모니터와 10년 전에 생산된 모니터의 색상은 다르다."

포토샵의 도구 바에 있는 스포이트 도구의 경우 이러한 정보 값을 확인해 준다. 많이 사용하는 도구이기 때문에 반드시 알아야 한다.

그림 10.8 스포이트 도구 Eyedropper(아이드로퍼)

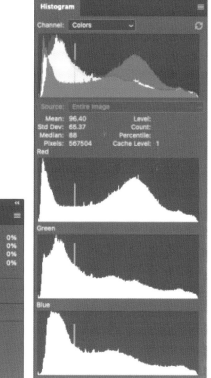

그림 10.9 정보 값, Info Palette, Histogram

색상 조정 시에 없어서는 안 되는 도구로는 스포이트가 있다. 눈으로 판단해 좋은 방향으로 조정하는 것이 궁극적인 방법이겠지만, 본인의 눈을 믿기 힘든 경우도 있고, 눈으로 판단이 잘 안 되는 경우도 많다. 이럴 경우, 수치화된 색상을 출발점으로 하는 것이 좋다. 이미지 색상을 추출해 샘플링하는 도구인 스포이트를 이미지 위로 갖다놓으면 클릭하지 않더라도 그 위치 색상의 RGB CMYK 값이 Info Palette[인포 팔레트]에 실시간으로 보인다. 특정 위치에 Shift+Click하면 샘플 포인트가 생기고, Info Palette에 기록된다. 이것은 중립색으로 색 조정할 때 혹은 색상이 어떤 상태인지를 확인할 때 쓰이기 때문에 반드시 알아야 한다.

Histogram[히스토그램] 패널은 이미지의 Tonal Range[계조 범위]를 그래프로 보여주므로 노출[exposure]상의 문제점이나 컬러 캐스트[color cast]의 유무를 판단할 수 있게 해준다.

Histogram 패널은 이미지의 정보를 수치적으로 표현해주는 그래프다. 가장 왼쪽이 0, 0, 0의 값이고, 가장 오른쪽은 255, 255, 255의 값이다.

Histogram을 보면 노출의 정도와 콘트라스트 등을 그래프를 통해 확인할 수 있다.

그림 10.10 사진과 Histogram

10.2 색상 보정

색온도라는 것은 전체적 색상에서 매우 중요한 색상 요소라고 할 수 있다. 색상은 창의적인 색상과 객관적 색상으로 나눌 수 있다.

크리에이티브 컬러creative color의 경우 그 상황에 대한 색온도를 적합하게 조정할 필요가 있다. 그렇다면 컬러 캐스트와 어떤 구분점이 있는 것일까? 컬러 캐스트는 색상 잡색이라 할 수 있다. 의도하지 않은 색상이 들어가는 것을 컬러 캐스트라고 하고, 자신이 의도한 색상을 만들어가는 것을 크리에이티브 컬러라 할 수 있다.

제품 정보성이 중요한 카탈로그 사진의 경우는 컬러 캐스트를 제거하는 것이 중요한 요인이 된다. 즉, 특정한 색상이 들어가 일정한 감성을 만드는 것이 아니라 제품의 색이 정확하게 표현되는 것이 중요하다. 저자는 이것을 '뉴스의 톤, 예능의 색상 톤'이라고 말하기도 한다. 다만 이러한 중성색으로 조정되면 매우 객관적이기는 하지만, 중성색이 흥미로운 색상은 아니라는 단점이 있다.

그림 10.11 제품의 정색 표현

커뮤니케이션이나 감성이 중요한 사진, 잡지의 표지 사진의 경우 이미지에 따라 색상이 들어가게 된다. 이러한 색상 톤을 저자는 드라마, 영화의 색상 톤이라고 부른다. 실제로 영화나 드라마의 경우 컬러 그레이딩color grading이라는 표현을 쓰면서 색상에 목적을 갖고 조절을 한다. 이러한 의도를 갖는 색상 작업은 전체적으로 혹은 부분적으로 색상을 변형하는 것이다.

그림 **10.12** 감성적 색상

10.2.1 오버올 컬러, 로컬 컬러

색상 작업은 가장 전체적인 큰 콘셉트인 오버올 컬러^overall color를 조정해 볼 수 있다. 즉, 전체적인 톤을 잡아가는 것이 가장 중요하다. 이러한 색상은 가장 위쪽 레이어로 작동하게 된다.

오버올 컬러를 중심으로 변경을 하고, 부분적 색상을 조정하게 된다. 로컬 컬러^local color의 조정은 레이어 순서상 오버올 컬러 레이어 아래를 구성하게 된다. 이러한 구성을 하는 이유는 부분적으로 변형하는 색상, 마스크를 사용하는 조정 레이어는 아래쪽으로 놓는 것이 적은 영향을 받게 되기 때문이다.

모든 사진은 색상 보정이 필수적일까? 모든 조건을 완벽하게 준비해 적정 노출로 촬영된 이미지를 제대로 프로세스했다면 포토샵에서의 추가적인 보정이 꼭 필요한 과정인지 의문을 품지 않을 수 없다. 이 질문에 대한 단순한 답은 'Yes and No'다. 촬영자 혹은 이미지 편집자의 판단으로 이대로 훌륭하다는 결론이라면 부가적인 색상 보정은 시간 낭비일 뿐만 아니라 훌륭한 이미지를 망치는 일이 될 것이다. 그러나 현실적으로 인간은 만족하기 힘든 존재이며 포토샵은 이미지의 퀄리티를 향상시키는 데 거의 한계 없는 도구들을 제공하고 있다.

색상 보정을 해야 할 경우에는 다음과 같은 것들이 있다.

1. **색표현의 정확성**: 특정 사물이나 사람, 장면의 색재현에 있어서 정확성이 요구되는 경우, 화이트 밸런스를 조정해 중립된 색상을 얻고자 할 경우

2. **연속 이미지들 간 일관성**: 한 장이 아닌 여러 이미지로 이뤄진 프로젝트의 경우, 색상의 일관성이 지켜져야 하는 경우

3. **조명**: 촬영 시 조명 조건이 일관되지 않았을 경우

4. **기기 차이에서 오는 차이 조절**: 다양한 카메라나 스캐너 등을 거쳐 나온 이미지들의 색상 차이를 맞춰야 할 경우

그림 10.13 연속된 이미지의 톤 일치를 위한 작업

색상 보정은 어떻게 시작해야 할까? 여러 접근 방법이 있겠고 어떤 방법을 쓰든 결과물만 좋다면 상관없다. 그러나 어떤 일이든 쉽고 증명된 방법이 있기 마련인데, 그 출발 지점으로서 가장 먼저 시도해볼 것은 이미지의 하이라이트와 섀도에서 중립을 만드는 것이다. 이 것으로부터 출발해 미드톤에서 중립을 찾게 되면 전체적으로 색의 밸런스가 맞게 된다. 하이라이트 부분 가운데 디테일이 있는 부분은 사람의 눈이 가장 민감하게 반응하는 곳이다 (RGB 수치로 봤을 때 245~250 정도). 섀도 부분은 일반적으로 중립인 경우가 많다. 이곳에 컬러 캐스트가 있으면 눈에 잘 띄게 된다(RGB 수치는 5~10 정도). 미드톤은 중간 톤이기에 그레이 스케일로 하면 50%에 해당하는 곳이다(RGB 수치는 128).

그림 10.14 컬러 체커를 이용해 톤을 잡는 방법

화이트밸런스는 밝은 톤 기준, 어두운 톤 기준, 중간 톤 기준으로 잡을 수 있다. 하지만 이 것도 일정하게 주관성이 개입될 수 있다. 물론 컬러 체커color checker를 이용해 중간 톤을 잡거나, 특정 제품의 톤을 수치적으로 적용하는 경우도 있다. 18%의 중성 회색의 수치 값이 128, 128, 128 정도라면 객관적인 노출 값이 될 수 있다.

여기서 꼭 짚고 넘어가야 할 점은 색상 보정의 최종 목적이 전체 이미지의 중립화가 아니라는 점이다. 모든 사진의 색이 중성색이라면 그것처럼 지루한 세계는 없을 것이다. 그러나 중성화를 해나가는 과정에서 원하는 방향을 찾을 수 있고, 완전히 밸런스 잡힌 색이 마음에 들지 않다거나 사진의 매력이 감소됐다면 다시 되돌아가거나 그 효과를 몇 퍼센트만 적용하는 방법도 있다. 다각도로 조정을 해나가면서 원하는 색을 찾아가는 것이다.

그림 10.15 다양한 색상의 보정

그림 10.15를 보면 어떤 색상과 톤이 정답일까? 정답은 없다. 이것은 해석의 영역이다. 자신이 이러한 장면을 어떻게 해석할 것인가, 어떻게 바라볼 것인가가 중요하다. 그림 10.15를 보면 셔츠의 색상은 중성색인 흰색이 아니라 색상이 들어가 있는 것을 볼 수 있다. 이러한 것을 통해 분위기mood가 만들어지는 것이다.

그림 10.15의 사진은 촬영 당시부터 색상 작업이 들어가 있다. 촬영 시 카메라의 화이트 밸런스를 수동으로 조절해 4000K로 조정했다. 뒤에 보이는 커튼은 흰색 커튼이다. 하지만 외

부의 태양이 있는 곳은 색온도가 5500K다. 즉, 카메라의 색온도보다 높게 설정돼 푸르게 보이는 색온도로 촬영됐다. 이러한 톤은 뭔가 차가운 느낌을 주게 된다. 그리고 피부 톤^{skin tone}에는 옐로 톤의 4000K 조명을 넣어 전체적으로 푸른 톤을 만드는 것이 아니라 배경은 푸른 톤, 인물은 약간 노란 톤을 입혀 색상 콘트라스트를 만들어내고 있다.

색상 보정이라고 했을 때는 색조만을 의미하는 것이 아니다. RGB 수치의 변화는 필연적으로 색상뿐만 아니라 밝기, 콘트라스트의 변화도 가져오기 마련임을 명심해야 한다.

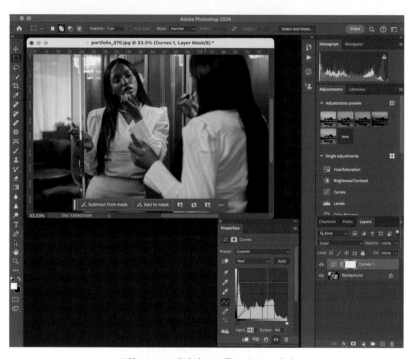

그림 10.16 레이어 모드를 Color로 변경

그림 10.16처럼 레이어 모드를 Color로 변경하면 색상을 중심으로 변형이 된다. Curves를 자세히 보면 Red 채널을 조절하도록 돼 있는 것을 알 수 있다.

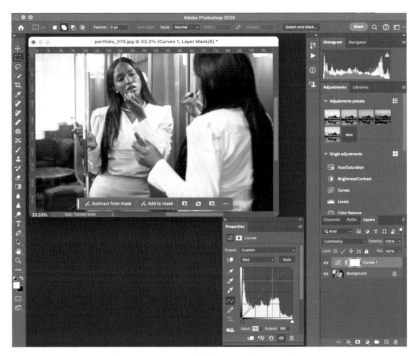

그림 10.17 레이어 모드를 Luminosity로 조정

그림 10.17 레이어 모드를 Luminosity^{루미너시티}로 조정하면 농도를 중심으로 이미지에 적합한 톤을 만들고 적용하는 작업을 진행하게 된다(톤 중심으로 작업을 진행). 실제로 이러한 작업을 통하면 커브를 사용하더라도 더 미세하고 원하는 부분으로 조정이 가능하다.

"톤 레이어, 컬러 레이어로 구분해서 작업을 하는 것이 가능하다."

10.3 레벨을 이용한 색교정

색을 교정해 색상을 중성화하는 방법에 대해 알아보겠다. 이 방법은 촬영에서 생기는 특정한 잡색을 교정하는 효과가 있다.

레벨^{level}을 이용하기 전에 하이라이트와 섀도를 찾을 때 Threshold를 이용한다. 스포이트로 각 포인트를 지정한다.

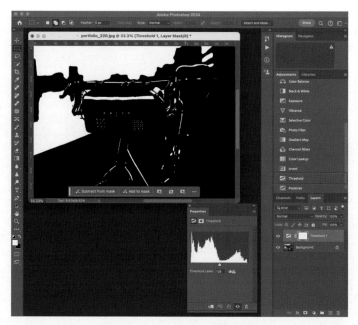

그림 10.18 Threshold를 이용한 방법

그림 10.18에서 Adjustments ＞ Threshold를 클릭하면 레이어가 생성된다.

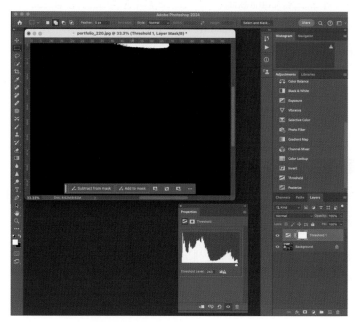

그림 10.19 Threshold로 하이라이트 찾기

Threshold에서 Histogram 하단의 삼각형 슬라이드를 오른쪽으로 밀거나 숫자를 245 정도로 높게 쓰면 하이라이트 부분이 어디인지를 수치적으로 확인할 수 있다.

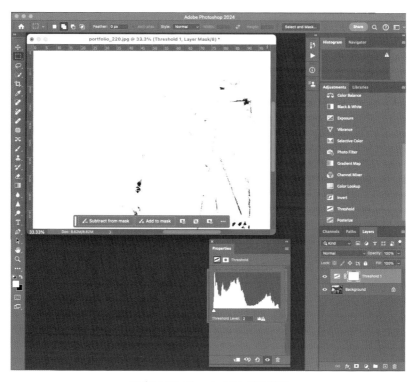

그림 10.20 Threshold로 섀도 찾기

Threshold에서 Histogram 하단의 삼각형 슬라이드를 왼쪽으로 밀거나 숫자를 2 정도로 낮게 쓰면 어두운 부분이 검은색으로 표현돼 어디인지를 수치적으로 알 수 있다.

그림 10.21 Color Sampler tool

왼쪽 스포이트 모양을 누르면 Color Sampler tool^{컬러 샘플러 도구}이 나오는데 그림 10.22처럼 표시가 가능하다.

가 가능하다.

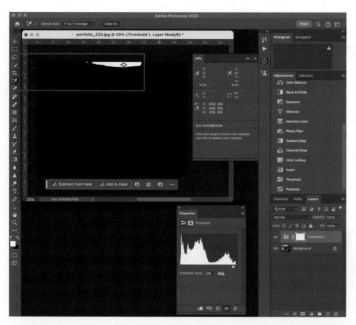

그림 10.22 Color Sampler tool로 이미지의 하이라이트에 클릭

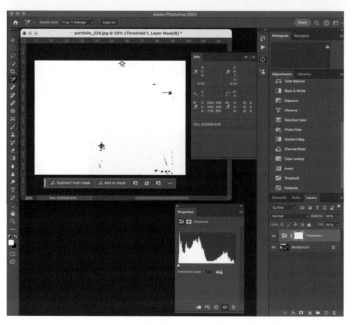

그림 10.23 Color Sampler tool로 이미지의 섀도에 클릭

이처럼 이미지의 가장 밝은 부분과 어두운 부분이 어디인지를 확인하는 것이 가능하다.

그림 10.24 Adjustments - Levels에서 검은 스포이트 선택

Color Sampler tool로 선택된 어두운 부분에 레벨의 검은 스포이트를 클릭하고 화면상에 클릭하면 어두운 부분에 있는 색상을 중성화시킬 수 있다.

그림 10.25 Adjustments - Levels에서 흰 스포이트 선택

Color Sampler tool로 선택된 밝은 부분에 레벨의 흰 스포이트를 클릭하고 화면상에 클릭하면 밝은 부분에 있는 색상을 중성화시킬 수 있다.

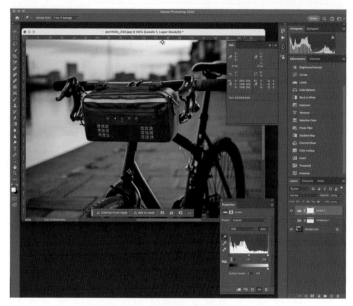

그림 10.26 Levels로 톤을 교정한 이미지

그림 10.27 레이어의 눈 아이콘을 비활성화시켜 Levels로 톤을 교정하지 않은 이미지

Levels 패널의 왼쪽 가장자리에 스포이트 3개가 있다. 검정 잉크가 들어 있는 스포이트는 섀도 포인트를, 회색은 미드톤을, 흰색은 하이라이트 포인트를 의미한다. HL 스포이트로 하이라이트 포인트를, SHDW 스포이트로 섀도 포인트를 각각 찍어주면, 자동적으로 색상 보정을 해준다. 미드톤을 후에 조정해야겠지만, 이렇게 간단히 하는 것만으로도 전체적인 색상이 제거되고 내추럴 톤^{neutral tone}에 좀 더 가까워졌다. 주의할 것은 색상뿐만 아니라 밝기와 콘트라스트도 같이 영향을 받는다는 사실이다.

그림 10. 26과 그림 10. 27을 보면 일정 부분 옐로가 밝은 부분과 어두운 부분에 일정하게 교정된 것을 볼 수 있다. 중간에 있는 중성색 스포이트를 활용하는 것도 가능하다.

어떤 색상이 적절한 것일까? 우선 수치적으로 컬러 캐스트를 제거하고, 자신의 목적에 따라 톤을 넣는 것이 순서다.

색상이 많이 들어가면 상대적으로 더 감성적인 느낌을 만들게 된다. 색상이 절제되면 차분한 느낌을 만들게 된다.

Levels에서 레벨 값을 조정하면서 Alt_(option)를 누르면 하이라이트와 섀도를 화면에서 확인하는 것이 가능하다.

10.4 Curve를 이용한 색상 보정

그림 10.28은 Histogram에서 판단해볼 수 있듯이 약간 노출 부족^{underexposed}돼 있다. 그리고 색온도가 낮은 광원에 대한 보정 없이 촬영해 전체적으로 옐로 캐스트가 있으며, 특히 하이라이트와 미드톤에 옐로가 압도적임을 알 수 있다. 이를 내추럴 톤에 가깝게 만들어보겠다.

그림 10.28 Histogram에 따른 사진 분석

Threshold를 사용해 하이라이트와 섀도 지점을 찾는다.

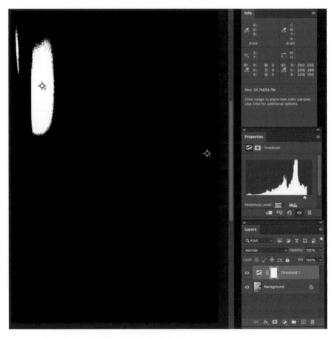

그림 10.29 하이라이트 디테일이 나타나기 시작하는 부분들

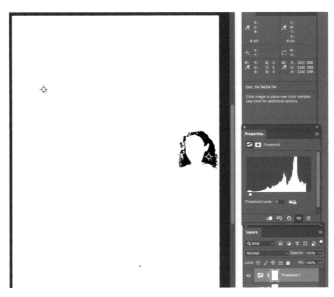

그림 10.30 Threshold를 사용해 하이라이트와 섀도 지점을 찾는다.

스포이트로 하이라이트, 섀도, 미드톤 포인트를 지정한다. Info Palette에 순서대로 기록되는 것이 보인다.

그림 10.31 Info Palette를 통해 색상 톤을 확인

Curve 가장 왼쪽 가장자리의 스포이트들로 각각 하이라이트, 섀도 포인트를 찍는다. 자동적으로 이 지점들의 수치가 변하는 것을 Info Palette의 before/after 수치로 확인할 수 있다. 미드톤 스포이트로 포인트를 찍어보면 알겠지만, 미드톤의 변화는 전체 이미지에 너무 큰 변화를 가져오기 때문에 자동 변환보다 직접 눈으로 보면서 조금씩 변환시키는 것이 효과적이다. 이때에도 Info Palette의 수치 변화를 주목하면서 커브를 조금씩 움직인다.

그림 10.32 Hue/Saturation adjustment를 통한 주색 확인

우선 Hue/Saturation adjustment를 추가해 피부 쪽에 스포이트를 찍으면 그곳의 주색이 어떤 것인지가 나오게 된다. 여기서는 Reds인 것을 확인할 수 있다.

하이라이트, 섀도, 미드톤에서 중립색에 가깝게 도달했지만, 피부 톤은 여전히 너무 붉다. 피부 톤은 사실상 색상 조정에 있어서 가장 까다로운 영역인데, 이 경우 커브 하나로 조정하는 데 한계가 있다. Hue/Saturation adjustment를 추가해 Red 채널에서 조정을 했다.

그림 10.33 Selective Color에서 Red를 선택하고 이것의 톤을 미세 조정

이러한 경우 Red라고 나오면 빨간색이 주로 영향을 미치고 있다는 것을 알 수 있다. 이렇게 어떤 색상이 영향을 미치고 있는지를 Hue/Saturation adjustment로 파악해본다. 얼굴은 노란색, 빨간색이 영향을 많이 준다. 이처럼 눈으로 보는 것보다 정확하게 찍어서 확인해보는 것이 좋다. 그리고 나서 그림 10. 33처럼 Selective Color를 선택하고 색상을 Red로 변경하고 나서 나머지 색들을 조절해본다. 이것은 다른 부분에 영향을 덜 주는 자동 색상 마스크 역할을 하게 된다. 또한, 아주 미세하게 톤 영역을 조절할 수 있는 장점이 있다.

피부 톤을 잡는 방법 중에 효과적인 방법은 이처럼 Selective Color를 이용하는 것이다. Selective Color는 색상으로 선택 영역이 일정하게 만들어지고, 피부 톤처럼 매우 민감한 색상 영역에 미세한 조정이 가능하다는 장점이 있다.

그림 10.34 톤 조절을 위한 Selective Color Red의 조정

피부 톤은 흑인, 백인, 황인 등이 다르게 된다. 백인은 골드 톤의 피부를 선호하는 경향이 있다. 이는 노란색이 들어가는 색상이다. 하지만 우리나라 사람들이 선호하는 피부 톤은 노란색보다는 마젠타 색이 많이 들어간 피부 톤이다. 피부 톤의 경우 RGB 모드를 CMYK 모드로 변형하고 이것의 수치를 스포이트로 확인해보면서 진행하기도 한다. 알려진 CMYK의 수치는 C8, M32, Y32 정도가 있다. 즉, 마젠타 색과 옐로 색이 사이언 색의 약 4배 정도를 이루는 값으로 설정하는 것이다. 하지만 앞서 언급한 것처럼 주변 색에 의한 영향, 사진의 전체 톤에 따른 색상이 달라지기도 한다. 저자의 경우는 일반적으로 옐로 수치를 마젠타 수치와 동일하거나 적게 해서 얼굴이 누렇게 보이는 것을 막으려고 한다.

이처럼 일정 톤의 조절을 위해서는 부분의 톤을 조절해야 한다. 다만, 이것은 주변 색의 영향에 의해 주관적 관점이 들어가게 될 수 있다는 점을 알아야 한다. 이것은 수치만으로 해결될 수 있는 부분이 아니다. 따라서 피부 톤의 경우 수치와 모니터상의 톤을 함께 고려해야 한다.

그림 10.35 CMYK 정보 값을 읽으며 피부 톤 조절

10.5 룩을 만드는 순서, Look/Vision − Creative Color making

10.5.1 농도 혹은 노출

가장 먼저 할 일은 이미지의 전반적인 농도^{density}를 정하는 것이다. 참고 이미지를 보고 추구하는 방향이 적정 농도인지 아니면 전반적으로 밝은 느낌의 하이 키$^{high\ key}$인지 혹은 묵직한 로 키$^{low\ key}$인지 결정한다. 이때 가장 도움을 주는 것은 참고 이미지를 바로 옆에 나란히 두고 비교해보는 것이지만, 참고 이미지가 없을 때에는 Histogram의 분포도를 보면서 변화를 줄 방향을 가늠해볼 수 있다. Level, Curve, Exposure 등을 이용해 원하는 농도를 먼저 맞춘다.

그림 10.36 참고가 되는 무드 보드를 이용해 작업

그림 10.36과 같은 무드 보드$^{mood\ board}$를 보면서 작업을 하는 것은 인간의 눈이 아무래도 주관적이고, 심리적 영향도 있고, 주변 빛에 대한 영향도 있기 때문이다. 따라서 작업을 하는 이미지만 보고 하는 경우 오류가 발생할 수 있다.

10.5.2 콘트라스트

사진의 룩을 결정하는 데 있어서 가장 중요한 단계다. 콘트라스트, 즉 사진상의 밝은 부분과 어두운 부분의 역학관계를 정립한다.

콘트라스트를 조정할 때 쓸 수 있는 도구 가운데 가장 좋은 것이 Curve다. 디폴트 상태의 Curve는 직선인데, 여기에 미드톤, 하이라이트, 새도상의 중요한 부분을 포인트로 지정해 조정하다 보면 다양한 콘트라스트 컨트롤이 가능하게 된다. 많은 경우 곡선의 형태를 띠게 된다. 어떻게 해야 할지 감이 잘 오지 않을 때는 커브의 정가운데 지점이 미드톤이므로 이 지점을 중심으로 S자 곡선(미드톤을 중심으로 하일라이트는 부분은 더 밝아지고 새도 부분은 더 어두워지는 경우, 즉 콘트라스트가 강해지는 경우)을 만들어 보는 것이 출발점이 될 수 있다. 여기서도 잊지 말아야 할 점은 컬러 사진에서 콘트라스트를 변화시키면 콘트라스트뿐만 아니라 색조 또한 영향을 받게 된다는 점이다. 콘트라스트가 강해지면 채도도 강해진다. 이 현상은 특히 인물 사진의 경우 피부 톤에 많은 변화를 가져오기 때문에 주의해야 한다.

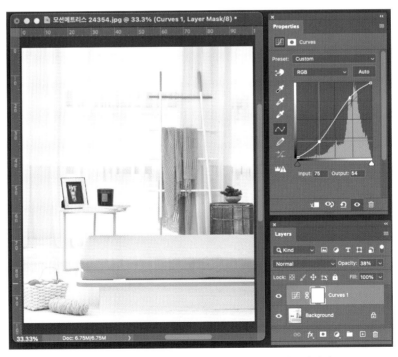

그림 10.37 Curve를 이용해 S자 콘트라스트를 만든 레이어

10.5.3 색상의 적용

포토샵에서 창조적으로 자신만의 색상을 만들어내는 데에는 무수히 다양한 방법이 있다. 색상을 조정하는 모든 조정 레이어들은 단독 혹은 조합해 쓸 수 있으니, 그 가짓수가 무한대라고 보아도 무방하다. Curve, Hue/Sat, Color balance, Selective color와 같은 대표적 색상 조정 도구뿐만 아니라 Photo filter, Solid color, Color lookup과 같은 Adjustment들도 응용해 독특한 색상 효과를 가져올 수 있다.

그렇다면 룩이라고 하는, 사진에서 구현할 수 있는 독특한 색상에는 어떤 것들이 있을까? 할리우드 영화에서 많이 보이는 틸 앤드 오렌지, 1970년대 레트로retro, 컬러 필름을 크로스 프로세스cross-process 처리한 룩부터 미래지향적인 우주 시대 룩space-age look까지 다양하다. 이러한 룩은 SNS상에서나 여러 애플리케이션에서 접하는 '필터'로 손쉽게 접해봤을 것이다. 그러나 여러 다른 상황에서 다르게 찍힌 사진에 일괄적으로 적용되는 필터들에는 한계가 있을 수밖에 없다. 포토샵에서는 그 모든 것이 가능하면서 자유자재로 새로운 것도 만들 수 있으며, 까다로운 기호에 맞는 미세 조정fine-tuning도 가능하다.

포토샵에도 필터 조정filter adjustment이 다양하게 있고, 한번에 독특한 룩을 만들어내는 것이 가능하다. 하지만 포토샵의 가장 큰 장점은 각종 조정을 원하는 만큼 자유자재로 응용해서 쓸 수 있다는 것이다.

그림 10.38 다양한 톤의 사진을 볼 수 있는 코닥 인스타그램

블리치 바이패스^{bleach bypass} 톤의 경우 빛이 바랜 톤으로 현상 과정에서 표백 과정을 거치지 않아서 콘트라스트하고, 묵직한 톤으로 구성된다. 대표적인 영화로는 〈라이언 일병 구하기 ^{Saving Private Ryan}〉가 있다.

그림 10.39 영화 〈라이언 일변 구하기〉의 블리치 바이패스 톤 사진(출처: 나무위키)

틸 앤드 오렌지의 경우는 오렌지색과 청록색의 대비를 더욱 극명하게 만들어 색상 콘트라스트를 만들고 이를 통해 입체적 느낌을 주는 방식이다. 이는 오렌지색과 보색이 되는 청록색의 대비를 이용하는 방식으로 할리우드 영화에서 많이 사용하는 컬러 그레이딩 기법이라 할 수 있다.

그림 10.40 틸 앤드 오렌지 톤의 사진(출처: 나무위키)

크로스프로세스는 필름의 톤 기법으로 슬라이드 필름을 컬러 네거티브^{color negative} 현상 방식으로 현상한 것을 말한다. 이러한 경우 채도가 높고, 거친 표현, 색상의 변색 등의 특징을 갖게 된다.

영화 〈매트릭스^{Matrix}〉에서는 기계적 톤을 위해 녹색의 색상을 이용했다. 이러한 녹색은 1970년대 컴퓨터의 모니터에 보이는 글자 색에서 모티브를 갖고 왔다고 본다.

그림 10.41 영화 〈매트릭스(Matrix)〉의 그린 톤(출처: 나무위키)

포토샵에서는 이처럼 다양한 톤이 만들어질 수 있다. 중요한 것은 표현하고자 하는 주제 내용에 적합한 톤을 구성해서 보여주는 것이다. 이것은 전달하려는 메시지일 수도 있고, 자신의 스타일이 될 수도 있다.

이러한 색상과 톤은 메시지를 전달하거나 일정한 분위기, 감성을 만들어내는 것에 도움을 주게 된다. 톤 작업은 사진 작업에서 중요한 부분이라 할 수 있다.

톤의 기본은 앞서 언급한 것처럼 필름 작업이다. 필름의 감성과 느낌은 1839년 이후 약 200년간 만들어졌다. 디지털의 시대에 이러한 필름의 감성을 말하는 것은 맞지 않다고 생각할 수도 있다. 하지만 여전히 필름 톤에 대한 애정을 사람들이 많이 갖고 있다. 또한, 여전히 익숙하기 때문에 이렇게 사람들이 좋아하는 톤과 색상의 이해를 기반으로 디지털 시대에 자신의 톤을 구성해보는 것은 흥미로운 일이다.

"자신만의 톤을 만들어낼 수 있다면 당신은 프로 작가다."

10.5.4 무드 보드, 전체적인 톤, 기억 색

창조적 색상 작업을 시작할 때 이것은 기준점에 구애받기보다 자유롭게 창조하는 데 방점이 있으므로 전체적으로 큰 그림, 큰 색상을 만드는 것이 필요하다. 음산하고 차가운 느낌의 색상을 만들고 싶을 때는 사이언과 블루 색상을 크게 적용해주고, 석양이 질 때의 웜 톤을 만들고자 하면 레드와 옐로를 많이 넣어줄 수 있겠다.

그런데 이렇게 전체 이미지의 느낌을 좌지우지하는 큰 컬러 무브color move를 줄 때, 자신이 가는 방향이 옳은 것인지 확신이 서지 않을 때가 있다. 자기 자신 안에 가고자 하는 확실한 비전vision이 없을 때 의구심이 들 때가 많은데, 그렇지 않을 경우에는 더더욱 어떻게 해야 좋을지 알 수 없게 된다. 그럴 때 큰 도움이 되는 것이 참고 이미지와 무드 보드다.

참고 이미지는 촬영 전에도 '이러한 느낌과 방향으로 가고자 하는 비슷한 이미지'로서 큰 도움이 되는데, 색상 작업할 때도 그렇다. 이것은 똑같이 복제하고자 함이 아니고, 그 방향으로 갈 때의 길라잡이, 지도와 같은 것이다. 모니터상에 이 참고 이미지를, 작업할 때 해당 이미지 바로 옆에 나란히 놓고 비교해보면서 색상 작업을 해보기 바란다. 막연히 혼자 작업하는 것보다 훨씬 효율적임을 알게 될 것이다.

무드 보드는 말 그대로 큰 보드 위에 촬영이나 디자인 시에 도움이 될 만한 각종 이미지들을 콜라주collage해 나열해놓은 것을 말하는데, 색상 작업 시에도 똑같이 활용해볼 수 있다. 실제 보드 대신에 모니터로 보는 것만 다를 뿐이다. 평소에 영감을 주는 이미지들은 사진에 한정할 것이 아니라 영상의 스크린샷screenshot, 그림, 일러스트레이션 등을 최대한 많이 모아두고 태그tag해 분류해두면 훌륭한 빅데이터big data가 되고, 색상 만들기에 깊이를 더할 것이다.

그림 10.42 무드보드를 이용해 작업하는 장면

전체적으로 지배적인 색상(예를 들어 웜 톤 혹은 쿨 톤)을 정했을 때 가는 방향은 맞는 것 같은데 세부적으로 봤을 때 인위적인 느낌이나 너무 과하다는 느낌을 받을 때가 있다. 또한, 그 안의 특정 물체나 사람의 색에서 중립을 추구할 때가 있다. 이때 50% 회색이라거나 화이트 포인트white point 같은 정량적인 체크는 무의미하다. 이미 지배적인 색상이 전체를 장악하고 있어서 RGB 숫자로 적정 색상을 잡을 수가 없기 때문이다. 이럴 때는 기억색memory color (너무나 익숙해서 직관적으로 옳고 그름을 알 수 있는 색상)을 갖고 있는 이미지 안의 물체들, 예를 들면 사람의 피부, 하늘, 나무와 잔디, 바다, 눈 등을 판단 기준으로 하는 것이 좋다. 전체 색상을 기억색 포인트를 보면서 다시 세부 조정하는 것이 제일 좋고, 전체 색상은 그대로 둔 채로 마스크를 이용해 특정 부분의 색상만 조정해 줄 수도 있다. 다만 순서와 중요도가 전체 오 버올이 부분 로컬에 항상 우선한다는 것을 기억해야 한다.

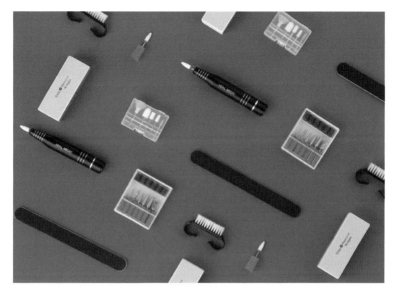

그림 10.43 전체적으로 빨간색이 들어 있는 사진

작업은 전체적 색상을 잡고, 부분적 색상을 조정하고, 이러한 톤 안에서 기억색의 느낌이 너무 틀어지지 않도록 주의하면서 기억색을 다듬어주는 것이 좋다.

그림 10.44 저녁 노을의 기억색을 이용한 사진

예를 들어, 차가운 느낌의 톤을 만들어 차가운 느낌을 만들어가면 전체적인 톤에 차가운 색상이 깔리게 된다. 다만, 피부 톤의 경우에 기억색으로 피부색을 기억하는 정도의 톤이 있다. 이를 적절하게 보정해줘야 너무나 푸른색으로 가는 것을 막을 수 있다. 사람들은 전체적으로 푸른색이 너무 들어가게 되면 피부 톤이 어색하다고 느낄 수 있다. 물론 이러한 것이 주관적인 판단에 기인하겠지만, 잘 섞이는 색상과 기억색의 적절한 조화가 필요하다.

그림 10.45 기억색

기억색은 익숙한 물체들과 연관돼 떠오르는 색이다. 이는 주관적이고 심리적인 개념이다. 보편적으로 가장 많이 접해 머릿속에 각인된 색들, 예를 들어 사람의 피부색이나 맑게 갠 하늘의 푸른색을 예로 들 수 있다. A4 용지의 흰색, 바다, 강, 호수 등의 물빛, 나뭇잎, 잔디밭 등에서 보이는 녹색, 그리고 흰 눈도 그 예다. 실제로 이러한 기억색에 일정하게 색상의 메시지를 넣을 수 있다. 그런 경우에도 사람들은 그것을 잘 인지하지 못할 수 있다. 예를 들어, 쌓인 눈의 이미지에 블루, 사이언 색상을 넣으면 차가운 눈이라는 메시지를 전달한다. 하지만 사람들은 그것을 흰색 눈이라고 인식한다.

그림 10.46 구름의 데이터

그림 10.46에서 구름의 데이터를 보면 B 값이 높은 것을 볼 수 있다. 이것은 중성색인 흰색이 아닌 것이다.

모두가 아는 색상의 경우 일정 부분의 톤을 맞추려는 노력이 필요하다.

즉, 하늘의 색에 전체적으로 색상이 들어간다고 하더라도 하늘의 파란 느낌을 주려고 하는 것이다. 피부 톤의 경우 매우 예민하기 때문에 주의해야 한다.

예를 들어, 피부 톤은 컨트롤에서 많이 쓰이는 Selective adjustment에서 R와 Y를 조절한다. R = M+Y는 미드톤과 섀도 톤의 조절에 적합하고, Y = M+Y는 하이라이트톤에 더 많은 영향을 주게 된다.

하늘의 색은 B = C+M으로 조절할 수 있고, C도 조절할 수 있다.

나무, 풀 색을 조정할 때는 Y = R+G로 조절할 수 있는데, G도 영향이 많이 있다.

10.5.5 피부 톤

적정 피부 톤은 CMYK로 수치화했을 때 하이라이트를 스포이트로 찍은 값이 Y≥M 상태에서 1/3~ 1/5 Cyan, K=0 정도로 알려져 있다(코카시안 인종의 경우, 유색 인종의 경우, 피부 톤의 밝기가 어두울수록 다른 수치는 그대로이나 사이언의 값이 증가한다). 이것은 컬러 캐스트가 심하거나 노출이 잘 맞지 않는 등 피부 톤의 상태를 잘 가늠하기 힘들 때 좋은 이정표가 될 수 있다. 그러나 현실적으로는 이 값이 꼭 맞춰야 하는 타깃은 아니며, 보는 이의 선호도가 오히려 더 큰 영향력을 발휘할 수 있다.

피부 톤의 경우 사이언 값과 마젠타, 옐로 값에 의해 결정될 수 있으며, 커브를 이용해 미세 조절이 가능하다. 사이안은 Curve에서 레드, 마젠타는 Curve에서 그린, 옐로는 Curve에서 블루를 조정하면 조정이 가능하다.

그림 10.47 Info 창의 스포이트를 CMYK로 변경하고 수치를 확인

피부 톤의 데이터는 선호하는 피부 색상, 인종(흑인, 백인, 동양인)에 따라 다르게 구성된다. 다만 우리나라 사람들이 선호하는 톤은 청순한 느낌을 위해 조금은 창백한 톤을 선호하기도 하고, 동양인 특유의 옐로 색상이 실제로 보이는 톤이지만, 저자의 경험으로는 옐로보다는 마젠타의 톤이 조금 더 높은 것을 선호한다.

저자의 경우 이러한 것을 생각하면서 사이언, 마젠타, 옐로 값을 조절한다. 피부 톤은 사람들마다 미세하게 다르다. 일반적으로 피부 톤은 주관적으로 좋아 보이는 톤으로 작업한다. 예를 들어, 동양인이지만 사이언 8%, 마젠타 32%, 옐로 32% 정도를 사용하기도 하고, 약간 서양인의 피부 톤인 사이언 8%, 마젠타 34%, 옐로 32% 정도를 사용하기도 한다. 수치적인 것은 하나의 기준일 뿐이며, 많은 경우 이것이 잘 적용되지 않기도 한다. 다만 이러한 수치를 통해 피부의 톤을 이해하며 작업하는 것은 필요하다. 피부 톤은 정해진 것이 아니라 사진의 배경 색상, 메이크업, 조명 등에 따라 달라질 수 있기 때문에 모니터와 데이터 값을 잘 살피면서 조정을 하면 된다.

"피부 톤은 인간에게 가장 예민한 색상이다. 매우 작은 변화에도 민감하게 반응하게 된다."

10.5.6 다양한 방식의 색상 조절법

Density+Contrast+Color로 만든 룩의 조정 레이어 구조의 한 예를 살펴보면 그림 10.48 과 같다. 이처럼 농도, 콘트라스트, 색상의 톤을 조절하는 레이어를 만들어 작업하는 것도 가능하다.

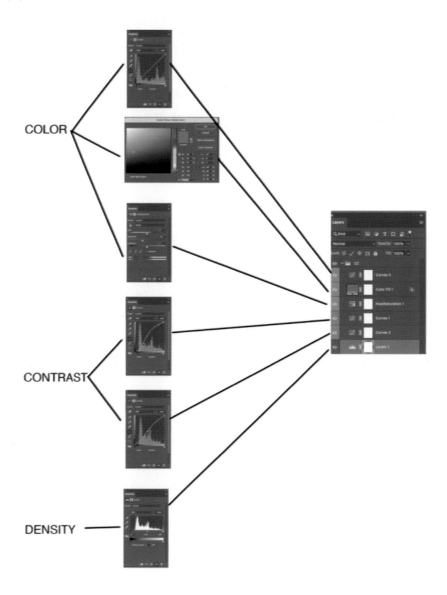

그림 10.48 조정 레이어의 구조

그림 10.49 Adjustment layer - Photo Filter

Photo Filter를 이용해서 따뜻한 색상을 만들어볼 수 있다.

그림 10.50 조정 레이어에서 Color Lookup 선택

그림 10. 50을 보면 다양한 Color Lookup을 포토샵에서 제안하고 있다.

"다양한 색상 프리셋을 이용해 색상을 갖고 놀아보는 것은 흥미롭다."

그림 10.51 Adjustment presets을 이용해 톤을 조정

그림 10.51을 보면 다양하고 미묘한 색상의 아이디어를 볼 수 있다. 이러한 색상에 관한 세부 조정은 다양해지고 많아지고 있다.

간편하고 빠르게 창조적인 색상을 시도해보고 싶을 때는 Adjustments presets를 적극 활용해보자. 커서를 갖다 대는 것으로 이미지에 적용된 after 색상을 미리 볼 수 있기 때문에 속도 면에서 가장 빠르다. 클릭하면 미리 만들어진 조정 레이어들이 적용되는데, 원하는 대로 수치나 불투명을 세부 조정해서 사용할 수 있다. Photo Filter는 카메라 렌즈에 사용되는 필터들의 효과에 착안해 만들어진 필터들로, 간편하게 사용해 볼 수 있다. Color Lookup은 영화에서 사용되는 LUT^{LookUp Table}에서 나온 것으로, 원래 사용 용도는 아니지만, 마치 포토 필터처럼 빠르고 쉽게 적용해 볼 수도 있다.

> "Color Lookup에서는 다양한 필름의 특성을 선택하고,
> 현상 과정에 대한 프리셋을 이용해 색상을 조절해 볼 수 있다."

하나의 조정 레이어나 필터의 적용으로 만족스러운 룩이 만들어지지 않을 수도 있다. 창조적 색상은 여러 레이어의 조합이 될 수도 있고, 레이어들의 혼합 모드나 불투명 조정이 될 수도 있고, 필터 여러 개를 적용한 것이 될 수도 있다. 중요한 것은 이 모든 것이 사용자의 판단과 재량의 자유에 놓여 있다는 것이다. 룩은 완전히 자유롭게 무한대로 창조 가능하다.

사진 전문가가
포토샵을 이용해 조정하는 것

포토샵 작업은 레이어에서 선택을 하고 조정하는 것이 주를 이룬다. 레이어 마스크를 이용하는 것에 일정한 원칙들을 제안해본다.

11.1 포토샵 작업의 원칙들

1. 소성 레이어는 항상 픽셀 레이어 위에 있어야 한다.

2. 조정 레이어 위로 픽셀 레이어를 구성하지 않는다.

3. 이미지 픽셀은 가장 아래에 있어야 한다.

4. 레이어가 상충하지 못하게 해야 한다. 만약 커브로 작업을 하면 그것을 통해서 작업을 만들어 가야 한다. 상충되는 레이어를 만드는 것은 일반적으로 추천하지 않는다.

5. 레이어는 단순함을 유지해야 한다.

6. 레이어의 이름은 자신이 이해하도록 해야 한다. 그러한 이유는 다시 수정을 하는 것이 쉽게 돼야 하기 때문이다.

"리터칭의 시작과 끝은 마크업(markup)과 리뷰(review)다."

포토샵이란 이름을 유명(혹은 악명 높게)하게 만들고 이른바 '포토샵=뽀샵'으로 만든 인물 리터칭 기능에 대해 알아보겠다. 포토샵 입문자들로부터 가장 많이 듣는 이야기 중에 얼굴을 깨끗하게 만지고 싶은데 어디서부터 시작해야 할지 모르겠다는 것과 얼마만큼 해야 끝난 것인지 잘 모르겠다는 것이 있다. 그리고 많은 사람이 필터를 한 번 적용하면 마술 버튼을 누르는 것처럼 단번에 바꿔줄 수 있지 않나 기대한다.

쉽고 빠르게 갈 수 있는 방법이 있다면 참 좋을 텐데(포토샵이 버전업될 때마다 이 부분에 많은 업데이트가 되고 있기는 하지만) 안타깝게도 인물 리터칭은 버튼 하나 누르면 끝나는 일에서 가장 멀리 떨어져 있다. 참을성을 갖고 여러 번 연습하는 것이 반드시 필요한 분야다. 물론 이보토 AI^{Evoto AI}, 이미지노믹 포트레이처^{Imagenomic portraiture} 등 일괄 작업하는 프로그램이 있지만, 최고급 프로 리터칭의 경우 이것만을 사용하는 경우는 매우 드문 일이다. 그 이유는 여러 가지가 있겠지만, 과도한 리터칭, 부자연스러운 리터칭이 가장 큰 이유일 것이다.

그림 11.1 미국 광고의 클라이언트 마크업/노트(mark-up/note)의 예

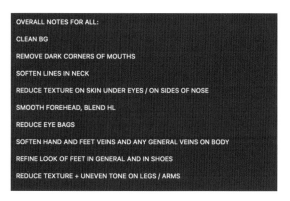

OVERALL NOTES FOR ALL:

CLEAN BG

REMOVE DARK CORNERS OF MOUTHS

SOFTEN LINES IN NECK

REDUCE TEXTURE ON SKIN UNDER EYES / ON SIDES OF NOSE

SMOOTH FOREHEAD, BLEND HL

REDUCE EYE BAGS

SOFTEN HAND AND FEET VEINS AND ANY GENERAL VEINS ON BODY

REFINE LOOK OF FEET IN GENERAL AND IN SHOES

REDUCE TEXTURE + UNEVEN TONE ON LEGS / ARMS

그림 11.2 클라이언트가 글로 제시하는 리터칭 디렉션의 예

리터칭을 직업으로 하는 경우 광고주나 포토그래퍼 등 클라이언트들이 제시하는 작업 방향을 따르게 된다. 자세한 가이드라인이 있을 때도 있고, 막연히 제시되거나 완전히 리터처의 재량에 맡기는 경우도 있다. 중요한 것은 이때의 리터칭은 공동 작업이기 때문에 커뮤니케이션이 원활하게 돼야 하며 다수의 의견을 모두 반영해 작업이 진행돼야 한다는 것이다. 이 것은 상당히 어려운 일이기도 하다.

가야 할 방향이 외부에서 정해져 들어오지 않을 때, 개인 작업일 때는 위와 같은 마크업을 본인이 직접 해보는 것이 리터칭의 좋은 시작점이 될 수 있다. 그림을 그릴 때도 밑그림을 먼저 그리는 것처럼 사진 리터칭도 본인이 판단하기에 가장 눈에 먼저 띄어서 거슬리는 것들, 사진을 찍을 때 염두에 뒀으나 촬영 시에 미처 달성하지 못한 부분 등 편집하고자 하는 부분들을 표시 혹은 스케치하는 작업을 먼저 해볼 것을 권한다. 이미지 위에 따로 빈 레이어를 만들어 표시를 해두고, 작업하면서 틈틈이 체크해보면 도움이 된다.

- **시작**: 리터칭할 부분을 결정하는 계획을 시각적으로 그려서 스케치한다. 그리고 고객의 요구 사항을 함께 표시한다.
- **끝**: 여러 번의 수정을 진행하고, 고객이 리뷰를 다시 추가적으로 반영한다.

리터칭은 A 지점에서 B 지점까지 직선으로 단숨에 가는 작업이라기보다는 앞으로 갔다가 뒤로 갔다 옆으로 한참 돌았다가 결국 원점으로 되돌아가기도 하는 작업이다. 리터칭은 손으로 하는 것뿐만 아니라 눈으로 판단하고 개선할 점을 분석해야 하는 작업을 동시에 해야 하는데, 눈과 머리는 항상 똑같지 않고, 기분과 상황에 따라 다를 수 있다. 따라서 작업이 끝

낫다고 그대로 손 털고 끝내기보다는 시차를 두고 몇 번 리뷰해봐야 할 것이다. 밤새 작업한 것을 다음날 봤을 때 다르게 보이는 경우를 경험해 본 적 있을 것이다.

본인이 작업한 것을 판단할 때 확신이 서지 않는 경우가 있다. 너무 리터칭을 과하게 하지는 않았는가, 현재 이미지가 최초에 의도한 대로 작업이 됐는가 고민이 될 때가 많다. 너무 과하다는 느낌이 들 때는 리터칭 레이어^{retouching layer}의 투명도를 0~100% 사이를 왔다갔다 하면서 리뷰를 해보는 것이 좋다. 반 정도 적용했을 때가 낫다면 투명도를 50%에 두고 끝내고, 전체적으로는 좋은데 한 부분만 과한 것 같다면 마스크를 이용해 그 부분을 브러시해 주면 된다(이때도 브러시의 투명도를 조정해서 여러 번 나눠 칠해본다). 최종 이미지가 목적에 부합되게 작업됐는지는 참고 이미지들과 나란히 놓고 비교해 보는 것도 방법이다. 무엇보다도 클라이언트나 혹은 제3자와의 커뮤니케이션과 피드백을 받는 것이 가장 확실한 해결책일 수 있다.

리터칭의 한계는 반드시 알고 있어야 한다. 포토샵에서의 리터칭은 삭제하거나 빼는 작업(subtracting), 더하거나 추가하는 작업(adding), 일반적으로 합성 작업(CGI, Computer-Generated Imagery)을 의미한다. 적어도 사진 리터칭에 있어서는 없는 것을 새롭게 생성하는 작업보다는 불필요하거나 거슬리는 것을 없애는 것에 더 효과적이다. 포토샵에서 새로이 만들어내는 것은 아무리 전문가가 솜씨 좋게 한다고 해도 리얼하게 보이기 힘들다. 그나마 다른 컷에서 가져와 합성^{composition}하는 것이 최선일 때가 많다.

리터칭이 추구하는 궁극의 목적은 리터칭의 존재를 인식하지 못하게 하고, 온전히 아름다운 사진의 피사체만 존재하게 하는 것이다. 즉, 리터칭한 사실을 모르게 자연스럽게 리터칭을 하는 것이다. 최근에는 과도한 리터칭이 주류를 이루기도 하지만, 그것은 양념이 많이 들어간 음식 맛처럼 금방 질릴 수 있다.

11.2 얼굴 리터칭

11.2.1 Beauty – close up

뷰티 촬영본의 얼굴 리터칭의 경우 Rule of Thumb: 100% 완벽하게 해야 한다는 강박을 버려야 한다. 대략 본인 욕심의 80% 정도가 됐을 때 사실적으로 아름다운 경우가 많다.

시선이 제일 먼저 닿는 곳, 즉 이마, 눈썹, 눈, 코, 입, 그리고 하이라이트, 미드톤, 새도의 순으로 리터칭한다. 큰 점이나 뾰루지 등 제일 눈에 거슬리는 것들을 스탬프 도구를 이용해 피부 질감을 손상시키지 않으면서 지워가는 클론 아웃^{clone out} 작업을 할 수 있다. 이때 스탬프 도구의 모드 설정을 Lighten 모드로 하면 밝은 톤 위주로 입히게 된다. Darken 모드를 이용하면 어두운 톤으로 입히게 된다. 당연히 강도는 5~10%로 매우 부드럽고 약하게 작업한다.

리터칭은 우선순위를 정하는 것이 중요하다. 우선순위별로 완성도를 높이는 것이 효율적으로 작업하면서 좋은 결과를 가져온다.

얼굴을 보면 모든 부분이 완벽하게 깨끗하고 정리돼야 할 것 같지만, 그렇게 작업해 나중에 다시 보면, 오버 리터칭^{over retouching}돼 있는 경우가 대부분이다. 과도한 리터칭은 리터칭을 아예 하지 않은 것보다 더 보기 좋지 않을 수 있다. 몇 번을 강조해도 또 강조하고 싶은 것이 오버 리터칭을 피하라는 것이다. 사람의 눈은 얼굴에 대단히 민감하게 반응하기 때문에 인위적인 느낌이 드는 얼굴 이미지는 금방 알아챈다. 역설적이게도 100% CGI로 창조해 낸 인간의 얼굴을 실제와 가깝게 만들기 위해서 인위적으로 결점을 추가한다고 한다.

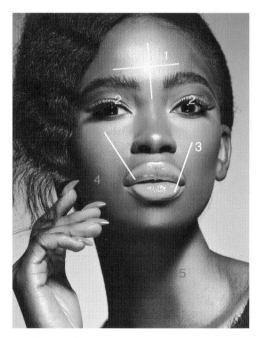

그림 11.3 시선이 닿는 우선순위 = 리터칭 우선순위

11.2.2 피부 리터칭

피부 리터칭에 사용되는 도구를 빈도와 중요도의 순으로 살펴보면 다음과 같다.

1. Clone/Stamp ❯ Blending 모드를 활용해 볼 수 있다.

2. Dodge & Burning - 50% 회색 레이어에 Dodge & Burning 도구를 직접 적용하면 직관적 사용이 가능하지만 색상이 깨지는 단점, 즉 컬러 패치color patch가 많이 생겨서 골칫거리가 될 수 있다. 조정 레이어 중 커브를 마스크와 함께 이용해 부분적으로 적용하는 방식인 Curve-mask커브 마스크를 활용해 Dodge & Burning처럼 쓰는 방법이 나을 수 있다.

3. Curve를 이용해 톤을 조절하고 마스크로 부분에만 적용한다.

4. Healing/Content-aware fill, Patch Tool을 이용하고 상단 Edit 메뉴에서 Fade를 활용한다.

이상과 같이 활용해 적용 강도를 조정하면 과하지 않은 효과를 빠른 시간 내에 얻을 수 있다. 앞서 말한 도구들을 좀 더 자세히 소개하겠다.

1) Clone/Stamp - Blending 모드

Clone클론 스탬프를 선택한다. 그리고 Alt 키를 눌러서 영역을 선택한다. 스탬프를 이용해 아주 약한 강도로 조절한다. 10%로 강도를 선택해볼 수 있다.

빈 레이어를 만들고, Clone 스탬프의 옵션을 Lighten 모드로 설정한다. 그러면 스탬프로 추출한 부분이 밝은 부분을 중심으로 만들어지게 되며, Normal 모드로 하는 것보다 조금 더 섬세하게 조절할 수 있다. Lighten의 경우 밝은 톤 부분으로 복제해주는 경향이 있고, Darken의 경우 어두운 톤으로 복제해서 덮어주는 경향이 있다.

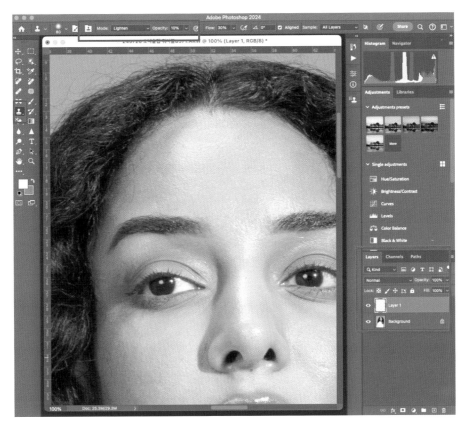

그림 11.4 Clone/Stamp - Blending 모드

2) Dodge & Burning — 50% 회색 레이어

Dodge & Burning은 필름 시절에 노광을 더 줘서 어둡게 만들거나 노광을 가려주는 것을 통해 빛을 줄이는 것을 말한다. 피부를 자세히 보면 얼룩이 있다. 이러한 얼룩을 줄여주는 작업, 얼룩을 평탄화하는 느낌이라 할 수 있다. 이러한 방법은 레이어를 하나 만들고, 이 레이어에 회색을 채워준다. 회색 레이어의 모드를 Soft Light로 변경한다.

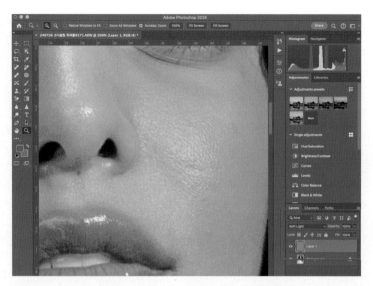

그림 11.5 레이어 Blending 모드를 변경하기

빈 레이어를 만든다. Edit ❯ Fill - 50% 회색으로 칠하고 Blending 모드를 Soft Light로 변경한다. 여기에 흰색을 칠하면 Dodge의 효과를 주고, 검은색을 칠하면 Burning의 효과가 있다.

그림 11.6 Brush로 회색 레이어를 흰색으로 칠하면 Dodge 효과

다만 이러한 작업을 하면 톤이 변하게 된다. 이것을 보완하기 위해 빈 레이어를 만들고 레이어 모드를 Color로 변경한다. 그림 11.6처럼 Dodge 혹은 Burning을 진행한 곳에 피부 톤의 색상을 선택하고 Brush로 칠해 주게 된다. 그러면 톤만을 수정하게 된다.

3) Curves를 이용해 톤을 조절하고 마스크로 부분에만 적용한다.

그림 11.7 Curves로 밝게 만들고 마스크로 부분 적용

동일한 작업을 Curves를 이용해 진행하는 것도 가능하다.

Curves를 이용해 톤을 올리는 작업을 진행하고 마스크를 이용해 톤을 부드럽게 조절한다. 그러면 피부의 어두운 얼룩을 밝게 할 수 있다. 밝은 부분은 어둡게 만들 수 있다.

그림 11.8 어두운 톤의 커브 레이어를 만들고 마스크를 이용해 어두운 톤을 입히는 작업

밝은 톤의 커브 레이어를 만들고 마스크를 이용해 밝은 톤을 입히는 작업을 진행한다. 빈 레이어에서 Color 모드로 넣어서 색이 틀어지는 부분을 수정한다. 레이어 모드가 Color로 변하면 농도보다는 컬러 위주로 적용된다.

4) Healing/Content-aware fill, Patch Tool, Fade

힐링 브러시나 패치 툴을 이용해서 작업하면 피부의 질감과 패턴이 달라지는 경우가 생길 수 있다. 그래서 그림 11.9처럼 이의 적용을 줄이는 Edit ❯ Fade Patch Selection의 옵션이 있다.

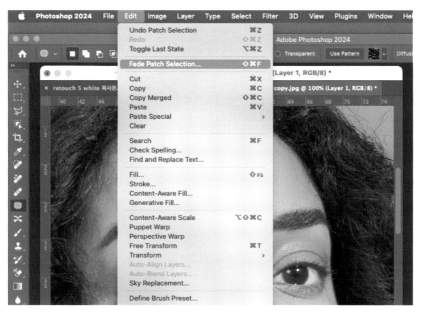

그림 11.9 Fade Patch Selection

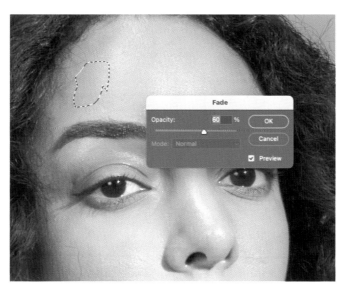

그림 11.10 Fade 활용

Fade를 활용하면 좀 약화되는 경향이 있다. 이것은 모든 필터에 적용할 수 있다. 따라서 적용한 값을 약화시키는 Fade 방법을 알아두는 것이 좋다.

11.2.3 Neural Filters로 피부 리터칭

그림 11.11 Neural Filters 선택

그림 11.11은 Beauty Shot의 원본 사진으로, 얼굴 전체가 온전히 보일 때만 Neural Filters를 적용할 수 있다.

그림 11.12 Skin Smoothing 피부 톤 리터칭

Neural Filters 중 최상단의 Skin Smoothing을 이용한다. 봐가면서 적용하면 좋겠지만, 현재 실시간 Before/After를 확인하기는 힘들다. 인터넷의 속도에 따라 다르겠지만, 한국에서는 30초 이내의 적용 속도를 보여준다. 여러 번의 시행착오 과정을 거쳐 원하는 값을 적용하면 되는데, 그림 11.12의 이미지는 Blur 50, Smothing 0을 적용했다.

그림 11.13 Before

그림 11.14 After

Neural Filters의 Skin Smoothing은 피부를 좋게 보이게 만들면서도 디테일, 특히 하이라이트에서의 디테일을 유지하는 데 탁월한 성능을 보여준다. 그러나 이것을 그대로 쓰면 리터칭이 과하게 보일 수 있고, 플라스틱한 느낌과 Frequency Seperation을 적용한 느낌이 많이 들기 때문에 마스크를 이용해 원본의 피부를 50% 이상 복원했다. 눈 흰자위 부분의 실핏줄이라든가 왼쪽 상단의 헤어라인 등의 큰 부분은 Clone Tool을 이용해 지워줬다. 기타 피부의 얼룩덜룩한 느낌이 드는 부분들에 Dodge & Burning 브러시를 Opacity 5~6%로 정리해줬다. 이처럼 하나만을 사용하는 것이 아니라 다양한 방법을 혼합해서 사용하게 된다.

11.2.4 패치 툴, 힐링 브러시 툴을 이용한 얼굴 리터칭

얼굴의 큰 결점들은 Pacth Tool^{패치 툴}, Healing Brush Tool^{힐링 브러시 툴} 등을 사용하는 것이 가능하다.

그림 11.15 Patch Tool을 이용해 먼지를 제거하는 작업

Patch Tool을 이용해 먼지를 제거하는 작업을 할 수 있고, 앞서 언급한 것처럼 이를 다시 Fade할 수 있다.

그림 11.16 Healing Brush Tool을 이용해 먼지 제기

Healing Brush Tool을 이용해 먼지를 제거하는 작업은 Alt 키를 눌러 샘플이 되는 곳을 선택하고 그것을 합성하는 방식으로 제거할 수 있다.

11.2.5 고주파 분리법을 이용한 얼굴 리터칭

전문가들이 많이 사용하지는 않지만, 다양한 방식의 피부 톤 리터칭의 방법이 있다. 먼저 고주파 분리법으로 알려진 피부 리터칭 방법이 있다. 이 방식은 피부의 베이스가 되는 톤 레이어와 피부 모공과 같은 디테일 레이어로 구분하고, 이러한 영역을 구분한 상태에서 리터칭하는 방법이다. 이때, 베이스 톤의 균형을 맞추는 방법을 통해 작업을 진행한다.

그림 11.17 톤 레이어에 Gaussian Blur를 적용

우선 레이어 2개를 복사한다. 그리고 레이어의 이름을 톤 레이어, 디테일 레이어로 변경한다. 레이어 복사의 단축키는 PC는 Control+J, 맥은 Command+J다.

아래 레이어를 톤 레이어로 이름을 변경하고 그림 11.16처럼 Gaussian Blur를 적용한다. Gaussian Blur의 수치는 약간 흐려지는 정도로 약하게 주는 것이 일반적이다.

그림 11.18 Apply Image(이미지 적용)를 진행

위의 레이어를 선택하고 이름을 디테일 레이어로 변경한다.

그림 11.19 Apply Image 적용 값

디테일 레이어를 선택하고 그림 11.18처럼 Image ➤ Apply Image를 선택한다. Layer를 약간의 블러를 준 톤 레이어로 결정하고, Blending을 Subtract를 선택한다. Scale은 2로 설정하고, Offset은 128로 설정한다.

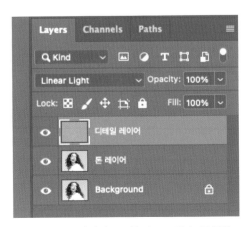

그림 11.20 레이어 모드를 Linear Light로 변경

디테일 레이어를 선택하고 레이어 모드를 Linear Light로 변경한다. 그러면 백그라운드 레이어와 동일하게 보인다.

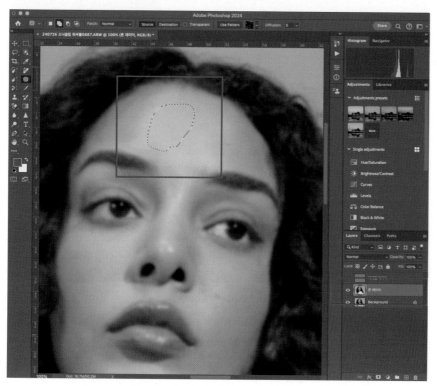

그림 11.21 톤 레이어를 선택하고 톤 부분을 평탄화할 수 있는 방법을 사용

이렇게 되면 전체적인 톤을 나타내는 레이어와 세부 디테일을 나타내는 레이어로 구분이 된 것이다. 예를 들어, 입술 아래쪽의 그림자는 톤의 영역이라 할 수 있다. 이 부분의 톤을 변경해주면 톤 부분이 조절되는 것을 볼 수 있다.

톤 레이어를 평탄화하는 방법은 평탄화하고자 하는 부분을 선택하고 그 부분에 블러를 주는 것이다. Patch Tool을 사용하거나 Stamp Tool을 이용할 수 있다. Filter에서 Median^{미디안}을 이용하는 것도 가능하다. 즉, 아래쪽 레이어는 톤을 교정하는 것이다. 톤에서 어두운 부분을 밝게 할 수도 있고, 밝은 부분을 어둡게 할 수도 있다. 이러한 변화를 주면 전체적으로 톤이 되는 부분이 평탄화된다.

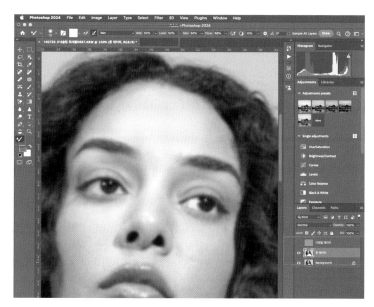

그림 11.22 Wet Brush를 이용해 톤을 부드럽게 만들기

그림 11.22는 Wet Brush^{웹 브러시}를 이용한 방법이다. 톤 레이어를 선택하고 톤 부분을 평탄화
할 수 있는 다양한 방법을 사용해본다.

그림 11.23 Gaussian Blur를 이용해 톤을 부드럽게 조절

그림 11.23은 Gaussian Blur를 적용하면 밝았던 하이라이트 톤이 일정하고 부드럽게 교정되는 것을 볼 수 있다.

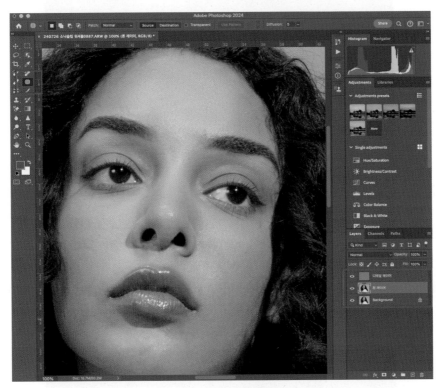

그림 11.24 톤 레이어 교정

톤 레이어로 교정을 진행하고, 질감 부분의 교정을 원하면 디테일 레이어를 선택하고, Stamp, Patch, Healing Brush 등 다양한 도구를 이용해 질감의 교정이 가능하다. 이처럼 톤과 디테일을 분리해서 교정하는 것이 가능한 장점이 있다.

11.3 머리카락 리터칭

머리카락은 수정과 리터칭이 가장 어려운 부분이다. 물론 리터칭을 하는 다양한 방법이 있기는 하다. 우선 지저분한 머리카락을 지우는 작업을 진행한다. 여기에는 Patch, Stamp, Healing Brush 등 여러 가지 도구가 있다. 하지만 단색 배경이라고 가정할 경우라도 위의 방법을 통해 진행하는 동안 얼룩이 발생할 가능성이 있으므로 주의가 필요하다. 또한, 너무 많이 정리하는 경우 자연스러운 머리카락이 아니라 헬멧의 느낌으로 부자연스러운 머리가 만들어질 수 있다. 그래서 이것을 극복하기 위한 방법을 제안해 보겠다.

그림 11.25 Stamp Tool을 이용해 지저분한 머리카락 수정하기

Stamp Tool을 이용하고 Stamp Tool의 모드를 Lighten으로 수정한다. 강도를 약하게 만들고 빈 레이어에 지저분한 머리카락을 배경으로 변경하는 작업을 통해 정리를 진행한다. 이러한 방식으로 머리카락을 조절하다 보면 부자연스러운 느낌이 만들어질 수 있다.

그림 11.26 복사 레이어를 이용해 위치 조정하여 머리카락 합성하기

따라서 이러한 것을 수정하기 위한 방법으로 기존에 있던 머리카락을 선택해 추가적으로 합성하는 방법이 있다. 일정한 영역을 Lasso Tool을 이용해 선택하고 PC는 Control+J, 맥은 Command+J를 눌러서 선택 영역을 복사 레이어로 만들고, 이것의 위치를 Move Tool, Mask, Layers의 Opacity로 조정해 자연스러운 합성을 진행한다.

그림 11.27 브러시를 이용해 머리카락을 그려주기

원하는 모양의 머리를 직접 그려서 만들 수도 있다.

Brush의 경우 크기가 1인 가장 얇은 작은 브러시를 이용해 모양을 그려준다. 포커스가 너무 선명한 경우, 즉 머리카락이 아웃 포커스에 있는 경우는 그려준 레이어에 Gaussian Blur를 조금 적용하는 방법으로 만들어본다. 그리고 마스크 작업을 통해 수정, 보완하는 작업을 진 행한다. 즉, 부자연스럽게 리터칭돼 있던 부분에 머리를 그려주는 방법이다. 앞선 방법은 이 미지 소스를 이용해 작업을 하는 방식이고 그려주는 것은 부족한 부분에 그림을 그려서 만 들어가는 방법이다.

인물 리터칭의 경우 피부가 압도적으로 눈길을 끌기 때문에 제일 어렵다고 생각 하는데, 사 실 가장 까다롭고 시간이 오래 걸릴 수 있으며, 과하게 했을 때 어색해 보이기 쉬운 부분은 머리카락과 옷이다. 머리카락 정리는 Flyaways나 Cross hairs 정도에서 끝나는 것이 좋다. 그 이상의 정리는 다른 컷에서 가져온 머리카락 부분을 합성하거나 브러시로 그려주는 것으로 해결해야 하는데, 가능 범위가 좁고 자칫했다가는 자연스러운 느낌이 사라지기 때문에 조심해야 하며, 특히 과하게 하지 말아야 한다.

11.4 옷 리터칭

옷 리터칭은 주로 스타일링, 특히 실루엣 정리와 주름 제거가 가장 보편적이며 빈도수가 많은 작업이다. 마찬가지로 많이 만질수록 이상해보일 수 있는 영역이며, 패턴이 있거나 복잡한 옷의 경우에 고치는 것이 불가능할 수도 있으므로 분명히 알고 작업해야 한다.

주름의 경우는 어떻게 해야 할까? 옷의 주름은 얼굴의 점처럼 어두운 픽셀로 이해할 수 있다. 앞서 배운 고주파 분리법을 사용하면 이러한 옷의 주름도 개선이 가능하다. 이러한 방식을 잘 이해하면 없던 주름을 만들어 넣을 수도 있다.

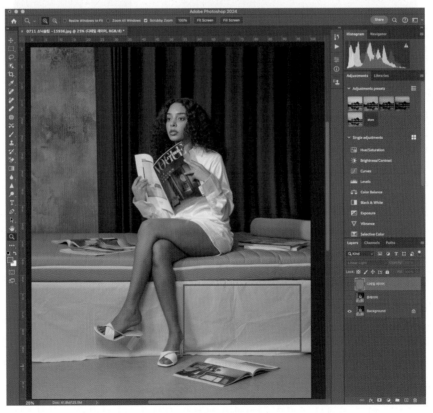

그림 11.28 톤 레이어와 디테일 레이어 만들기

앞서 설명한 피부 톤 리터칭 방법인 고주파 방법을 이용해 톤 레이어와 디테일 레이어를 구분해 만들어보자.

그림 11.29 톤 레이어의 수정

톤 레이어의 경우 전체적으로 어두운 톤을 제어한다. 톤 레이어를 제어하는 방법은 Patch Tool, Stamp Tool, Blur 등 다양한 방법이 있다. 때로는 이것만으로도 많은 주름이 개선될 수 있으나, 그림 11.29와 같이 다리미로 다린 것 같기는 하지만 주름이 남는 것을 볼 수 있다. 이러한 경우에는 디테일 레이어를 선택해 Stamp Tool이나 Patch Tool을 이용해 수정을 한다.

그림 11.30 디테일 레이어의 추가 수정

디테일 레이어까지 작업을 진행하니 좀 더 주름이 개선된 것 같은 효과를 볼 수 있다.

11.5 바디 프로포션의 이해

촬영된 사진은 렌즈와 프레이밍의 위치, 그리고 카메라의 앵글에 따라 일정하게 왜곡이 발생하게 된다. 물론 광각렌즈의 경우 왜곡이 더 강조되고, 망원렌즈의 경우 입체감이 줄어들어 보일 수 있다. 이러한 점을 고려해서 인물의 다리를 더 길게 하거나 얼굴 사이즈의 비율을 줄일 수 있다. 물론 이것은 앵글과 프레이밍의 위치에 따른 일정한 왜곡이 있다는 것을 이해하고 그것을 보는 눈이 있어야 한다. 이러한 왜곡은 렌즈의 선택, 앵글, 촬영 위치, 촬영하는 거리(피사체와 카메라의 거리)에 따라서 달라지기도 한다.

이러한 왜곡을 수정, 과장하는 방법은 여러 가지가 있으며, 사용되는 도구도 다양하다. 첫 번째 방법은 픽셀 유동화 도구 Liquify를 사용하는 것이다. 이것은 원하는 부분의 크기를 줄이거나 늘일 수 있다.

두 번째 방법은 그림 11.31과 같이 카메라 로에서 렌즈의 왜곡을 수정하고 비율을 조정하는 것이다.

그림 11.31 카메라 로에서 광학(optics)을 이용해 왜곡 수정

그림 11.32 Geometry 조정

그림 11.32와 같이 Geometry에서 수직을 조정하면 얼굴 크기는 작아지고 다리는 길어진다.

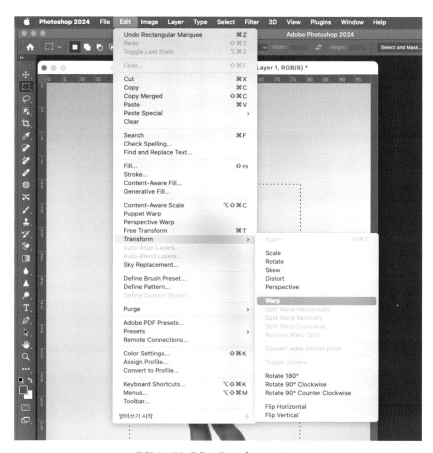

그림 11.33 Edit - Transform - Warp

그림 11.33과 같이 피사체를 선택을 하고 Edit ➤ Transform ➤ Warp^{워프}를 이용하면 크기, 길이를 조정하는 것이 가능하다.

그림 11.34 Warp의 이용

여러 곳에 클릭해서 형태를 조정하는 것이 가능하다. 또한, 이미지에서 선택을 하고 Perspective 를 이용하는 것이 가능하다.

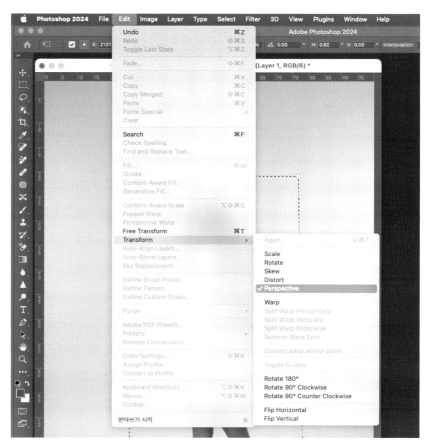

그림 11.35 Edit ➤ Transform ➤ Perspective

그림 11.35처럼 Edit ➤ Transform ➤ Perspective를 선택한다.

그림 11.36 Perspective의 이용

Perspective를 이용하면 각 코너의 점을 조정해서 크기를 조정하는 것이 가능하다.

11.6 대량 정보 처리와 Actions 기능들

포토샵의 Actions는 이미지에 대한 특정 작업 또는 반복 작업을 녹화해 다시 실행할 수 있게 만드는 자동화 기능이다. 액션에 관한 모든 것은 Actions 패널에서 실행되는데, 포토샵 상단 메뉴의 Window에서 찾을 수 있다.

Actions는 하나의 파일을 기준으로 적용된다. 이 점은 Batch Process와 차이가 있다. 예를 들어, 50개의 컬러 PSD 파일이 있다고 할 때 이것들을 전부 흑백으로 빠른 속도로 바꿔야 한다고 해보자. 이때 한 PSD 파일을 흑백으로 전환하는 과정을 녹화해뒀다가 나머지 49개의 이미지에 동일하게 적용해주면 무척 편리하고 일이 빨리 끝날 것이다. 이 Actions는 만들어

480

됐다가 나중에 또 쓸 수도 있고, 남들과 공유할 수도 있다.

1) Actions

Actions 패널 최상단에는 포토샵의 Default Actions 세트들이 있다. 이미지를 열고 나서 적용하고 싶은 액션을 선택한 다음, Actions 패널 제일 밑에 있는 삼각형 모양의 Play를 누르면 적용된다.

원하는 액션을 새로이 만들고자 할 때는 먼저 Set를 생성한다. 이 Set는 폴더로서, 이 안에 일련의 액션들을 저장하는 것이다. 패널 하단 휴지통 옆의 사각형 내부에 + 표시가 있는 아이콘(⊞)이 액션 생성 버튼이며, 이것을 누르면 New Action 대화창이 나온다. 이때 마치 비디오 카메라의 녹화 버튼 같은 빨간색 동그란 아이콘(●)이 자동으로 활성화되는데, 이는 앞으로 취하는 모든 행동을 그대로 녹화하게 된다. 액션으로 만들고자 하는 것들을 다 만들었거나 혹은 중간에 잠시 멈추고 싶을 때는 녹화 기능 왼쪽의 멈춤 아이콘(■)을 누른다(멈춤 후 이어 만들려면 다시 녹화 버튼을 누른다).

그림 11.37 액션 만들기, New Set 대화창

그림 11.38 액션 만들기, New Action 대화창

2) Batch Process와 Droplet

Actions로 같은 작업을 여러 이미지에 동일하게 적용하는 것이 가능하게 됐지만, 이미지의 양이 아주 많을 경우에는 하나씩 포토샵을 열어서 액션을 실행시키는 것조차도 많은 시간이 든다. 이때, 이미지 각각이 아닌, 특정 폴더 안에 있는 모든 이미지 혹은 현재 포토샵에 오픈돼 있는 모든 이미지를 한꺼번에 처리해 주는 기능이 Batch Process다. Droplet은 Batch Process를 따로 애플리케이션화해 디스크에 저장하고, 이후에 손쉽게 사용할 수 있게 한 것이다. Droplet을 만들어 놓으면 지정 폴더에 화살표 형태의 아이콘이 형성되는데, 여기에 다수의 파일이나 파일 전체를 드래그 앤드 드롭drag & drop하면 액션이 적용된다. 비교적 단순하고 여러 번 되풀이돼야 하는 작업이라면 시간 절약에 많은 도움이 될 것이다.

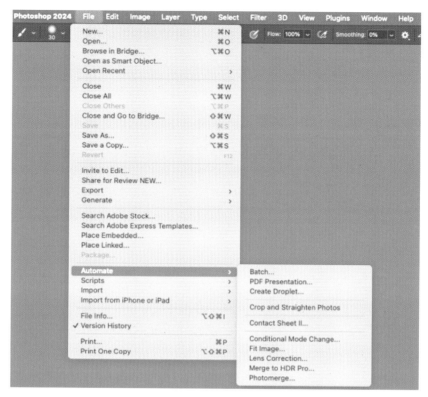

그림 11.39 Batch Process

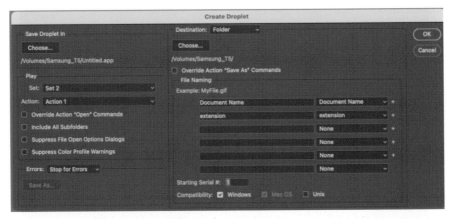

그림 11.40 Droplet

3) Image Processor

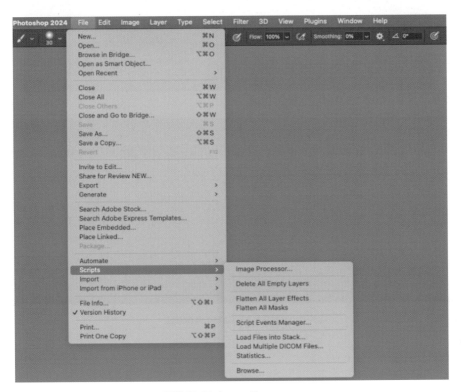

그림 11.41 Image Processor

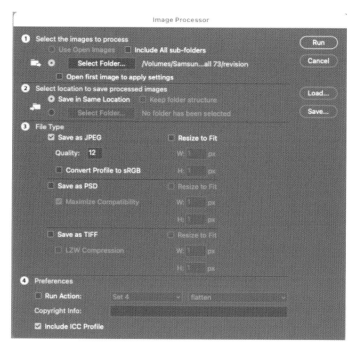

그림 11.42 Scripts ❯ Image Processor

Scripts^{스크립트} 메뉴에 있는 Image Processor^{이미지 프로세서}는 Batch Process와 비슷하다. 액션을 먼저 만들 필요 없이 포토샵에서 미리 지정해놓은 파일 저장 명령 옵션을 간편하게 쓰는데, 필요하다면 직접 만든 액션을 같이 적용해서 쓸 수도 있다. Image Processor는 다량의 파일을 다른 종류의 파일로 빠르게 저장할 때 쓰면 효율적이다. 40~50장 넘는 PSD 파일을 JPEG 파일로 바꿔야 한다고 했을 때 파일을 일일이 열어 새로 저장하는 것은 시간도 많이 걸리고 번거로운 작업일 뿐만 아니라 실수를 할 때가 있기 때문에 이러한 자동화 스크립트를 사용하는 것이 좋다.

예를 들어, 한 폴더에 50장의 PSD 파일이 있다고 하자. 이것을 5×7 inches@150dpi 크기의 JPEG 파일로 일괄적으로 바꾸고자 한다면, 먼저 5×7 inches@150dpi를 액션으로 만들어 둔다. 그리고 아래 보이는 Image Processor 박스 하단의 Preference에서 Run Action 박스를 클릭하고, 해당 액션을 찾아 적용한다. 이후 JPEG 변환 옵션을 클릭해 Run을 클릭하면 빠른 속도로 처리되는 것을 볼 수 있다.

4) PDF Presentation과 Contact Sheet

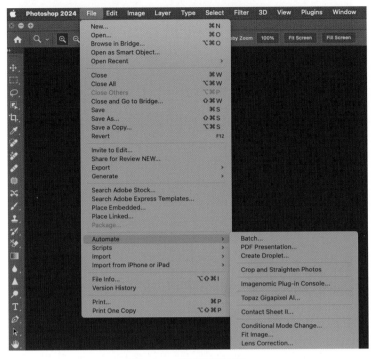

그림 11.43 다양한 자동 기능

포토샵 자동화 메뉴에 있는 기능 가운데 PDF Presentation과 Contact Sheet 기능이 있다. 클라이언트에게 여러 장의 사진을 보여주거나 프레젠테이션용의 파일을 만들 때 사용하면 편리하다.

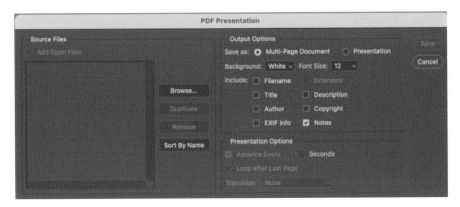

그림 11.44 PDF Presentation

Contact Sheet를 만들 때는 디폴트로 흰 배경에 소스로 지정한 사진들이 레이어로 배열된 PSD 파일로 만들어지기 때문에 이것을 프레젠테이션용으로 사용하기 위해서는 PDF 파일로 변환해 쓰도록 한다.

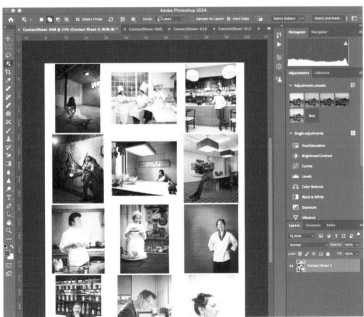

그림 11.45 Contact Sheet

11.7 제품 리터칭

제품 리터칭의 경우 선택이 매우 중요하다. 이러한 선택은 제품의 부분 부분을 모두 따로 선택하고 위치, 크기, 형태를 모두 분리해서 작업을 진행하게 된다. 모든 부분이 분리돼 선택돼 있으면 작업이 정교하고 편하게 진행될 수 있기 때문에 모든 부분을 선택해 놓는 것으로 시작한다.

이러한 선택을 하기 전에 먼저 해야 할 것은 수직과 수평을 확인 조절하는 것이다. 이를 위해 가이드라인guide line을 이용한다. 가이드라인을 만들기 위해서 우선 그림 11.45와 같이 View ❯ Rulers자를 선택한다. 그러면 수치 값을 볼 수 있는 자가 생긴다.

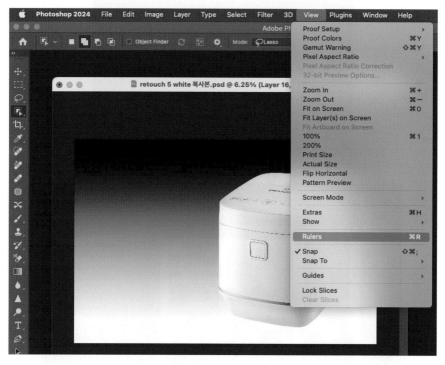

그림 11.46 Rulers의 선택

그림 11.47 가이드라인 만들기

그림 11.47처럼 자가 나온 부분을 클릭해서 드래그하면 수평선과 수직선이 나오게 된다.
이러한 선을 가이드라인이라고 한다. 이러한 가이드라인은 왼쪽 상단의 도구 바의 Move
Tool로 이동이 가능하다.

11.7.1 가이드라인을 그려서 형태의 교정 확인

촬영된 제품은 대부분 수직과 수평이 맞지 않는다. 이는 앞서 언급한 카메라 렌즈의 왜곡,
촬영된 위치 때문에 발생한다. 건물 아래에서 건물 위를 올려다보면 아래는 넓고 위는 좁아
지게 보인다. 이것은 원근법으로 당연한 일이지만, 제품의 경우 수직과 수평을 일치시키는
것이 일반적이다. 또한, 제품 자체가 완벽하게 가공되지 못한 경우도 많다. 대표적인 예는
라벨이 있다. 제품의 라벨은 인쇄를 통해 출력돼 붙어 있는 경우가 많다. 즉, 인쇄의 망점이
고해상도 카메라로 촬영하면 보이게 된다. 또한, 제품에서 일정한 단차가 발생하는 경우도
있다. 이러한 제품의 수직과 수평이 어떤지 확인하기 위해서 가이드라인을 만들어보자.

제품 형태의 오류의 경우 여러 가지 방법을 통해 교정이 가능하다. 우선 오려 붙여서 교정을 한다. 이후 일정한 부분을 선택하고, 이것을 레이어 복제한다. 그리고 이것을 이동, 회전을 통해 위치를 결정한다. 즉, Edit 〉 Transform을 이용한다. 혹은 Liquify를 이용하기도 한다. Liquify를 사용하는 경우 수직과 수평의 가이드라인만을 볼 수 있다. 특정한 모양과 형태로 조정을 해야 하는 경우 모양을 만들어보면서 Liquify를 사용할 수 있다.

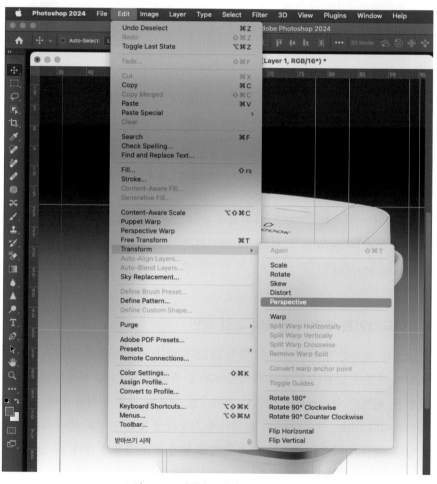

그림 11.48 레이어 복사 후에 형태를 선택

Liquify는 형태를 만드는 것이 직관적이지만, 정확하게 형태를 조정하는 것은 쉽지 않다. 정교한 형태 교정의 방법을 알아보겠다.

빈 레이어에 교정할 형태를 먼저 정확하게 만든다. 저자는 Polygnal Lasso Tool을 이용해 약간 대각선이 있는 형태를 잡았다. 정확한 위치를 이렇게 잡을 수 있다.

그림 11.49 빈 레이어를 만들고 정확한 위치에 색상을 넣는다.

그리고 제품에 Liquify를 적용해보겠다.

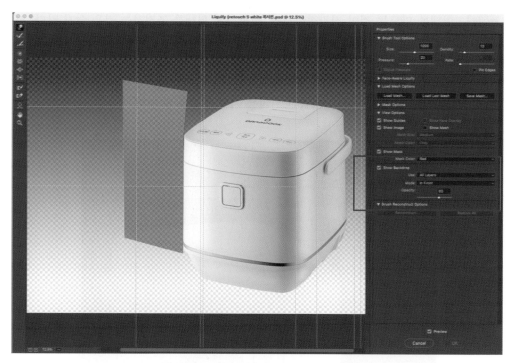

그림 11.50 Liquify에서 Show Backdrop 체크

Show Backdrop 체크 박스에 체크를 해준다. 그러면 만들어놓은 빨간색의 가이드라인을 볼 수 있다. 이것을 보면서 정확하게 Liquify를 사용할 수 있다. 이러한 가이드라인이 없으면 작업을 정교하게 하기 어렵다.

11.7.2 선택된 부분의 조절

선택이 돼 있으면 조정이 매우 편하게 될 수 있다. 아래 금속 부분과 중간 부분의 라인을 따로 선택한다. 선택의 저장은 패스든 마스크든 채널이든 저장돼 있으면 된다. 저자는 마스크를 이용해 저장을 진행했다.

그림 11.51 하단 은색 테두리 선택

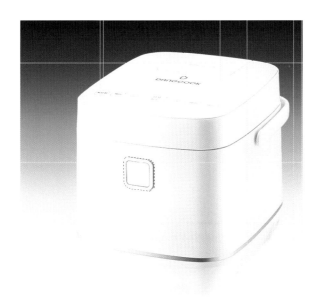

그림 11.52 상단 은색 테두리 선택

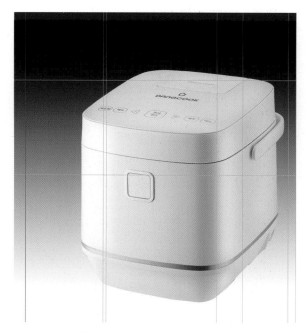

그림 11.53 은색 테두리 색상의 변경

이처럼 선택이 돼 있는 경우 색상, 톤, 합성이 가능하다. 그림 11.53과 같이 은색이 금색으로 변경된 것을 볼 수 있다.

11.7.3 그림자 넣기

자연스러운 제품의 표현을 위해 그림자를 넣는 작업을 진행해 보겠다. 그림자를 만드는 방법은 촬영 시 그림자의 소스를 확보하는 방법이 가장 좋다. 그 이유는 가장 자연스러운 빛의 느낌을 만들어내기 때문이다. 하지만 촬영 소스를 확보하지 못한 경우에도 그림자의 형태를 만들어 볼 수 있다.

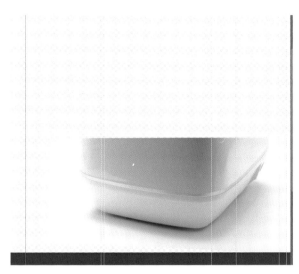

그림 11.54 하단 부분의 그림자 소스 확인

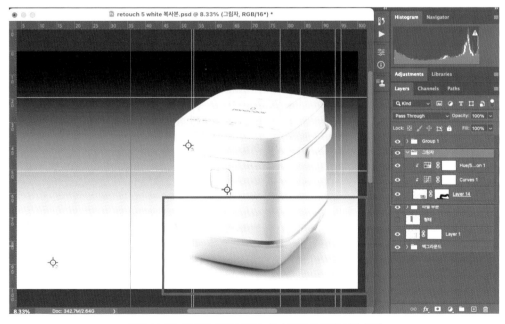

그림 11.55 위치를 이동시키고, 마스크를 통해 합성을 진행

실제 촬영된 소스를 원본에 붙이기 위해 Move Tool을 이용해 위치를 잡는다. 이후 그림 11.54처럼 경계 부분이 잘 합성되도록 마스크 작업을 진행한다. 그리고 톤이 부자연스럽기 때문에 일정하게 톤을 교정하는 작업을 진행한다.

그림자를 만드는 방법은 레이어 스타일에 드롭 섀도drop shadow 하는 방법도 있다. 그러나 이러한 방법은 제한점이 있다. 그래서 수동으로 그림자를 만들어 넣기도 한다. 하지만 앞서 언급한 것처럼 포토샵에서 소스 없이 만드는 것은 아무래도 어색할 수 있다.

소스 없이 그림자를 만들어보겠다. 그림자를 넣기 위해 빈 레이어를 만든다. 그리고 원본 레이어의 형태를 선택하고 검은색을 칠해준다. 이 레이어를 이용해 형태를 변경한다.

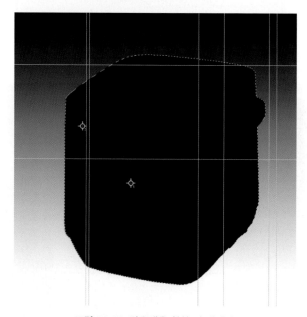

그림 11.56 검은색을 칠한 빈 레이어

검은색을 칠한 레이어의 그림자를 Free Transform프리 트랜스폼을 이용해 자연스런 그림자 형태로 변형한다.

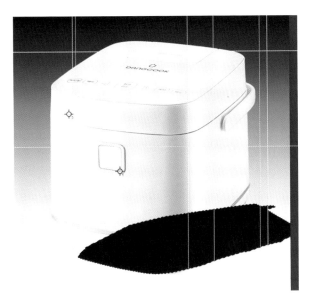

그림 11.57 그림자 형태로 변형

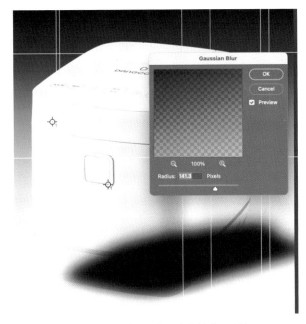

그림 11.58 자연스런 그림자 형태로 변형

부드러운 그림자를 만들기 위해 블러를 사용하거나 노이즈를 사용할 수 있다.

그림 11.59 마스크를 통해 그림자의 형태를 조정, 변경

Move Tool을 이용해 위치를 잡고, 마스크를 이용해서 그림자의 크기, 형태를 교정한다.

11.7.4 제품에 명과 암을 넣는 방법

반사를 통해 일정한 빛이 제품에 그러데이션을 만들어가면 고급스러운 제품처럼 보일 수 있다. 이를 위해 촬영에서 조명을 이용해 그러데이션을 만들고 그러데이션의 콘트라스트 정도를 결정한다. 후반 작업에서 이러한 작업을 추가 보완할 수 있다.

1) 밝은 빛을 넣기

빛을 넣는 방법에는 조정 레이어를 통해 빛을 넣는 방법과 픽셀로 빛을 넣는 방법 두 가지가 있다.

498

그림 11.60 영역의 선택

그림 11.60처럼 Marquee Tool을 이용해 빛을 넣어야 할 부분을 선택한다. 이 영역은 정교하게 선택하는 것이 좋다. 물론 이후에 수정과 교정도 가능하다.

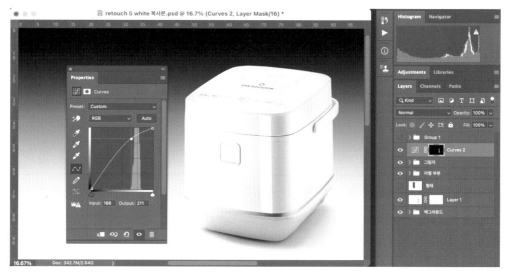

그림 11.61 선택 후 조정 레이어를 만들어 마스크된 조정 레이어

선택을 하고 조정 레이어에서 Curves를 선택한다. Curves를 선택하니 바로 마스크 형태의 선택이 만들어진 것을 볼 수 있다. Curves에서 톤을 올리면 선명하고 강한 빛이 들어간 이미지를 볼 수 있다.

그림 11.62 선택된 부분에 부드러운 조절

그림 11.62처럼 이러한 빛의 느낌을 주는 마스크를 선택한 후 Feather 값을 올려주면 부드럽게 섞이는 자연스러운 빛이 만들어지는 것을 볼 수 있다. 물론 이 빛이 너무 강하다고 느끼면 레이어의 강도를 조절할 수 있다.

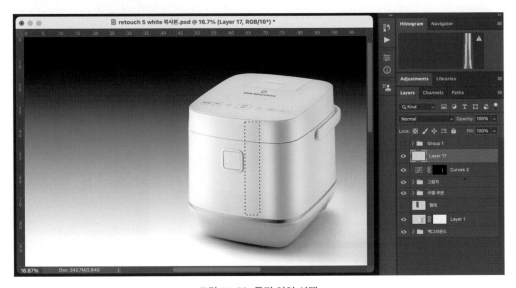

그림 11.63 특정 영역 선택

이번에는 새 레이어를 만들고 픽셀로 빛을 넣는 방법을 진행해 보겠다. 빈 레이어를 만들고 영역을 선택한다.

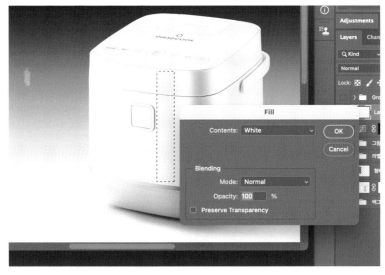

그림 11.64 선택한 영역에 흰색을 채우기

선택한 곳에 Edit ❯ Fill ❯ White로 흰색을 넣는다. 그러면 선명한 흰색 빛이 넣어지는 것을 볼 수 있다.

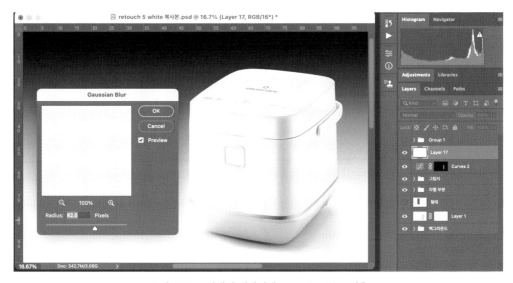

그림 11.65 선택된 레이어에 Gaussian Blur 적용

이 레이어에 Gaussian Blur를 선택한다. 그리고 적당한 정도의 블러를 주면서 부드럽게 섞이는 빛을 만든다.

1) 어두운 그림자 넣기

이번에는 반대로 어두운 톤을 만들어보겠다. 동일하게 조정 레이어를 이용하는 방법도 있고, 픽셀을 이용하는 것도 가능하다. 영역을 선택한다.

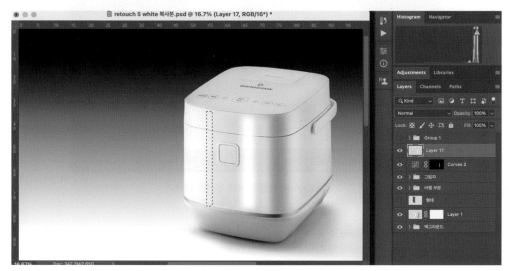

그림 11.66 선택 영역을 지정

선택한 상태에서 조정 레이어에서 Curves를 선택한다. 그리고 톤을 어둡게 조정한다.

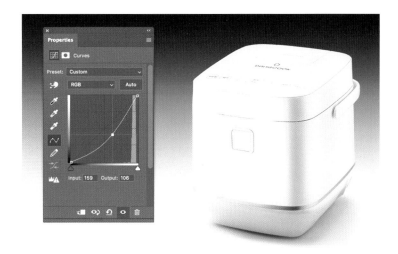

그림 11.67 선택된 레이어에 마스크된 조정 레이어

그리고 동일하게 마스크에서 적당한 정도의 블러를 만들어주면 부드러운 그림자가 만들어진다.

이번에는 어두운 픽셀을 사용해본다. 빈 레이어를 만들고, 선택을 한다.

그림 11.68 빈 레이어의 선택

그림 11.68처럼 빈 레이어를 선택하고 이 부분에 검은색을 칠한다.

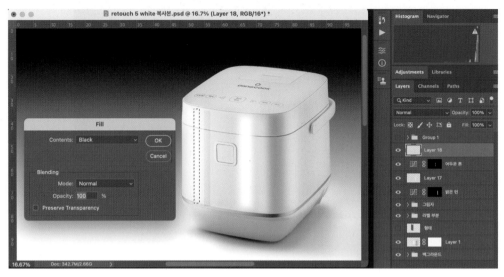

그림 11.69 선택된 빈 레이어에 검은색을 칠함

검은색의 경계가 강하고 진하기에 Gaussian Blur를 적용한다.

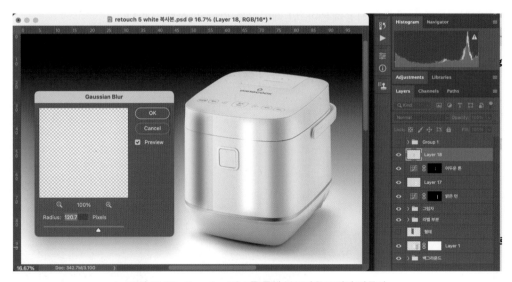

그림 11.70 Gaussian Blur를 통해 부드러운 그림자 만들기

그림 11.71 마스크와 레이어 Opacity 조절

마스크를 이용해 크기와 형태를 교정한다. 그리고 레이어의 농도를 조절해서 흐려지는 정도를 선택한다. 이를 통해 적절한 정도의 그림자를 만들 수 있다.

그림 11.71을 보면 제품과 다른 검은색 톤, 흰색 톤이 만들어진 것을 볼 수 있다. 이러한 경우 검은색으로 칠하는 것이 아니라 제품에 엷은 노란색이 약간 들어가 있기 때문에 그러한 색이 들어간 어두운 색을 선택하면 조금 더 자연스러운 톤을 만들어낼 수 있다.

11.7.5 제품 사진 초점의 합성

제품 사진의 초점이 흐린 경우가 있는데, 이러한 경우는 두가지로 나눈다. 첫 번째는 카메라에 장착된 로패스 필터로 인해 포커스 자체가 약한 경우다. 이 경우는 후반 샤픈을 통해 선명하게 하는 방법이 있다. 카메라에는 멀티로 촬영을 해 선명도를 유지하는 방법도 있다. 멀티 촬영 기능은 핫셀블라드^{Hasselblad}, 소니 카메라가 채택하고 있다. 이렇게 멀티 촬영을 하면 동일한 사진을 픽셀 단위로 여러 장 촬영해 더욱 선명한 사진을 만들 수 있다.

두 번째는 피사계 심도의 영향으로 블러가 발생하는 경우다. 제품 사진을 가까이에서 촬영할 경우 이러한 문제가 자주 발생한다. 이러한 경우 초점을 다초점을 맞춰 촬영을 하고 이를 합성하는 방법이 있다. 이를 제어하는 프로그램으로 헬리콘 포커스^{Helicon Focus}가 있다.

근접 촬영을 하는 경우 초점이 맞지 않는 문제가 생기게 된다. 이러한 경우 다초점으로 촬영하고 포토샵을 이용해 합성을 진행하면 된다.

3장 혹은 5장의 다초점을 촬영한 사진을 열어보자.

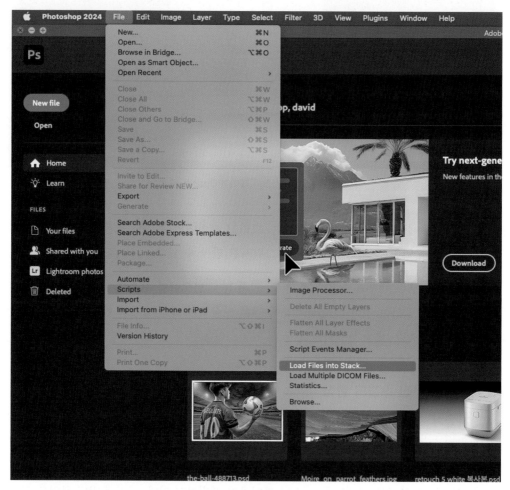

그림 11.72 다초점으로 촬영한 사진을 레이어로 만들기

File ❯ Scripts ❯ Load Files into Stack을 선택해 이러한 파일을 스택으로 만든다.

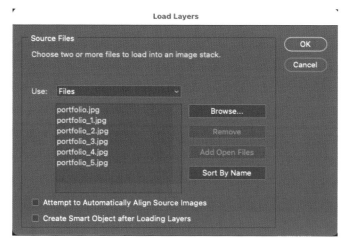

그림 11.73 다초점으로 촬영한 사진을 스택으로 만들어 쌓기

모든 레이어의 사진을 선택하고 Edit ❯ Auto Blend Layers를 선택한다.

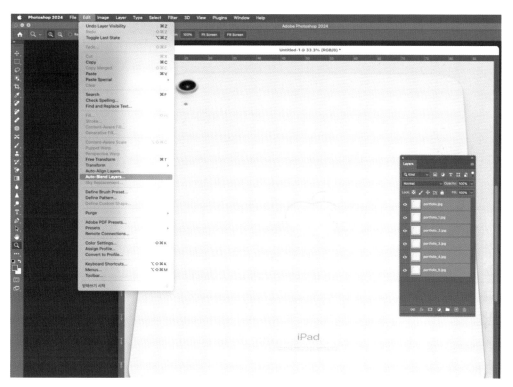

그림 11.74 Auto Blend Layers

스택을 선택하면 자동으로 스택이 되는 것을 확인할 수 있다.

그림 11.75 헬리콘 포커스를 사용한 장면

다만 촬영을 진행할 때 포커스 브리딩focus breathing이 생기지 않도록 더욱 다양한 단계로 촬영한다.

그림 11.76 합성이 잘 되지 않은 경우

그림 11.76을 보면 왼쪽 선이 일정하지 않다. 이것은 마스크 작업을 통해 눈으로 보면서 부족한 부분을 수정해야 할 경우도 있다.

그림 11.77 헬리콘 포커스를 사용한 결과물

동일한 파일을 헬리콘 포커스로 이용한 경우 더욱 좋은 결과가 나타난다.

11.7.6 작업에서 발생하는 일정한 문제들

1) 컬러 모아레 현상

컬러 모아레 현상을 해결하기 위해 먼저 레이어를 복사한다. 그리고 레이어 모드를 Color로 변경한다.

레이어에 블러를 매우 강하게 넣는다. 그러면 무지개로 생기는 색상 문제는 해결된다. 컬러 모아레가 아닌 경우 약하게 블러를 주고 다시 샤픈을 주면 해결할 수 있다. 이러한 모아레 현상은 카메라로부터 생기기 때문에 카메라에 로 패스 필터를 이용해 이미지에 블러를 주고 나서 샤픈의 과정을 거치면 해결된다.

2) 포스터라이제이션

포스터라이제이션은 배경 부분의 그러데이션 부분이 깨지는 현상을 말한다.

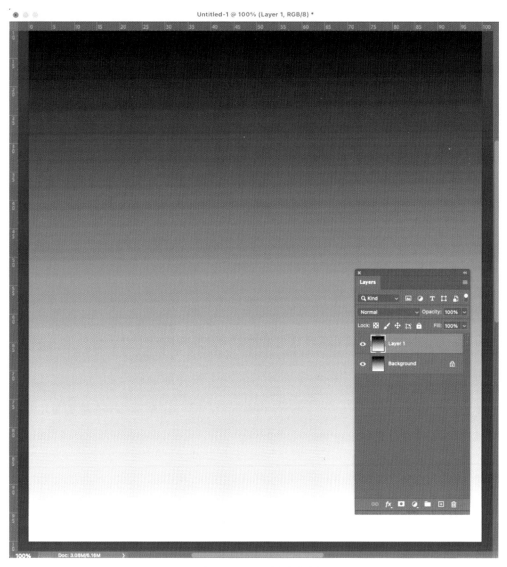

그림 11.78 포스터라이제이션

포스터라이제이션은 콘트라스트가 강해서 생기는 문제이기도 하고 작업을 많이 해서 생기는 경우도 있다. 다양한 이유로 이러한 문제가 생기는데 제어하기가 매우 어렵다.

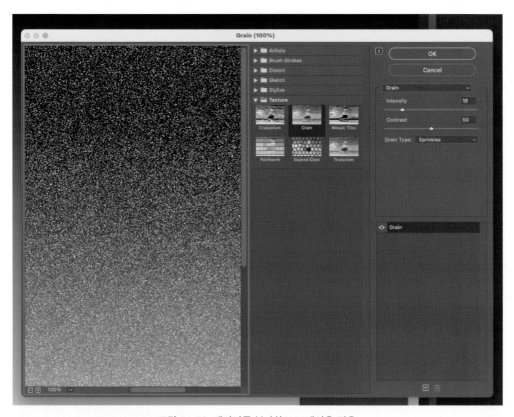

그림 11.79 레이어를 복사하고 그레인을 적용

레이어에 그레인을 추가한다.

그림 11.80 레이어를 복사하고 그레인을 적용

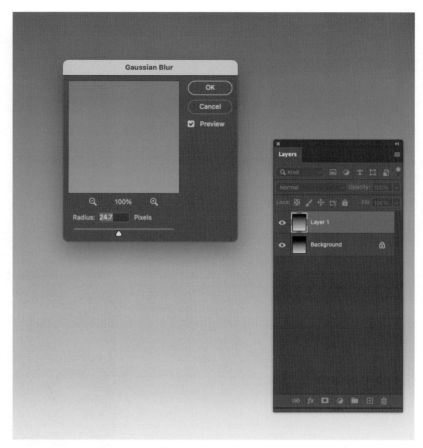

그림 11.81 가우시안 블러를 적용

포스터라이제이션의 경우 앞서 언급한 것처럼 작업을 많이 했기 때문에 데이터가 깨져서
생기는 문제이므로 작업 자체를 16비트로 만들고 시작하는 것이다. 기본적인 아이디어는
노이즈인 그레인과 블러를 넣어서 깨진 부분을 메우는 방식이다. 배경 자체를 다시 만드는
것도 방법이 될 수 있다.

모아레 현상과 포스터라이제이션의 경우 Patch, Stamp Tool을 이용하면 될 것 같지만 막상
해보면 매우 어색하게 만들어지는 경우가 많아서 사용하기 어렵다.

11.9 다양한 체크 레이어

11.9.1 Curves를 이용한 체크 레이어

모니터로 보면서 작업을 하지만 우리의 눈은 정확하게 보기 어려운 경우가 많고 오류가 있는 경우도 많다. 이 때문에 Info 창을 통해 수치를 확인하는 것이다. 이러한 체크 레이어의 아이디어를 만들어 눈으로 잘 보이지 않는 문제점을 해결하기도 한다.

그림 11.82 Curves를 이용한 체크 레이어

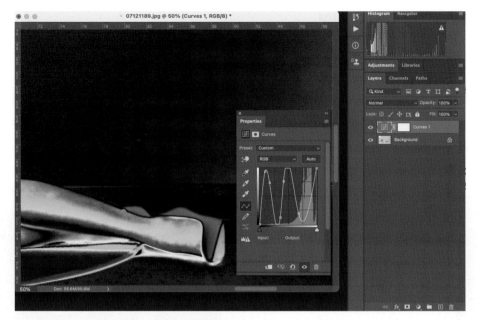

그림 11.83 체크 레이어 Curves를 적용

Curves를 이용해 체크 레이어를 만들면 눈에 잘 보이지 않던 결점들이 잘 보이게 된다.

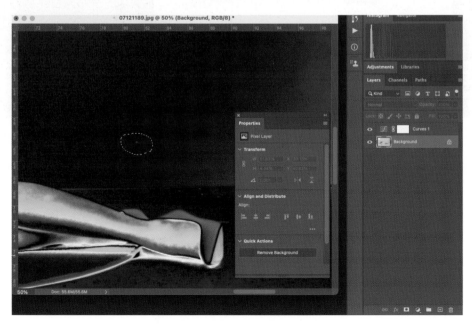

그림 11.84 체크 레이어를 통한 수정

체크 레이어를 눈으로 보면서 아래 원본 레이어에서 Patch, Stamp, Healing Brush Tool 등 다양한 방식으로 수정을 할 수 있다. 우선 체크 레이어를 사용하지 않고 작업을 진행하고, 마지막에 체크 레이어를 통해 작업의 완성도를 높일 수 있다.

11.9.2 피부 톤 체크 레이어

얼굴 리터칭을 한 후 피부의 결점을 확인해 볼 수 있다. 완벽하게 전혀 흠 없이 작업된 것보다는 리터칭하는 것이 자연스러울 수 있다.

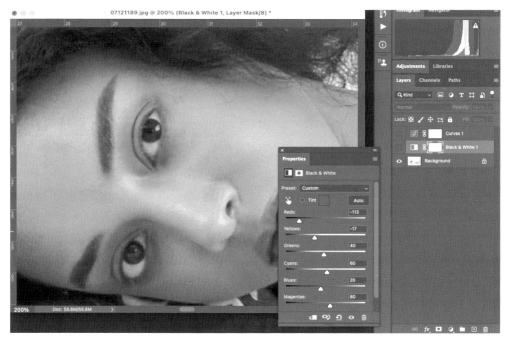

그림 11.85 Black & White를 활용한 피부 체크

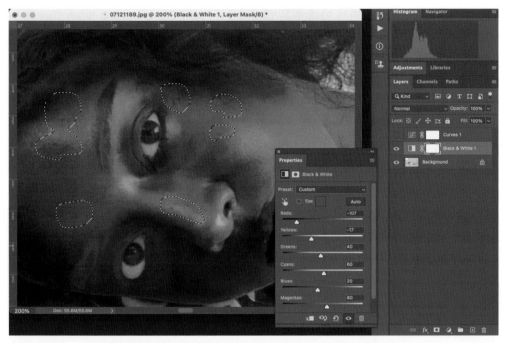
그림 11.86 Black & White를 활용한 피부 체크

조정 레이어에서 Black & White를 선택하고 Reds 부분과 Yellows 부분을 조정하면 톤이 달라지는 것을 확인할 수 있다. 만일 이러한 부분이 잘 보이지 않는다면 커브 레이어를 한 번 더 사용하는 것도 가능하다. 이렇게 눈에 보이는 부분을 원본 레이어에서 추가적으로 작업할 수 있다.

11.9.3 채도 체크 레이어

일반적으로 사람들은 디테일이 많고, 채도가 높은 사진을 선호한다. 그래서 채도를 높이는 리터칭을 하게 된다. 그러면 채도를 어느 정도까지 높이는 것이 가능할까? 이것은 노출의 개념과 비슷하게 생각해 볼 수 있다. 채도가 너무 많이 올라가면 디테일이 깨질 수 있다. 일반적으로 디테일이 깨지는 상황까지 채도를 올리지는 않는다. 이처럼 어느 정도에서 디테일이 깨지는지를 확인하는 체크 레이어를 만들어보자.

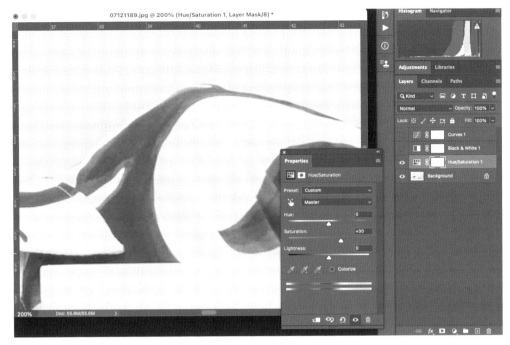

그림 11.87 색조 채도 조정 레이어

색조 채도 조정 레이어를 만들어본다. 그 위로 단색solid color 레이어를 만들고 Color는 중성색 (128, 128, 128)으로 만든다.

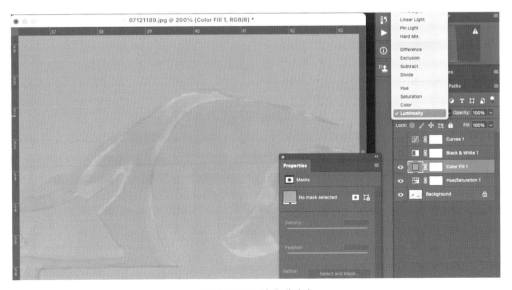

그림 11.88 단색 레이어

채도는 어느 정도까지 가능할까? 단색 레이어를 만들고 레이어 모드는 Luminosity로 설정한다. 이러한 설정으로 색조 채도 레이어에서 채도를 조정하면 디테일의 변화를 볼 수 있다. 채도를 많이 높이면 디테일이 깨지는 것을 볼 수 있다. 디테일이 깨지기 전까지 채도를 조정하는 기준을 잡을 수 있다.

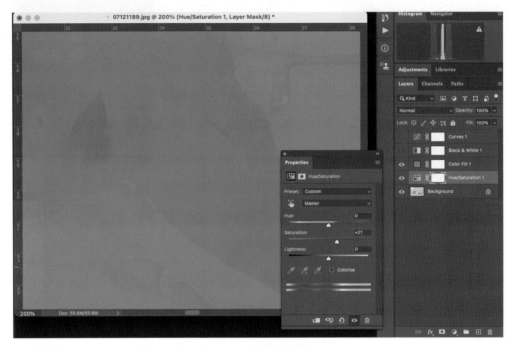

그림 11.89 색조 채도 레이어 조정

11.9.4 체크 레이어를 통한 피부 리터칭

눈으로 보면서 Burning(어두운 톤)과 Dodging(밝은 톤)으로 리터칭할 수 있다. 버닝과 닷징을 이용한 피부 리터칭은 피부 톤의 조정에 있어서 가장 수동의 방법이다. 그래서 고급 피부 리터칭에 많이 사용되는 방법이다. 이것은 과거에 필름 리터칭과 완벽하게 동일한 방법으로 리터칭을 진행하는 것이다. 다만, 그 방법이 어려우며, 부드럽고 자연스러운 리터칭을 하는 것이 쉽지 않다. 체크 레이어를 보면서 리터칭을 하면 비교적 쉽게 고급 리터칭을 진행할 수 있다.

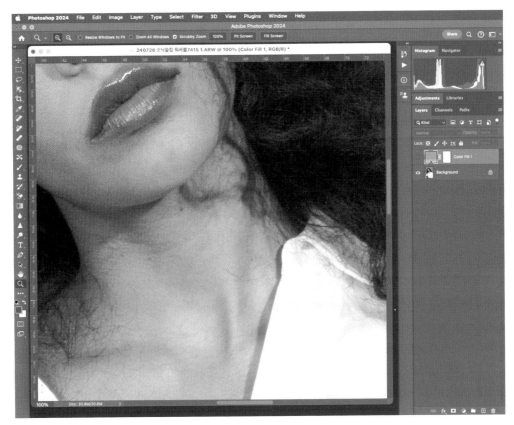

그림 11.90 중성의 단색 레이어

중성의 단색 조정 레이어를 만들어보자.

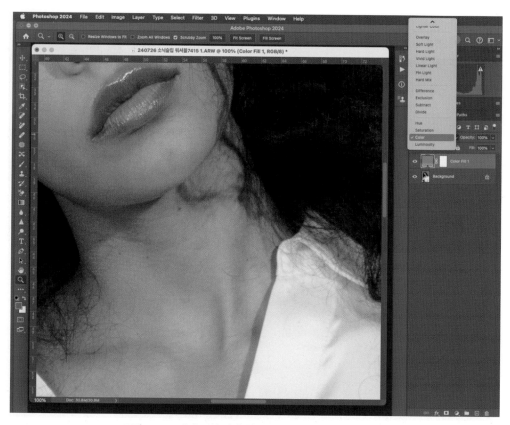

그림 11.91 단색 조정 레이어의 레이어 모드를 Color로 변경

단색 조정 레이어의 레이어 모드를 Color로 변경하면 흑백의 톤으로 이미지를 볼 수 있다.

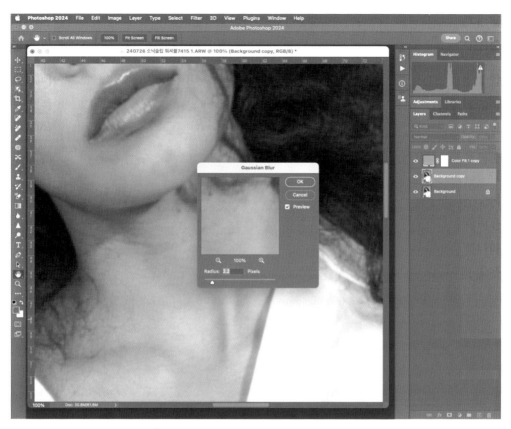

그림 11.92 원본 레이어를 복사, Gaussian Blur 적용

그림 11.92처럼 원본 레이어를 복사하고 Gaussian Blur를 적용한다. Gaussian Blur를 적용하는 것은 부드러운 적용 영역을 눈으로 보기 위한 방법이다.

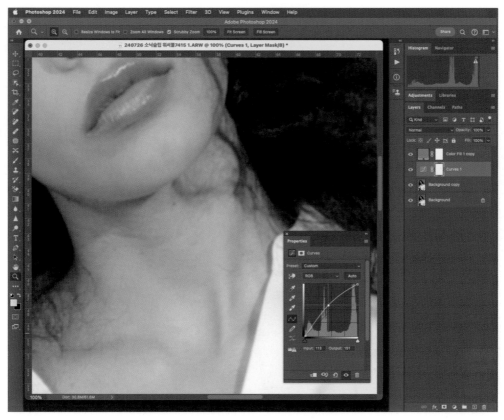

그림 11.93 Curves를 이용한 Dodging 조정 레이어 설정

그림 11.93처럼 커브 조정 레이어를 만든다. 레이어 마스크에 검정색으로 칠을 한다. 그러면 흰색 브러시를 사용하기 전까지 조정 레이어가 적용되지 않는다.

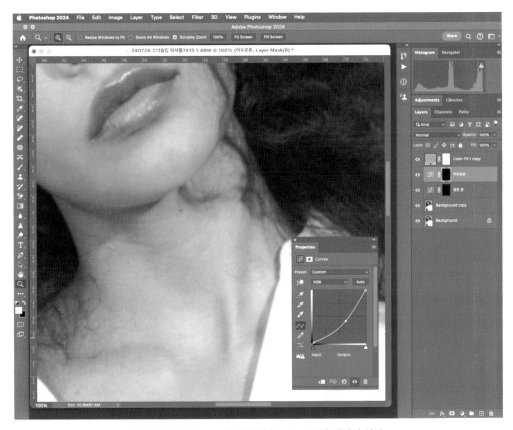

그림 11.94 Curves를 이용해 Burning 조정 레이어 설정

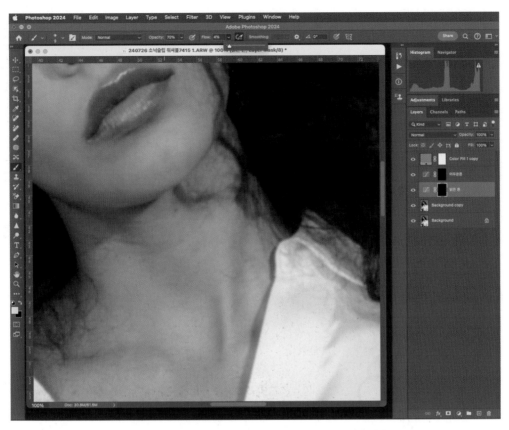

그림 11.95 밝은 톤을 만드는 닷징 레이어에 흰색 브러시 적용

그림 11.95처럼 밝은 톤을 만드는 닷징 레이어에 흰색 브러시 적용한다. 브러시의 Opacity 는 70%, Flow는 3~4%로 약하게 작업을 진행한다.

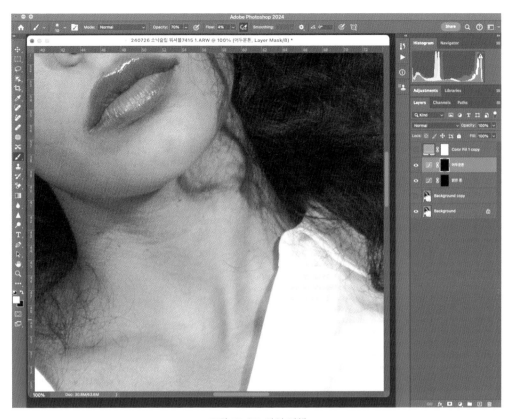

그림 11.96 작업 진행

커브 조정 레이어를 이용한 버닝 닷징 작업을 해보면 자연스럽게 질감을 남기면서도 피부의 톤 교정과 질감 교정을 정교하게 할 수 있다.

체크 레이어는 작업을 눈 이외의 방식으로 하는 것에 도움을 줄 수 있다. 이처럼 포토샵 작업의 경우 다양한 방법의 응용이 가능하다.

마무리하며

기존의 포토샵 책은 새로운 포토샵 버전이 나오면 기능 몇 가지를 추가해서 1년을 보고 버려야 하는 문제점이 있었다. 그래서 이 책의 기획 목표는 10년을 볼 수 있는 기본기가 탄탄한 책을 만드는 것이었다. 20여 년간 사진, 리터칭, 사진 교육 전문가 3인이 생각하는 기초를 다지는 책으로 만들고자 내용을 엄선했다. 현장의 전문가가 추천하는 내용이기 때문에 관심을 가지면 좋을 것이다. 내용을 읽을 때 기교 위주로 읽기보다는 왜 이 내용을 선정해서 이야기하고 있는가를 생각하면서 읽으면 좋겠다.

이 책의 집필 직후 이미지 생성형 AI가 등장했다. AI의 발전 속도는 압도적이었다. 하지만 내린 결론은 사진, 이미지, 그림의 본질은 변하지 않는다는 것이었다. 포토샵처럼 AI도 우리의 생각의 폭을 넓히는 편리한 도구로 사용될 것이라는 확신이 생겼다. 그래서 이 책의 집필은 2년이 넘게 걸렸다.

이 책의 예상 독자는 기초에 목마른 분들부터 전문가까지 폭이 넓다. 기초인 분들은 내용이 어려울 수 있다. 이런 분들은 모든 내용을 다 알려고 하지 말고, 여러 번 전체를 읽기 바란다. 전문가 분들은 많은 부분을 이미 알고 있을지도 모르겠다. 하지만 색상, 톤, 작업의 의도, 방법에 대한 관점으로 읽어보면 흥미로운 점들을 발견할 수 있을 것이다. 이 책을 통해 AI, 사진, 이미지, 포토샵으로 자신의 톤과 메시지를 만들어가는 길에 도움이 되기를 기대한다.

저자 일동

찾아보기

534

AI를 활용한
알기 쉬운 포토샵 교과서

발　행 | 2025년 1월 2일

지은이 | 김 대 욱 · 박 선 명 · 박 형 주

펴낸이 | 옥 경 석
편집장 | 황 영 주
편　집 | 김 진 아
　　　　임 지 원
디자인 | 윤 서 빈

에이콘출판주식회사
서울특별시 양천구 국회대로 287 (목동)
전화 02-2653-7600, 팩스 02-2653-0433
www.acornpub.co.kr / editor@acornpub.co.kr

한국어판 ⓒ 에이콘출판주식회사, 2025, Printed in Korea.
ISBN 979-11-6175-929-6
http://www.acornpub.co.kr/book/photoshop-ai

책값은 뒤표지에 있습니다.